駅まち一体開発

TOD 46 の魅力 [RECIPE]

JN206323

日建設計駅まち一体開発研究会
新建築社

CONTENTS

まちの未来、駅の未来 内藤 廣 004

What's TOD? 都市再生とTOD 006

About TOD RECIPE46 本書について 012

Station Map TOD開発の起点となる駅 014

1 Urban
都市 016

Introduction 018

1 まちは駅と共に成長し続ける 020
渋谷駅

2 地域貢献も駅まち一体 024
渋谷駅

3 壁からゲートへ 026
東京駅

4 鉄道と共にまちを敷く 030
阪急梅田駅

5 駅は一夜で姿を変える 032
阪急梅田駅

6 離れた駅をまちで結ぶ 034
阪急梅田駅

7 まちのへそに駅 036
みなとみらい駅 クイーンズスクエア横浜

8 駅から流れるまちづくり 038
二子玉川駅 二子玉川ライズ

9 まちを繋ぐ人工地盤 040
たまプラーザ駅 たまプラーザ テラス

10 駅を埋めてまちを繋ぐ 042
調布駅 トリエ京王調布

11 まちの結び目 044
重慶 沙坪壩駅 龍湖光年

[世界のTOD]
King's Cross Station & Development Area 046
キングス・クロス駅と周辺開発

[Column 1] 都市再生特別地区の活用～TODと都市計画 048

[TOD Engineering 1] TODの法的取り扱い 050

2 Public Space
パブリックスペース 052

Public Space Typology 054

12 歴史を遡る「東京の広場」 056
東京駅 丸の内駅前広場

13 まちが憩う「東京のテント」 060
東京駅 八重洲口開発 グランルーフ

14 駅前広場がまちを潤す 064
大阪駅 グランフロント大阪

15 交通も賑わいも繋ぐプラーザ 066
たまプラーザ駅 たまプラーザ テラス

16 まちにかけるリボンストリート 068
二子玉川駅 二子玉川ライズ

17 人が集う駅上緑化 070
上海 龍華中路駅 上海緑地中心

18 駅とまちを繋ぐ丘 074
釜山駅

19 屋上を開放する 078
渋谷駅 渋谷スクランブルスクエア

20 交通広場を重ねる 082
新横浜駅 キュービックプラザ新横浜

21 交通が積層する駅上大地 084
新宿駅 バスタ新宿・JR新宿ミライナタワー

[世界のTOD]
The High Line ハイライン
World Trade Center Station ワールド・トレード・センター駅 090

[TOD Engineering 2] TODの避難計画 092

3 Circulation
動線 094

Circulation Typology 096

22 プラットホームまで貫くステーションコア 098
みなとみらい駅 クイーンズスクエア横浜

23 駅とまちを結ぶスペクタクル空間 100
渋谷駅 渋谷ヒカリエ

24 線路を越える、谷を繋ぐ 102
渋谷駅 渋谷スクランブルスクエア

25 流れをデザインする 106
広州 新塘駅 凱達爾交通ハブ国際広場

26 ツインコアでまちを結ぶ　110
重慶 沙坪壩駅 龍湖光年

27 空中コンコースはキタを開く　114
大阪駅 グランフロント大阪

28 ビルを持ち上げて道を通す　116
京橋駅 京橋エドグラン

29 谷を掘り下げてまちを結ぶ　118
六本木一丁目駅 泉ガーデン・六本木グランドタワー

30 張りめぐらされたまちの根っこ　122
東京駅周辺地下街

31 雨にも負けぬチカミチ　124
大阪駅周辺地下街

[世界のTOD] Berlin Hauptbahnhof ベルリン中央駅　126
[TOD Engineering 3] TODの流動計算　128

4 Symbol
シンボル　130

Symbol Matrix　132

32 歴史と革新の玄関口　134
東京駅 丸の内駅舎・八重洲口開発 グランルーフ

33 まちに開く大屋根　138
高輪ゲートウェイ駅（品川新駅）

34 機能を積み重ねた垂直都市　140
渋谷駅 渋谷ヒカリエ

35 丘の上の宇宙船　144
重慶 沙坪壩駅 龍湖光年

36 プラットホームは緑の谷　146
広州 新塘駅 凱達爾交通ハブ国際広場

37 活力みなぎるアトリウム　148
大阪駅 グランフロント大阪

38 駅 in Mall　150
たまプラーザ駅 たまプラーザ テラス

39 "エレガント"は人を呼ぶ　152
阪急梅田駅 梅田阪急ビル

[世界のTOD]
London Bridge Station ロンドン・ブリッジ駅
Antwerpen Central Station アントウェルペン中央駅　156
[TOD Engineering 4] TODの構造計画　158
[TOD Engineering 5]
TODの施工計画／TODの振動・騒音対策　160

5 Character
キャラクター　162

40 まちを見下ろす明日の神話　164
渋谷駅 渋谷マークシティ

41 駅まちめぐる情報のリング　166
渋谷駅 渋谷ヒカリエ

42 銀座の○△□　168
銀座駅

43 時を告げる光　170
吉祥寺駅 キラリナ京王吉祥寺

44 駅と駅のアイコンタクト　172
吉祥寺駅 キラリナ京王吉祥寺

45 電車が主役　174
新宿駅 バスタ新宿・JR新宿ミライナタワー

46 散りばめた鉄道の記憶　176
調布駅 トリエ京王調布

[Column 2] TODと誘導　178
[Column 3] ゆる系アートの力　180
[TOD Engineering 6] TODの設備計画　182

Future of TOD
未来のTODを考える　184

[Prologue] What is Future Society?　186

[TOD4.0に関する仮説1]
「移動」のためのターミナルから
ヒト・モノ・コトの集積する「まち」としてのターミナルへ　188

[TOD4.0に関する仮説2]
「ユニバーサル」を超えた新しい公共性
地域へのローカライズと、個人へのパーソナライズ　190

[Column 4]
ICTエリアマネジメント
〜まちをバリューアップするビックデータの利活用　192

INDEX　196
参考文献／図版・写真 出典／執筆者 リスト　206

まちの未来、駅の未来

建築家・東京大学名誉教授

内藤 廣

　この20年余り、駅関連の仕事をいくつもしている。行政の委員会のメンバー（東京駅丸の内駅前広場、渋谷駅周辺、新宿駅周辺、名古屋駅周辺）、アドバイザー（富山駅南口駅前広場、品川駅周辺、えちぜん鉄道福井駅）、設計監修者（高山駅自由通路と駅前広場）、設計者（みなとみらい線馬車道駅、旭川駅、日向市駅、高知駅、徳山駅ビル、銀座線渋谷駅）。関わり方は浅いものから深いものまでさまざまである。また、関わり方も千変万化する。（このうち、東京駅、渋谷駅、新宿駅、名古屋駅、品川駅は本書で扱うTODと言える。）

　おしなべて、関係者が多く、プロジェクトを成り立たせている仕組みも複雑なので、容易なことでは揺るがない骨太の戦略が求められる。さらに、でき上がるまでに時間がかかる。通常、建築の公共施設なら、設計に着手してから長いものでも5年程度で竣工に至る。ところが鉄道施設は、多くの場合、10年以上かかる場合が多い。旭川駅は20年、日向駅は12年、高知駅も7年かかった。流行に左右されない長い年月に耐える計画思想や設計思想が求められる。

　また、線路上空であることも多く、いったんつくられてしまうと容易には建て替えられない。100年以上の風雪に耐える建造物である必要もある。つまり、鉄道施設は体内時計の刻み方が通常の建築より長いのである。この長さは、まちづくりのスピードによく合っている。その意味でも、駅はその時代を都市と共に生きる施設だと言える。

　いくつも関わる中での実感だが、都市部にある駅は、巨大な可能性を秘めた公共施設であると思っている。例えば新宿駅は、1日あたりの乗降客数が377万人にのぼる世界最大の駅だ。あらゆる公共施設の中

で、駅は最大の公共性を持った施設であることは間違いない。しかし、そのわりには建築的に世界に誇れるような駅施設が少ないのは残念なことだ。なかなかそうならないのは、鉄道事業者の多くが土木出身者であり、建築やデザインが持つメッセージ性やパワフルな可能性に、ほとんどの人が気付いていないからだ。

　東京駅はほぼ一段落したが、現在進行中の渋谷駅、これから始まる新宿駅、リニアの開業を目指して品川駅と名古屋駅でも計画が始まっている。はたしてそれらが、アジアの都市間競争を生き延びるための一助となり、世界に向けて誇れるような都市の顔になれるかどうかはこれからが勝負だろう。

　鉄道施設は軌道も含めて鉄道事業法によって運用が定められている。この法律は、1987年に日本国有鉄道（以下、国鉄）の民営化にともなって定められた。国鉄の敷地は国のものだったわけだから、民営化にともなって新たなルールを設けたのだ。したがって、駅も含めた鉄道施設は、この法律によってコントロールされている。これがなかなか堅苦しい。鉄道に関わろうとする建築の関係者は建築基準法ばかり読んでいないで、この法律にも目を通すことを勧めたい。

　学生の卒業設計によくあるように、あんなに可能性があるのだから、また、建築家からしたらいろいろなことが考えられるのに、と思うのも理解できるのだが、鉄道は都市や国の基幹施設、安全運行を使命とし、軌道を保持する保線がいちばんの重要事項だから、そうは自由にはならない。このあたりが、建築も都市も理解できないことが多い。彼らには彼らなりの事情があるのである。

　さりとて、都市間競争や地域間競争が激しさを増す中

で、都市の中心部に位置する鉄道施設がこのままでよいはずがない。それなりの役割を担う時代が訪れつつある。

都市部で駅を中心とした巨大開発がいくつも立ち上がりつつある。現在着手されている開発の手法はどれも類似している。2002年に施行された都市再生特別処置法に基づく都市再生緊急整備地域制度を利用して、区画整理を土台にして容積緩和を受け、プロジェクトファイナンスを組み、超高層ビルを建て、駅を含む施設の改良をしようというやり方だ。

至るところで巨大開発が進みつつあるが、いずれ近いうちに選別の過程に入るものと考えている。すでにイス取りゲームやババヌキが始まっている。しかし、マストランジットのハブである駅を中心とした開発の圧倒的な優位性は、将来とも揺るがないだろう。駅は都市の核施設として存在し続けるはずだ。

一方で、駅自体の社会的責任も生まれてきていることを忘れてはならない。開発の利益追求だけでは、都市はいずれ疲弊する。気まぐれな景気が低迷すれば、さすがに盤石の優位性を持ったかに見える駅も、都市ごと選別の対象になっていくだろう。駅はそのまちのリーディング施設であるべきだし、そうであればまちの顔としての品格や個性を備えたものでなければなるまい。

20年以上前のことになるが、横浜の港側を走る地下鉄であるみなとみらい線の駅をつくるにあたって、馬車道駅の設計者として指名された。何人かの他の建築家と共に委員会に割りあてられた駅の案を提案するのだが、その初回の委員会の時、ひととおり各駅の提案者が提案を終わったところで、ひとりの委員が発言を求めた。立ち上がったのは小柄な初老の紳士だった。そして、「これからの鉄道は地域と共にあるべきで

す。そのような駅をつくっていただきたい。」と言って深々とわれわれに頭を下げた。粛然としたその声と姿を忘れることができない。後で知ったのだが、当時、みなとみらい線を所管する横浜高速鉄道の社長をされていた髙木文雄氏（1919〜2006年）だった。1976年から1983年まで国鉄総裁を務められ、国鉄の民営化を率いた方だった。

駅は地域と共にあるべきだ。しかし、それを肝に銘じた上で、もはやそれだけでは足りない。都市再生が騒然としている今は、さらに進んで、地域の顔となり、地域をリードする施設とならねばならない。駅にはそのまちの浮沈が大きくかかっているからだ。

Suicaが改札を変えたように、そう遠くない未来に改札はなくなるだろう。顔認証や小さなチップを身に付けるだけで、いちいちタッチしなければならないようなゲートはなくなる。もしそうなれば、駅は現在の形を変える。意味までも変わる。ラチ内とラチ外の区別がなくなれば、駅内通路も自由通路の意味も変わる。駅とまちの境界がなくなるのだ。これを「駅がまちに融けていく」という言葉で言うようにしている。百年の計と言うなら、これからつくり替えられていく駅施設は、そんな時代も頭に入れながら計画されねばならない。まちに融けていく駅は、どのような姿形になるのだろう。いまだ誰も答えを知らない。

内藤 廣（ないとう ひろし）

1950年生まれ。1976年早稲田大学大学院修了。フェルナンド・イゲーラス建築設計事務所、菊竹清訓建築設計事務所を経て、1981年内藤廣建築設計事務所を設立。主な建築作品に、海の博物館、安曇野ちひろ美術館、牧野富太郎記念館、島根県芸術文化センター、富山県美術館、とらや赤坂店等がある。

What's TOD?
→ 都市再生とTOD

バブル経済とその崩壊

今ではすでに歴史的出来事になってしまったが、1980年代後半から1990年代前半、のちにバブル経済と命名される好況に日本は沸き立った。バブル経済の特徴のひとつは不動産や株式等の資産価格の高騰である。東京の地価は6倍に跳ね上がり、バブルの終焉と共にバブル前の水準に回帰した（図T-1参照）。昨今の原油価格の変動を大きく上回る乱高下であり、ピーク時には数値上は山手線内の地価総額が米国全土に匹敵すると言われるほどであった。

この時期はポストモダン建築の全盛期とかさなる。『ニッポン バブル遺産建築100』（橋爪紳也著、1999年、NTT出版）といった書籍も刊行されバブル期の都市開発については肯定的な側面にも言及があるが、評価を別にしていくつかの特徴を指摘することができよう。バブル経済における都市開発は当時の有力な都市思潮である、ニューヨーク、ロンドン、東京が影響力を持つ3大世界都市であるという「Global City」化と都市の機能は分散するという「Edge City」化の両現象が同時に進行しているとの理解もあった。短期的な痙攣というよりもむしろ最先端の都市現象として受け止められていたと思われる。

バブル期 都市開発の特徴

- **均質から差異へ**：「工業化社会の金科玉条である『合理性』『機能性』、そして結果としての『効率』に反旗をひるがえす。」（橋爪紳也氏）
- **事業内容の新規性**：「『湾岸ウォーターフロント』に代表される『空間プロデューサーありき』の演劇的な時空間が出現した。」（出典:『バブルの肖像』[都築響一著、2006年、アスペクト]）
- **立地条件の軽視**：大都市中心部の賃料が高騰したため、中心業務地区との近接性や鉄道駅との距離はさほど重視されず、土地の入手や開発のしやすさが優先された。

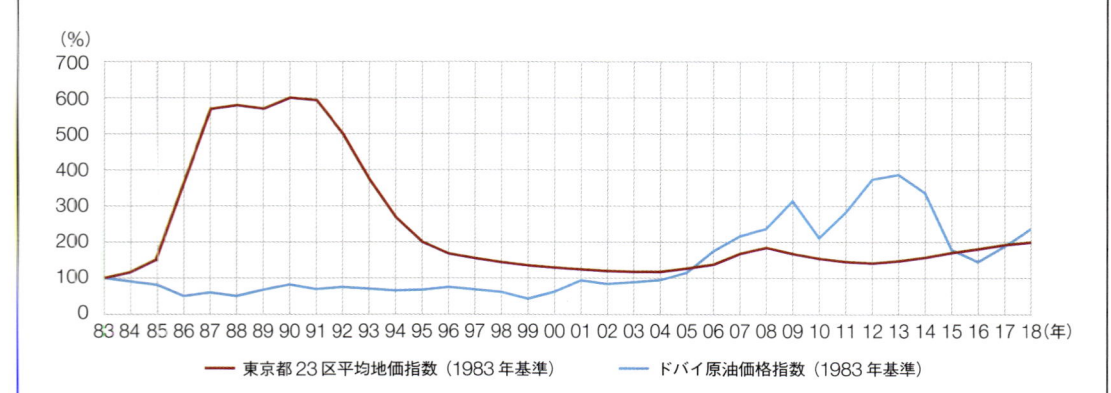

【図T-1】 東京23区の平均地価指数とドバイ原油価格指数の経年変化の比較(価格は名目値)。
バブル期の東京の地価上昇は、今世紀入ってからの原油価格の急騰よりも激しい。

凡例：
— 東京都23区平均地価指数（1983年基準）
— ドバイ原油価格指数（1983年基準）

TOD（Transit Oriented Development）とは、車に頼らず、
公共交通機関の利用を前提に組み立てられた都市開発もしくは沿線開発のことを指す。
100年以上にわたり鉄道建設を基軸に国土と都市を発展させてきた日本では、今や典型的な開発手法である。
では何故あえてTODについて語るのか。
バブル経済後から現在、東京オリンピックの特需を経て日本の未来を考える時、
日本のまちづくりにとってTODとは何なのかを改めて問いたい。

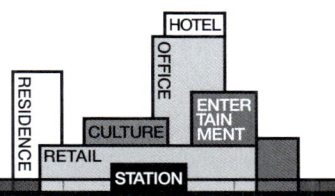

ポスト・バブル期の都市開発

バブル期の建物や開発の中には、バブル崩壊後既に建て替えられてしまったものや打ち捨てられたものも多い。ポスト・バブル期の都市開発はこれらとは際立った対照をなし、主だった特徴として次の点を挙げることができる。

【図T-2】バブルを象徴する旧日本長期信用銀行本店ビル。

ポスト・バブル期 都市開発の特徴

● **実体的な需要の重視**：バブル期の開発が需要創造型であったとすると、それに対して需要立脚型の開発へとシフトした。

● **立地条件の重視**：特にオフィス開発においては、中心業務地区へのアクセスや鉄道駅への近接性が重視されることになった。

● **中心部における住宅開発**：大都市ではオフィスに偏向した開発が志向され、居住人口の減少を招くこととなったが、バブル崩壊後の地価下落にともない住宅開発の収益性が見直され、政策的な誘導もあいまって、住宅開発や複合開発が展開した。この結果、東京都中心部の居住人口も復調傾向にある（図T-3参照）。

● **公共貢献の重視**：地方自治体の財政難もあって、都市開発プロジェクトの活用が都市整備の主流となった。この結果、プロジェクトには規制緩和と引き換えに公共貢献が一層重視されることになった。

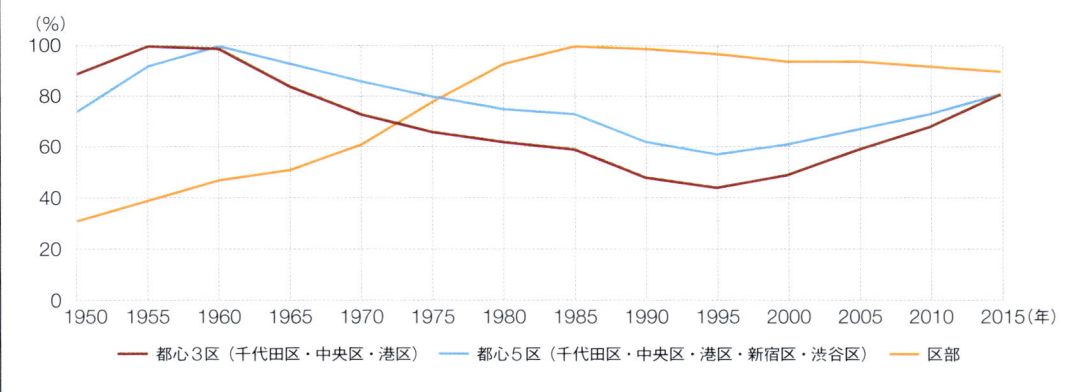

【図T-3】東京都心3区と都心5区の居住人口指数の推移（指数1995年基準）。都心3区では1955年、都心5区では1960年が人口のピークであり、その後人口は減少し1995年都心3区では45%に減少した。その後人口は回復し、2015年はピークの80%である。

TODとしての都市再開発

ポスト・バブル期の都市開発における立地条件の重視は、鉄道を中心に構造化されている日本の大都市では、駅の再構築や改良、駅と隣接街区との接続強化を重要な契機とする再開発となる。そこで、TODは必然的であり、TODの集積体が大都市である、と言っても過言ではない。

TODとしての都市開発は、下記の特徴を有している。

❶ 鉄道施設の改良

新規に建設された鉄道路線との接続、乗り換えや歩行者動線を改善するための駅位置の変更、老朽化した施設の建て替えや改修等、鉄道施設そのものの改良が含まれており、全体の牽引力となる場合もある。

❷ 都市基盤の改良

鉄道施設以外にも、バス・タクシー・自家用車等との乗り換えのための交通広場、バスターミナルの再構築、歩道・デッキ・広場等の歩行者空間整備といった都市基盤施設の改良をともなう。

❸ 駅と直結する駅内や近接街区の再開発

駅内の余剰容積や近接街区の高密度開発によって、利便性が高く自動車交通を抑えた都市整備を実現する。

❹ 鉄道による分断の解消や歩行圏における回遊性の向上

線路上部空間の整備、駅と歩行圏を結ぶ歩行者空間の充実、アメニティの供給によって、ともすればまちの分断要素ともなりかねない鉄道の難点の解消を図り、駅を焦点とするまちの回遊性を高める。

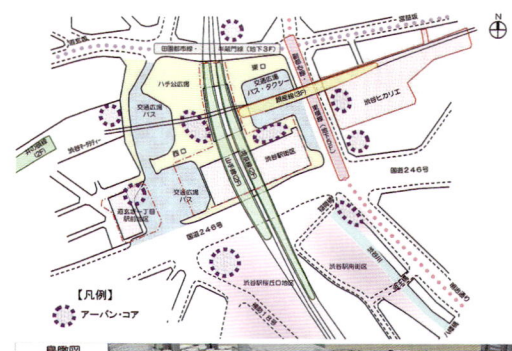

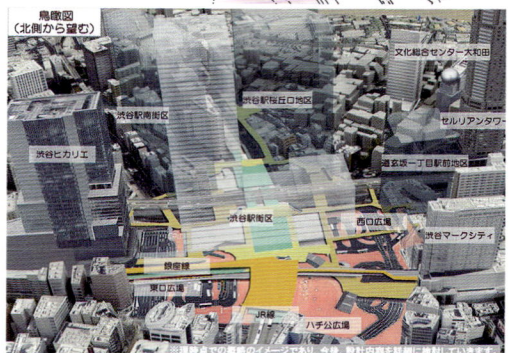

【図T-4】渋谷の再開発事業は、鉄道施設、都市基盤施設の再構築と不動産開発が有機的に統合されて初めて成立する。

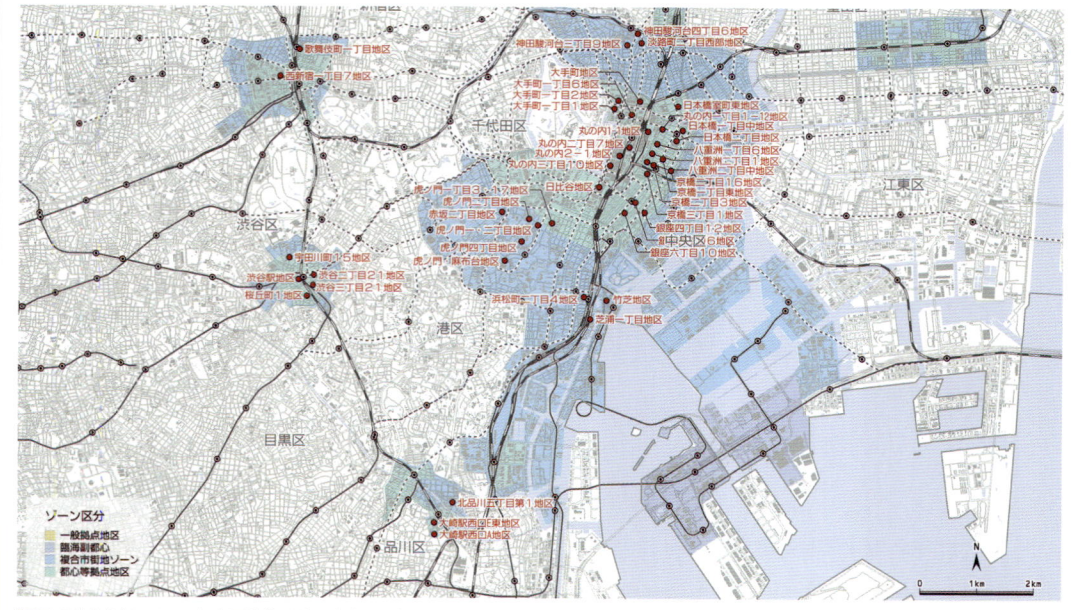

【図T-5】東京都における都市再生特別地区決定一覧（2018年6月21日現在）。対象地区はいずれも鉄道の利便性に優れその開発はTODと言える。

Triple-Winを実現する日本的なPPPとしてのTOD

前述の特徴を有するTODとしての都市再開発においては、鉄道事業、都市基盤整備事業、不動産開発事業が一体的に行われる。この場合、事業を実施するため官民が出資してSPC（特別目的会社）が設立されることは稀であり、各主体が協調しながらそれぞれの事業を推進していくという展開が一般的である。このために、協議会、都市計画決定、事業協定書等のさまざまな制度や手法が、合意形成、役割分担の規定、円滑な事業進捗の担保のために活用される。よって、TODを日本型のPPP（Public Private Partnership）の一典型と見なすことができる。

鉄道事業者が、鉄道施設の整備と不動産開発の両者を行う場合には、鉄道への投資の一部を不動産開発によって回収しているので、開発利益還元LVC（Land Value Capture）手法の内の不動産開発型であると解釈することが可能である。

PPPとしてのTODは、以下のように公的セクター、民間セクター、市民それぞれに便益をもたらす。

- **公的セクター：老朽化した都市の再整備が進み、車の利用を抑制しながら経済活動が活性化し、都市経営が安定する。**
- **民間セクター：投資機会・事業機会がもたらされ、かつ資産価値が増進する。**
- **市民：モビリティやパブリック・アメニティが向上し、職住近接も促進される。**

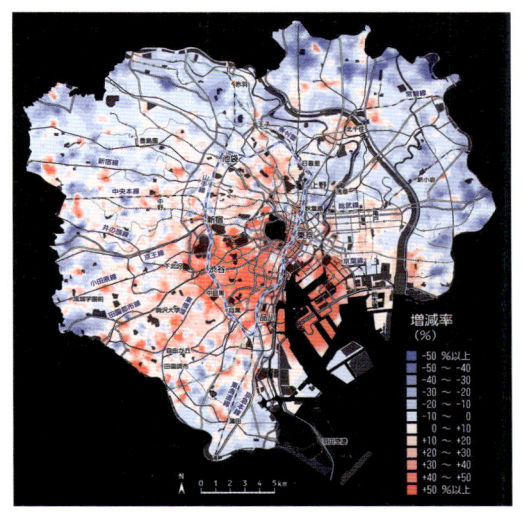

【図T-6】東京23区の容積率100％換算の平均地価は2000年から2017年にかけて5.5％上昇した。この図は各地点の地価変化率とこれとの差を示している。TOD型開発の実施された区域での地価増進が顕著である。

この点で、TODはWin-Winを超えたTriple-Winの都市整備であると言える。

これらTODの特質は、「コンセプトは立地条件を克服／無効化する」とでも表現すべきバブル期都市開発に対する全きアンチ・テーゼでもあるが、機能一点張りを脱却して空間の豊かさを重視するというバブル開発のもうひとつの特質については、その正当な継承者でもあると言えるだろう。

【図T-7】トリエ京王調布 てつみち

【図T-8】グランフロント大阪 うめきた広場

【図T-9】バスタ新宿・JR新宿ミライナタワー Suicaのペンギン広場

【図T-10】東京ミッドタウン ミッドタウン・ガーデン

TOD RECIPE 46

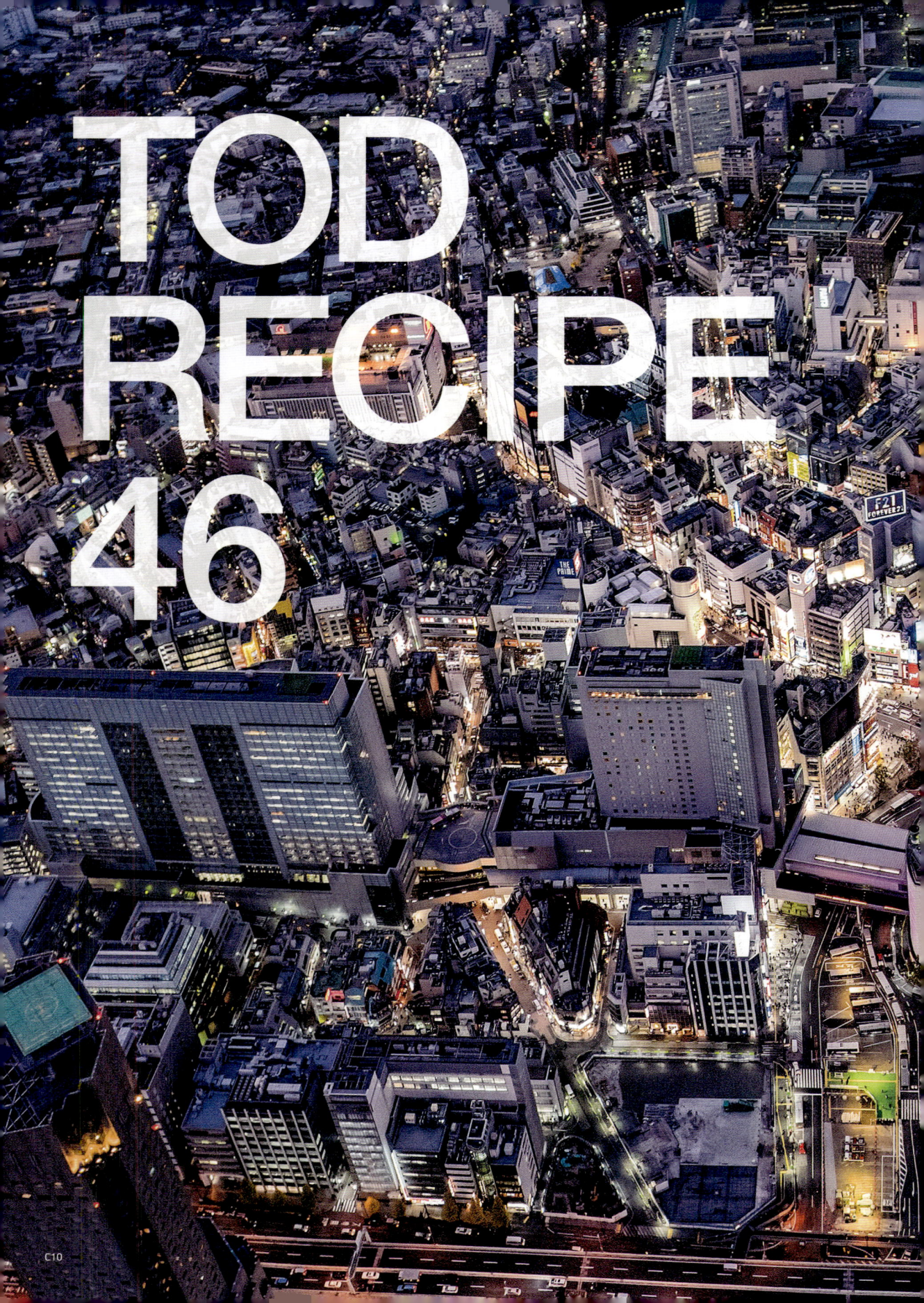

About TOD RECIPE46

→ 本書について

日本のTODでは、駅を中心とした開発の、メリットの最大活用とデメリットの解消のために、都市計画レベルからヒューマンスケールな場の設えのレベルまで、さまざまなスケールの工夫がなされている。

本書では、まずはじめにTODに不可欠な要素を5つのスケールに分類した。

そして5つのスケールを分析し、国内・海外の注目すべきTOD事例から読み取ることができる、駅を中心とした活気あふれる空間を実現するための工夫を46の「レシピ」としてまとめた。

各レシピではそれぞれの事例における魅力のポイントと、それらを実現している空間のスケール、ディメンション、機能配置等を分かりやすく記載し、どこから読み始めてもよい構成とした。

TODの魅力が詰まった「レシピ」を実際に見ていこう。

Urban
都市

まちづくりスケールの工夫により地域の分断や混雑等のデメリットを解消し、まちの賑わい等のメリットを最大化する。

 まちは駅と共に成長し続ける [渋谷駅] **1**

 地域貢献も駅まち一体 [渋谷駅] **2**

 壁からゲートへ [東京駅] **3**

 鉄道と共にまちを敷く [阪急梅田駅] **4**

 駅は一夜で姿を変える [阪急梅田駅] **5**

 離れた駅をまちで結ぶ [阪急梅田駅] **6**

 まちのへそに駅 [みなとみらい駅 クイーンズスクエア横浜] **7**

 駅から流れるまちづくり [二子玉川駅 二子玉川ライズ] **8**

 まちを繋ぐ人工地盤 [たまプラーザ駅 たまプラーザ テラス] **9**

 駅を埋めてまちを繋ぐ [調布駅 トリエ京王調布] **10**

まちの結び目 [重慶 沙坪壩駅 龍湖光年] **11**

Public Space
パブリックスペース

駅を取り巻く公共空間にさまざまなアクティビティが発生するようにデザインする。

 歴史を遡る「東京の広場」 [東京駅 丸の内駅前広場] **12**

 まちが憩う「東京のテント」 [東京駅 八重洲口開発 グランルーフ] **13**

 駅前広場がまちを潤す [大阪駅 グランフロント大阪] **14**

 交通も賑わいも繋ぐプラーザ [たまプラーザ駅 たまプラーザ テラス] **15**

 まちにかけるリボンストリート [二子玉川駅 二子玉川ライズ] **16**

 人が集う駅上緑化 [上海 龍華中路駅 上海緑地中心] **17**

 駅とまちを繋ぐ丘 [釜山駅] **18**

 屋上を開放する [渋谷駅 渋谷スクランブルスクエア] **19**

 交通広場を重ねる [新横浜駅 キュービックプラザ新横浜] **20**

 交通が積層する駅上大地 [新宿駅 バスタ新宿・JR新宿ミライナタワー] **21**

Circulation
動線

動線の整理と空間演出により
単なる移動にとどまらない
分かりやすく楽しい動線空間をつくる。

 プラットホームまで貫く
ステーションコア **22**
［みなとみらい駅
クイーンズスクエア横浜］

 駅とまちを結ぶ
スペクタクル空間 **23**
［渋谷駅 渋谷ヒカリエ］

 線路を越える、谷を繋ぐ **24**
［渋谷駅
渋谷スクランブルスクエア］

 流れをデザインする **25**
［広州 新塘駅
凱達爾交通ハブ国際広場］

 ツインコアで
まちを結ぶ **26**
［重慶 沙坪壩駅 龍湖光年］

 空中コンコースは
キタを開く **27**
［大阪駅 グランフロント大阪］

 ビルを持ち上げて
道を通す **28**
［京橋駅 京橋エドグラン］

 谷を掘り下げて
まちを結ぶ **29**
［六本木一丁目駅
泉ガーデン・六本木グランドタワー］

 張りめぐらされた
まちの根っこ **30**
［東京駅周辺地下街］

 雨にも負けぬチカミチ **31**
［大阪駅周辺地下街］

Symbol
シンボル

印象的な外観や駅の空間体験をデザインし、
利用する人びとの記憶に残る
シンボルをつくる。

 歴史と革新の玄関口 **32**
［東京駅 丸の内駅舎・
八重洲口開発 グランルーフ］

 まちに開く大屋根 **33**
［高輪ゲートウェイ駅
（品川新駅）］

 機能を積み重ねた
垂直都市 **34**
［渋谷駅 渋谷ヒカリエ］

 丘の上の
宇宙船 **35**
［重慶 沙坪壩駅 龍湖光年］

 プラットホームは
緑の谷 **36**
［広州 新塘駅
凱達爾交通ハブ国際広場］

 活力みなぎる
アトリウム **37**
［大阪駅 グランフロント大阪］

 駅 in Mall **38**
［たまプラーザ駅
たまプラーザ テラス］

 "エレガント"は
人を呼ぶ **39**
［阪急梅田駅 梅田阪急ビル］

Character
キャラクター

待ち合わせ場所になるような銅像やアート、
光・映像による演出、電車が見える仕掛け等、
人びとを惹きつけるキャラクターを取り入れる。

 まちを見下ろす
明日の神話 **40**
［渋谷駅 渋谷マークシティ］

 駅まちめぐる
情報のリング **41**
［渋谷駅 渋谷ヒカリエ］

 銀座の○△□ **42**
［銀座駅］

 時を告げる光 **43**
［吉祥寺駅
キラリナ京王吉祥寺］

 駅と駅の
アイコンタクト **44**
［吉祥寺駅 キラリナ京王吉祥寺］

 電車が主役 **45**
［新宿駅 バスタ新宿・
JR新宿ミライナタワー］

 散りばめた
鉄道の記憶 **46**
［調布駅 トリエ京王調布］

Station Map
→ TOD開発の起点となる駅

東京近郊

京橋駅
28 | P.116
日本で最も古い地下鉄銀座線の駅で、路線全体のリニューアルが行われている。東京駅に近いオフィスエリアとして賑わう。

東京駅
3 | P.026   12 | P.056   13 | P.060
30 | P.122   32 | P.134
首都東京の玄関口。駅開発の進展から八重洲側も波及的に新たな再開発が進もうとしている。

吉祥寺駅
43 | P.170   44 | P.172
緑が多い井の頭恩賜公園もあり、住みたいまちNO.1に輝いたこともある。郊外だが都心へのアクセスもよい。

新宿駅
21 | P.084   45 | P.174
日本で最も利用者の多い駅であり、新たに「新宿グランドターミナル」構想が始まろうとしている。

渋谷駅
1 | P.020   2 | P.024   19 | P.078   23 | P.100
24 | P.102   34 | P.140   40 | P.164   41 | P.166
ハチ公前広場には全世界からの観光客が押し寄せる。渋谷駅を中心に「100年に一度」と言われる再開発が進行している。

銀座駅
42 | P.168
いつの時代でも最先端の流行を発信し、世界のブランドが出店する憧れのまち。駅は2020年に向けて一部改良工事中。

京王調布駅
10 | P.042   46 | P.176
京王線と京王相模原線の分岐駅で、京王線の主要駅。駅の地下化によりまちが一体化した。映画のまちとして有名。

東京都

六本木一丁目駅
29 | P.118
起伏の多い地形を生かした都心の駅。周辺には数多くの大使館や公園があり、桜の時期にはたくさんの人びとで賑わう。

高輪ゲートウェイ駅
（品川新駅）
33 | P.138
鉄道・飛行機・リニア等の交通利便性が高く、東京と国内外を結ぶ新たな拠点として開発されているまち。

二子玉川駅
8 | P.038   16 | P.068
多摩川沿いに広がる緑豊かな住宅地が、再開発により商業・オフィス・住宅が駅を基点に隣接するまちに生まれ変わった。

たまプラーザ駅
9 | P.040   15 | P.066   38 | P.150
東急田園都市線の中核駅。住宅地に囲まれた駅・商業・広場を一体とした再開発が行われた。

新横浜駅
20 | P.082
東海道新幹線の開通により、交点に設けられた駅。まちの発展と共に駅の重要性も増大している。

東京湾

みなとみらい駅
7 | P.036   22 | P.098
横浜みなとみらい21地区はインフラと建築の一体計画等基本方針を決めて計画的にまちづくりが行われている。

神奈川県

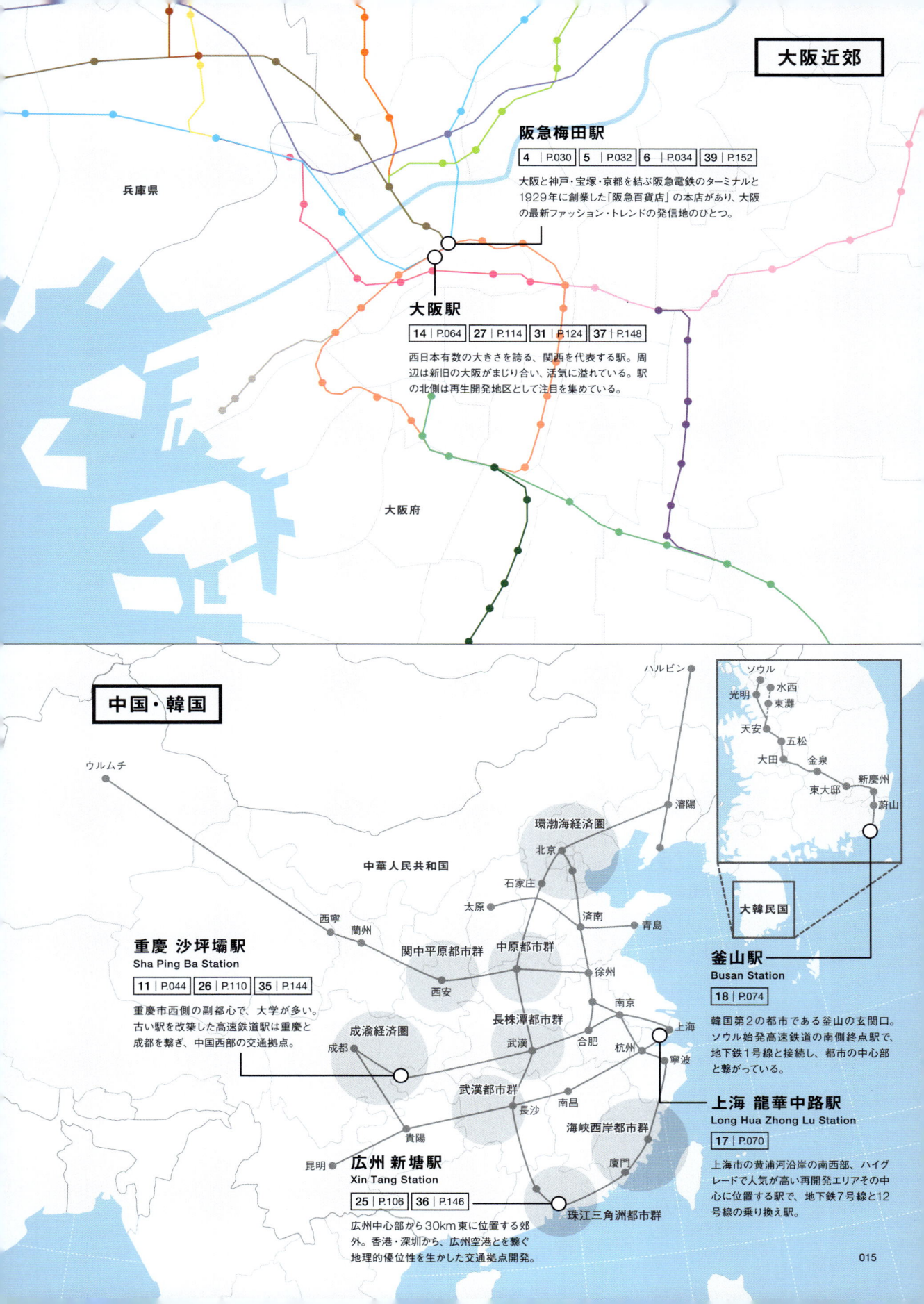

大阪近郊

兵庫県

大阪府

阪急梅田駅

| 4 | P.030 | 5 | P.032 | 6 | P.034 | 39 | P.152 |

大阪と神戸・宝塚・京都を結ぶ阪急電鉄のターミナルと1929年に創業した「阪急百貨店」の本店があり、大阪の最新ファッション・トレンドの発信地のひとつ。

大阪駅

| 14 | P.064 | 27 | P.114 | 31 | P.124 | 37 | P.148 |

西日本有数の大きさを誇る、関西を代表する駅。周辺は新旧の大阪がまじり合い、活気に溢れている。駅の北側は再生開発地区として注目を集めている。

中国・韓国

ハルビン

ウルムチ

ソウル
光明　水西
　　東灘
天安　五松
大田　金泉
　　　　新慶州
東大邱　蔚山

瀋陽

環渤海経済圏
北京
石家庄
太原　済南
　　　　青島

中華人民共和国

大韓民国

関中平原都市群　中原都市群
西寧
蘭州　　　　　　　　徐州
西安　　　　　　　南京

成渝経済圏
成都

長株潭都市群
武漢　合肥
　　　　　　上海
　　杭州　寧波

釜山駅
Busan Station

| 18 | P.074 |

韓国第2の都市である釜山の玄関口。ソウル始発高速鉄道の南側終点駅で、地下鉄1号線と接続し、都市の中心部と繋がっている。

重慶 沙坪壩駅
Sha Ping Ba Station

| 11 | P.044 | 26 | P.110 | 35 | P.144 |

重慶市西側の副都心で、大学が多い。古い駅を改築した高速鉄道駅は重慶と成都を繋ぎ、中国西部の交通拠点。

武漢都市群
南昌
長沙

海峡西岸都市群
貴陽
厦門

上海 龍華中路駅
Long Hua Zhong Lu Station

| 17 | P.070 |

上海市の黄浦河沿岸の南西部、ハイグレードで人気が高い再開発エリアその中心に位置する駅で、地下鉄7号線と12号線の乗り換え駅。

昆明

広州 新塘駅
Xin Tang Station

| 25 | P.106 | 36 | P.146 |

珠江三角洲都市群

広州中心部から30km東に位置する郊外。香港・深圳から、広州空港とを繋ぐ地理的優位性を生かした交通拠点開発。

→1

Urban

1872年の新橋駅〜横浜駅間の日本初の鉄道路線開業以降、日本の都市近郊における鉄道開発では、単に鉄道をつくるだけではなく、沿線の住宅や商業施設を開発し、沿線地域やまちの回遊、流動の促進を図ることで、鉄道事業のさらなる発展を実現する「駅まち一体開発（TOD）」が行われてきた。

しかしながら都市化の進展と鉄道輸送能力の拡大にともない、長大な駅が横たわることによる地域の分断や、複雑な乗り換え動線、交通集中による混雑等の弊害が発生してきた。

その中で鉄道開発の弊害解消とさらなるまちの発展のために、以下のようなまちづくりの取り組みが行われている。

① 流動の促進（乗り換え動線の改善と駅上部および周辺の立体的な利用）

② 分断の解消（線路や街区を超えた回遊動線の構築）

また、民間事業者が行政と協力しながら乗り換え動線等の駅の機能改善を図ると共に、駅とパブリックスペースの積極的な関係の構築によりまちの賑わいと活気を与え、その経済効果によりさらにまちの再生を促すシステムが生まれている。

この章では、駅を中心とした活気あふれる魅力的なまちを実現するために適用されている都市計画スケールの工夫を見ていこう。

渋谷 » RECIPE 1・2

【図Ch1-1】

【図Ch1-2】

東京 » RECIPE 3

大阪 » RECIPE 4・5・6

【図Ch1-3】

【図Ch1-4】

横浜 » RECIPE 7

まちは駅と共に成長し続ける 1

渋谷の開発は東急東横線と東京メトロ副都心線の相互直通化を起点として、東急東横線駅舎および線路跡地の開発と駅前広場、JRおよび東京メトロ銀座線の鉄道改良の一体的な整備を中心として進められている。

東急東横線と東京メトロ副都心線の相互直通化と合わせて、旧東急文化会館敷地を渋谷ヒカリエとして建て替え、その後地上部の旧東急東横線駅舎と東急百貨店東横店東館を解体して、渋谷駅街区 渋谷スクランブルスクエア（東棟）新築工事と東口駅前広場の整備が行われている。

渋谷駅街区 渋谷スクランブルスクエア（東棟）新築工事の完成後は西側既存施設のリニューアルに着手する予定であり、20年スパンで渋谷のまち全体を更新するローリング方式のまちづくりのストーリーが組まれている。

また、駅中心地区の更新と合わせて周辺のリニューアルも次々と誘発されており、50年、100年のスパンで渋谷のまちのスパイラルアップが図られるシステムが構築されている。

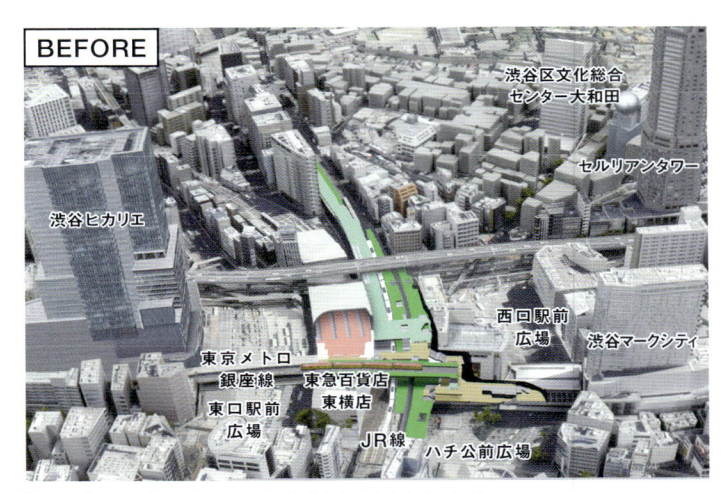

【図1-2】2012年（渋谷ヒカリエ開業直後）の基盤施設の状況。

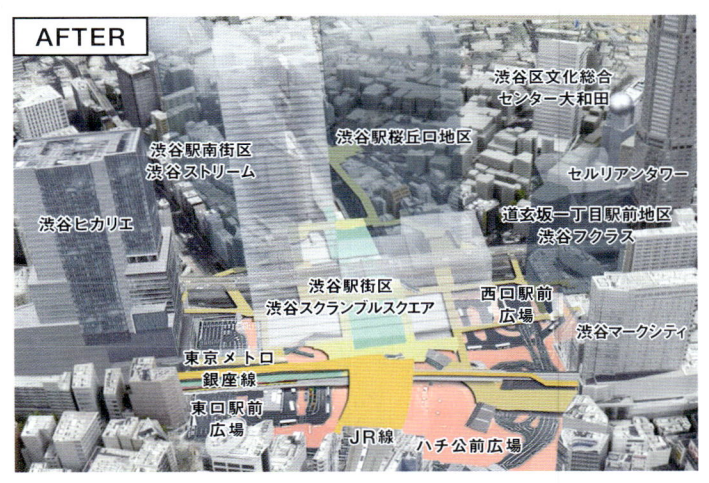

【図1-3】2027年頃（渋谷駅街区 渋谷スクランブルスクエア（中央・西棟）竣工時）の基盤施設の状況。
※写真はイメージです。

【図1-1】スクランブル交差点

Phase 1

（～2012年）

- 東急東横線を地下化し東京メトロ副都心線と相互直通運転化。

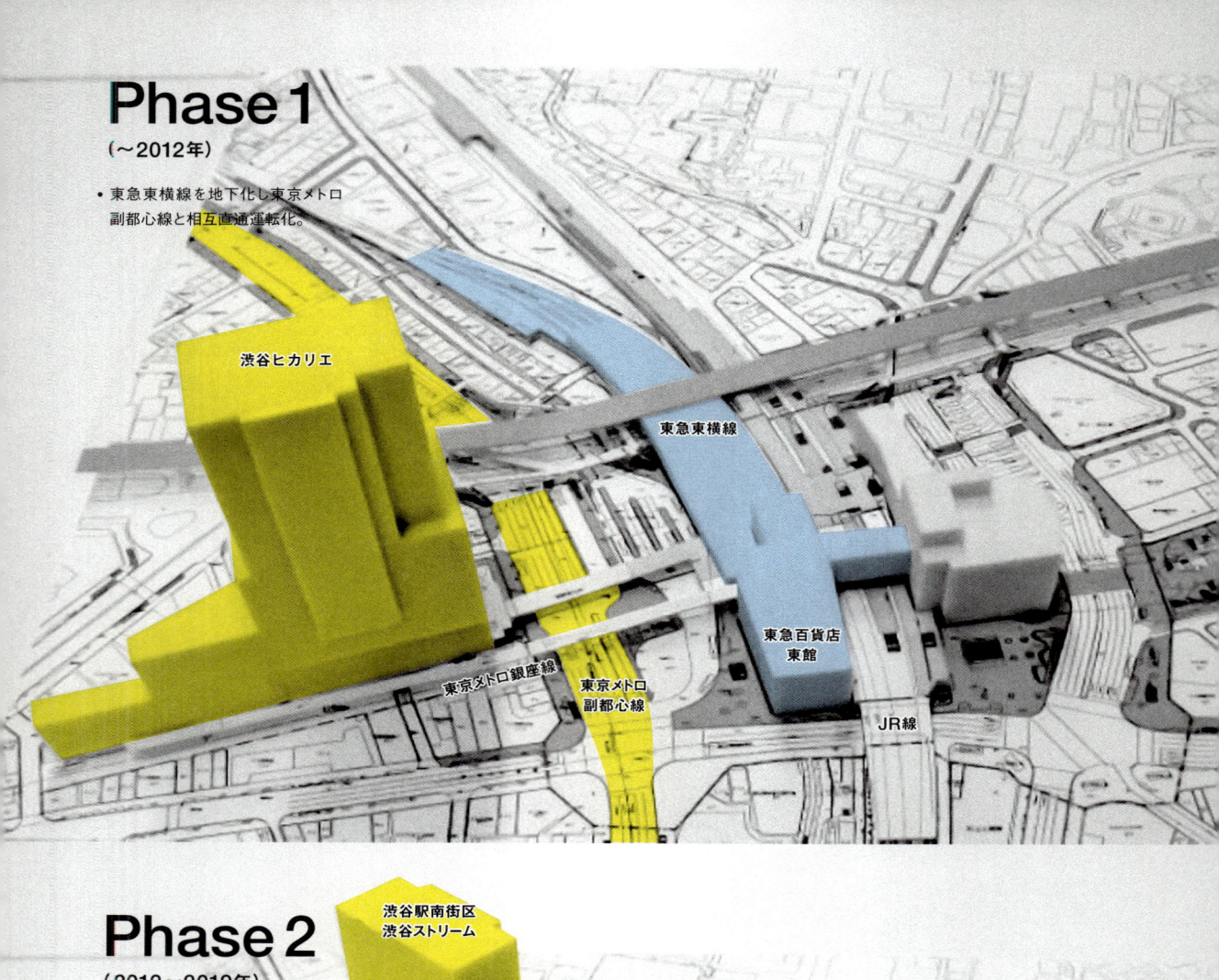

渋谷ヒカリエ

東急東横線

東京メトロ銀座線

東京メトロ副都心線

東急百貨店 東館

JR線

Phase 2

（2012～2019年）

- 東急東横線渋谷駅ホームおよび線路跡地とその周辺地区に渋谷駅南街区 渋谷ストリームを建設。
- 東急百貨店東横店東館跡地に駅前広場を移設し、東急東横線駅舎跡地に渋谷駅街区 渋谷スクランブルスクエア（東棟）を建設。
- 東急プラザ渋谷を含むエリアを建て替え（道玄坂一丁目駅前地区 渋谷フクラス）。

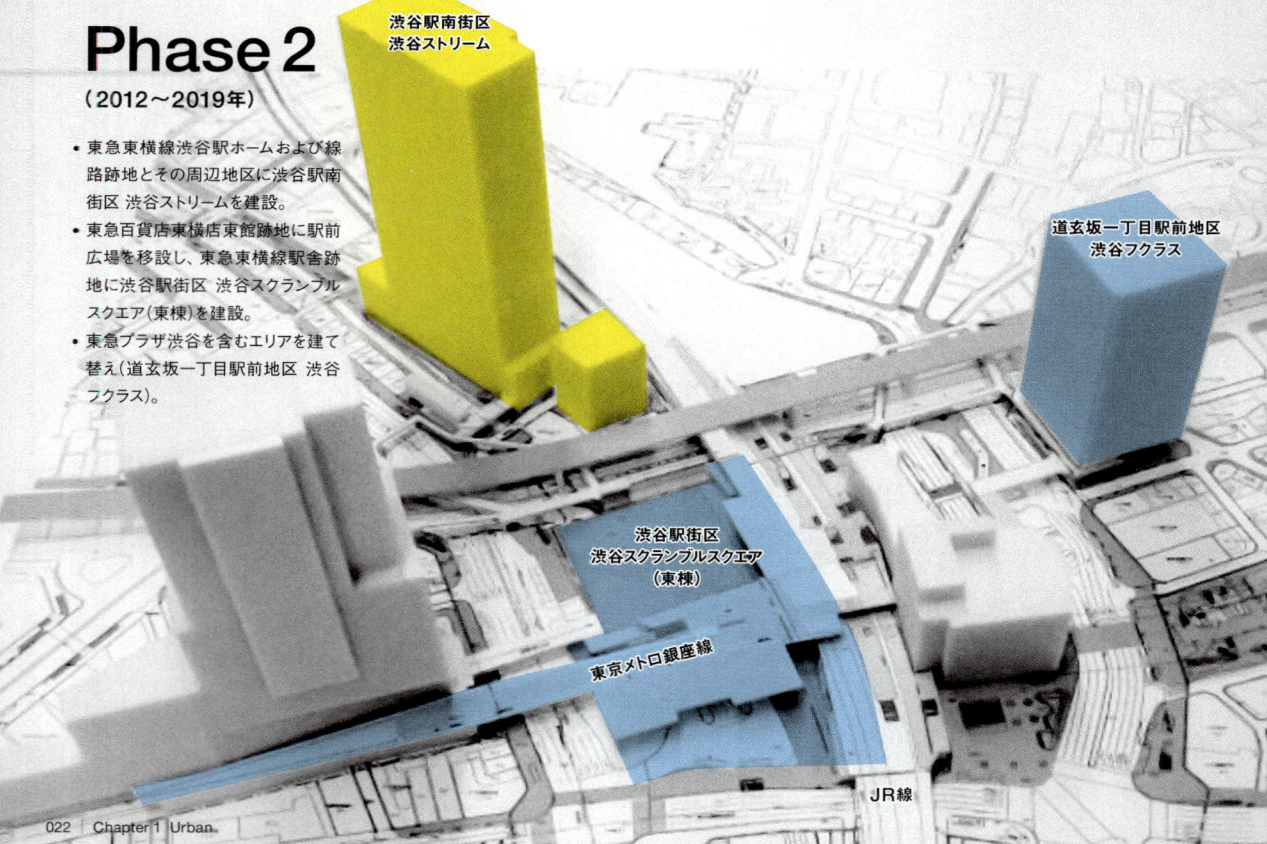

渋谷駅南街区 渋谷ストリーム

道玄坂一丁目駅前地区 渋谷フクラス

渋谷駅街区 渋谷スクランブルスクエア （東棟）

東京メトロ銀座線

JR線

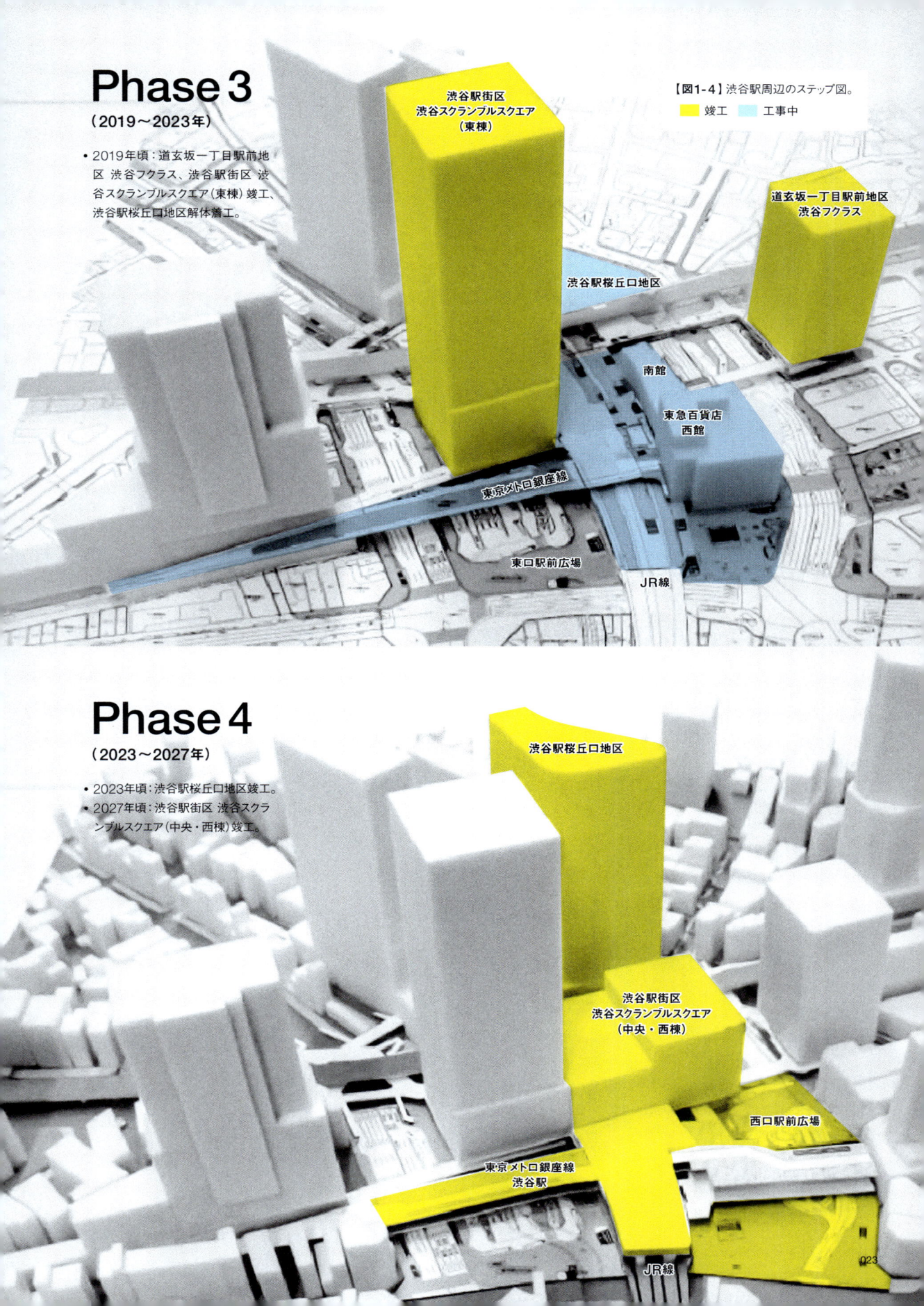

Phase 3

（2019〜2023年）

- 2019年頃：道玄坂一丁目駅前地区 渋谷フクラス、渋谷駅街区 渋谷スクランブルスクエア（東棟）竣工、渋谷駅桜丘口地区解体着工。

渋谷駅街区 渋谷スクランブルスクエア（東棟）

道玄坂一丁目駅前地区 渋谷フクラス

渋谷駅桜丘口地区

南館

東急百貨店 西館

東京メトロ銀座線

東口駅前広場

JR線

【図1-4】渋谷駅周辺のステップ図。

竣工　工事中

Phase 4

（2023〜2027年）

- 2023年頃：渋谷駅桜丘口地区竣工。
- 2027年頃：渋谷駅街区 渋谷スクランブルスクエア（中央・西棟）竣工。

渋谷駅桜丘口地区

渋谷駅街区 渋谷スクランブルスクエア（中央・西棟）

西口駅前広場

東京メトロ銀座線 渋谷駅

JR線

地域貢献も駅まち一体

2

渋谷駅

渋谷駅周辺地区の開発において、「都市再生特別地区」の適用を受けて民間事業者の活力を活かした都市開発が進められている。(参照：48頁Column1)

都市再生特別地区では、これまでの都市計画手法で求められていた空地確保だけではなく、地域で不足している機能の強化も評価の対象とされており、渋谷駅街区では「交通結節点機能の強化」「国際競争力を高める都市機能の導入」「防災と環境」を貢献項目として容積評価を受けている。

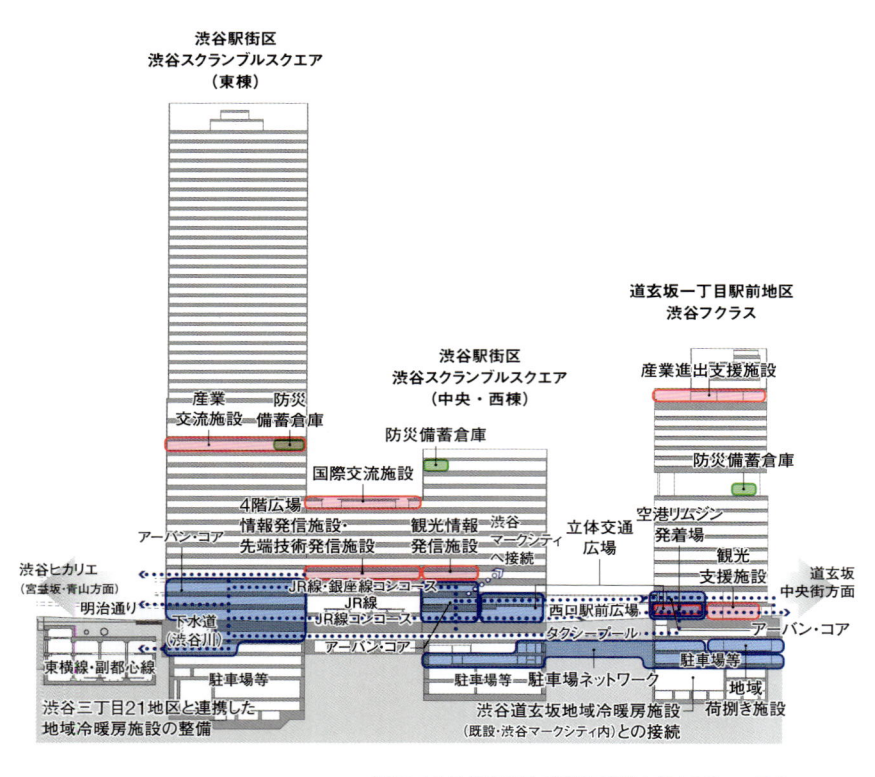

【図2-1】 渋谷駅地区の駅街区開発の都市再生への貢献。

また渋谷駅そのものを内包する渋谷駅地区駅街区開発（渋谷スクランブルスクエア）では、駅施設と駅前広場等の立体的に積層した都市インフラを更新していくために、鉄道改良事業と土地区画整理事業も並行して行われている。まず土地区画整理事業により駅前広場や河川等の都市基盤の再整理、建物敷地の整形・集約化、鉄道拡幅用地の確保を行い、次に開発事業と鉄道改良事業により、鉄道上空のビル建設と合わせて立体交通広場やアーバン・コア（動線空間）の整備が行われている。

すなわち民間開発事業だけではなく、鉄道改良事業と土地区画整理事業が一体的、連鎖的に実施される、いわば三位一体の推進による駅とまちの更新であり、駅街区を含めた駅中心地区の機能更新が進むことにより、さらに周辺地区の開発計画が波及的に進められている。

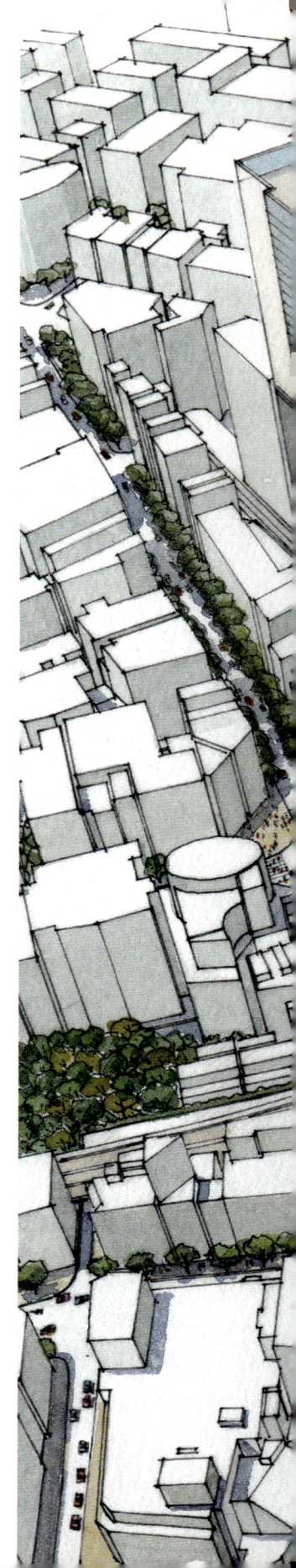

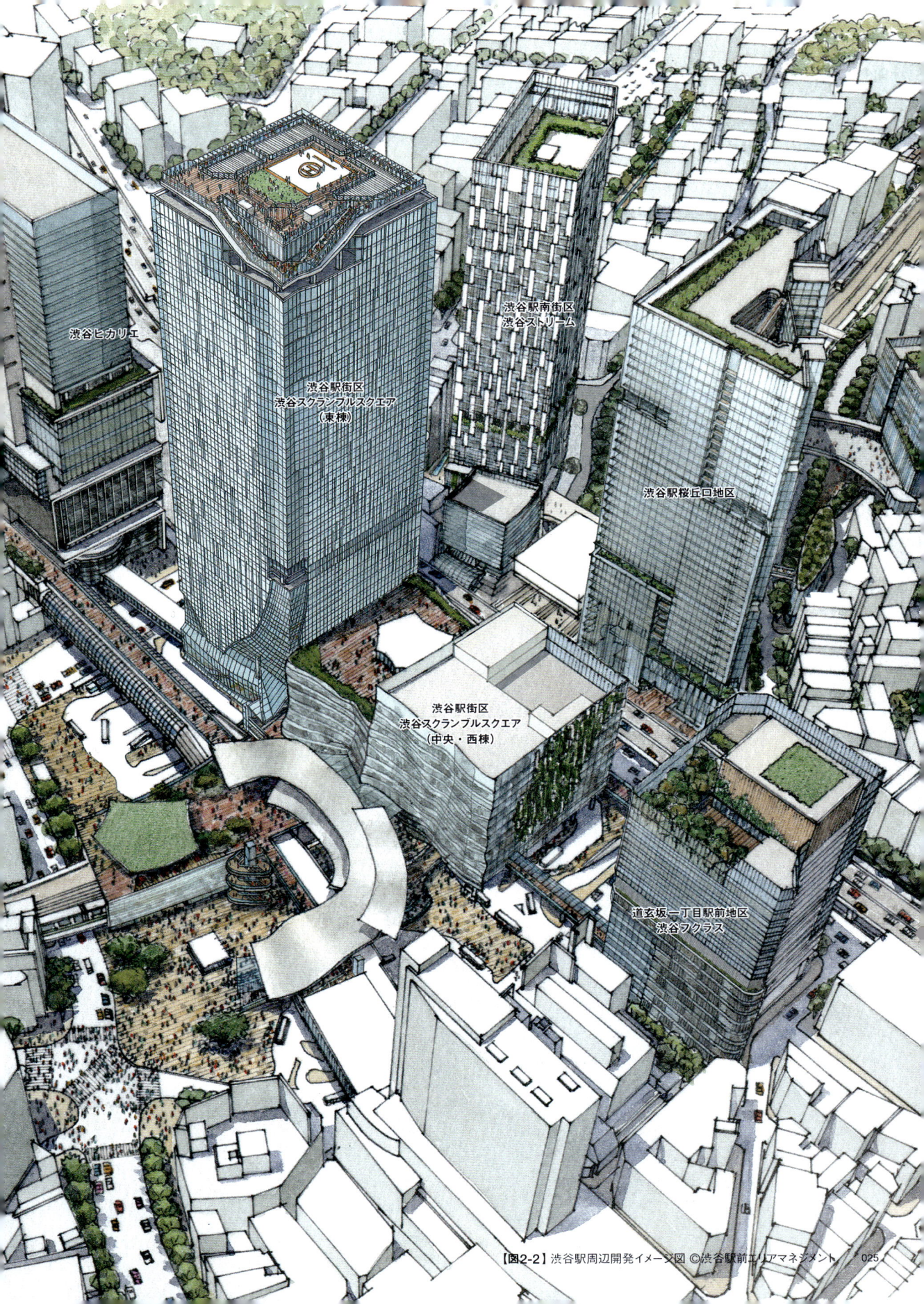

渋谷ヒカリエ

渋谷駅街区
渋谷スクランブルスクエア
（東棟）

渋谷駅南街区
渋谷ストリーム

渋谷駅桜丘口地区

渋谷駅街区
渋谷スクランブルスクエア
（中央・西棟）

道玄坂一丁目駅前地区
渋谷フクラス

【図2-2】渋谷駅周辺開発イメージ図 ©渋谷駅前エリアマネジメント　025

BEFORE

【図3-1】

壁からゲートへ

東京駅

3

駅の正面に壁のようにそそり立つのがこれまでの駅ビルの姿であったが、東京駅では丸の内駅舎範囲の容積を周辺街区に売却することで資金を捻出し、駅舎のレトロフィットによる保存を実現して、首都の玄関口としての象徴的な駅前広場空間をつくり出した。

また八重洲口の再整備でも容積を南北のタワーに集約し、中心軸線上には丸の内駅舎と呼応するプロポーションの大屋根を架けることにより、人びとを迎え入れる新たなゲートを設けることに成功している。

人の集まる場としての駅前広場を開放的な空間とし、周辺の商業・オフィスの密度を高めることにより、旅の始まりとしての昂揚感とそれを取り囲む劇場的な賑わいが感じられる空間を創出している。

さらに東京駅八重洲口の改良を契機として、八重洲側の再開発が誘発され、開発に合わせてバスバースや広場等の基盤が整備されることで、「駅裏」であったまちが新たな表玄関としてさらに発展するサイクルが生まれている。

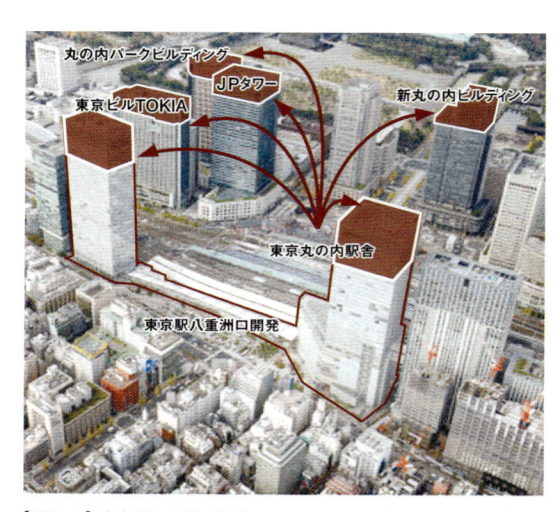

【図3-3】東京駅八重洲口開発のツインタワーの実現にあたっては「特例容積率適用地区制度」の適用により東京駅丸の内駅舎の未利用容積を移転すると共に、「総合設計制度」を適用し敷地内に公開空地を確保することで容積率の割り増しを受けている。

AFTER 【図3-2】

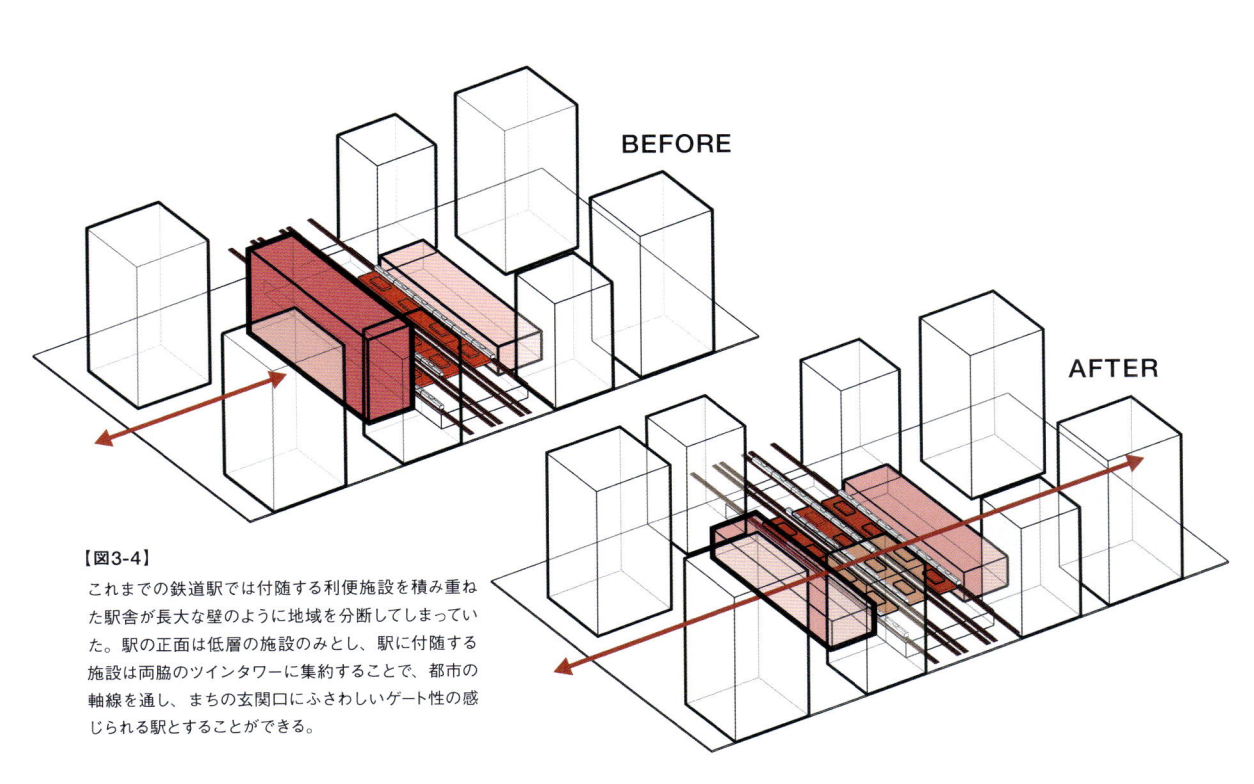

BEFORE

AFTER

【図3-4】
これまでの鉄道駅では付随する利便施設を積み重ねた駅舎が長大な壁のように地域を分断してしまっていた。駅の正面は低層の施設のみとし、駅に付随する施設は両脇のツインタワーに集約することで、都市の軸線を通し、まちの玄関口にふさわしいゲート性の感じられる駅とすることができる。

1914

東京駅開業

東京の表玄関は赤煉瓦の駅舎と4本のプラットホームからスタートした。当時八重洲側には江戸城の外濠が残っており、京橋・日本橋とは分断されていた。

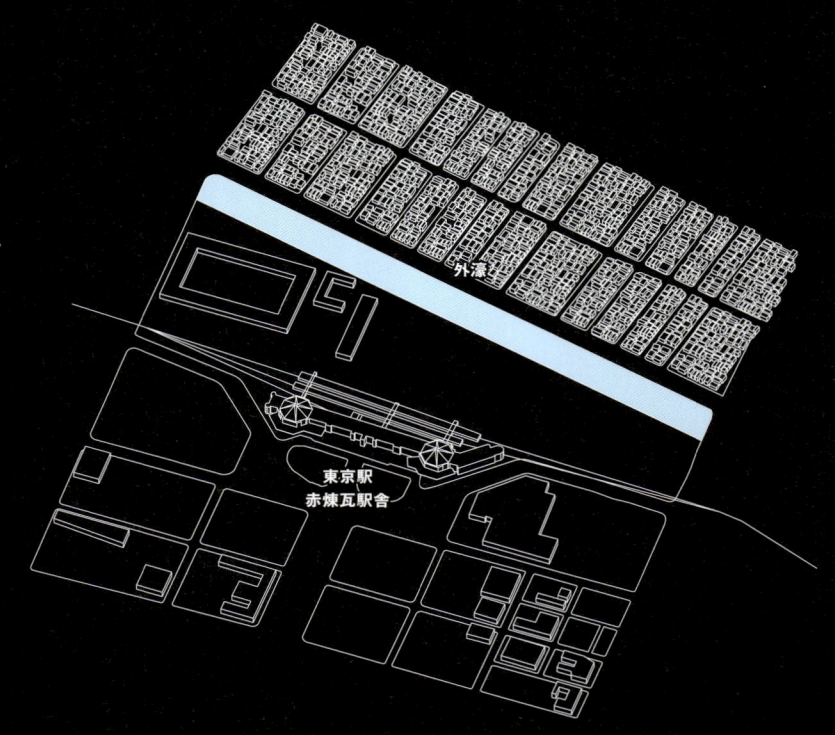

外濠

東京駅
赤煉瓦駅舎

Growing Process of Tokyo Station
東京駅を取り巻くまちの発展
【図3-5】

※本図は『東京駅「100年のナゾ」を歩く-図で愉しむ「迷宮」の魅力』
（田村圭介著、2014年12月10日、中央公論新社発行）を参照の上作成。

1990

八重洲口は1929年にようやく設置されたが、太平洋戦争による丸の内駅舎の荒廃時期には、駅機能を担った時期もあり、外濠を瓦礫で埋め立てる工事により京橋・日本橋側からのアプローチが改善された。その後、戦後復興により東京駅の施設も拡大し、1954年の鉄道会館ビル建設、1964年の東海道新幹線開通と八重洲地下街の完成、1972年の国鉄（現JR）横須賀・総武快速線開通、そして1990年のJR京葉線開通により、ほぼ現在の姿となった。

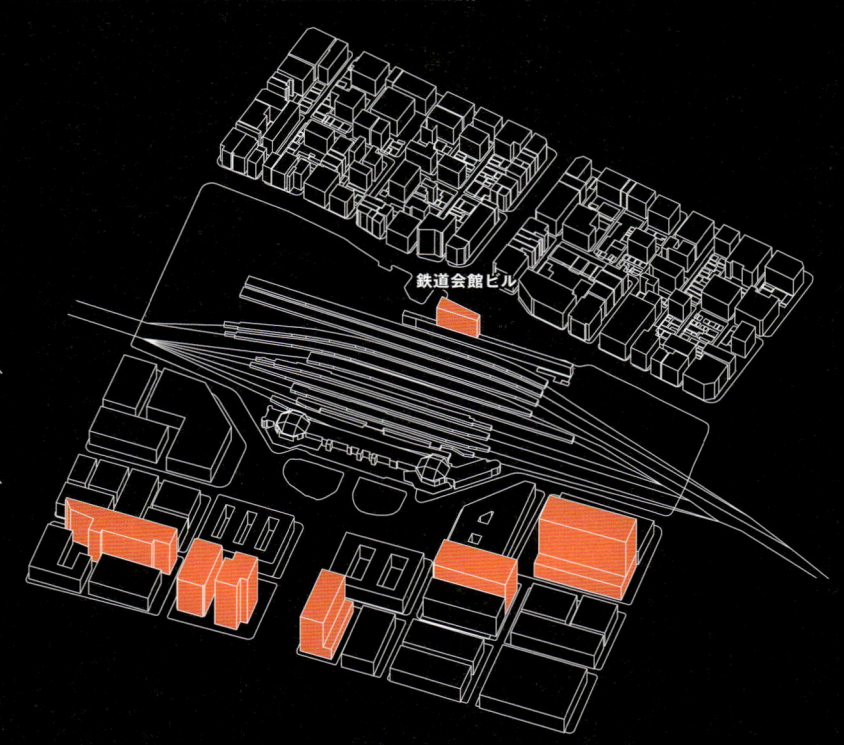

鉄道会館ビル

2014

1990年に東京駅丸の内駅舎の保存・復原が発表され、2007年に工事着手し、2012年10月に完成した。
丸の内駅舎の容積を活用した新丸の内ビルディング等の再開発が進むと共に、八重洲口開発のグラントウキョウノースタワーとサウスタワーのツインタワーも2007年11月にオープン、最後に間を繋ぐグランルーフが2013年9月に完成し、東京駅八重洲口開発のグランドオープンを迎えた。

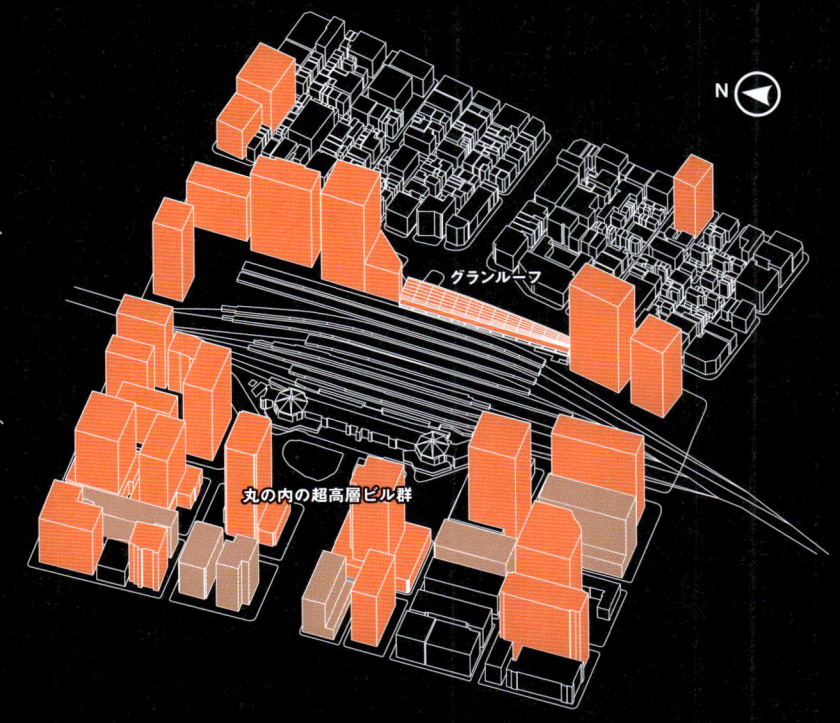

グランルーフ

丸の内の超高層ビル群

N

東京駅八重洲口はかつて「駅裏」のイメージであったが、東京駅八重洲口開発により八重洲口の機能更新が進み、さらに隣接する駅前地区の開発が進められている。
東京駅八重洲口開発のツインタワーは国際化・高度情報化に対応したビジネスセンターの中核を担う業務施設と八重洲・日本橋地区の活性化に資する商業施設によって構成さ

れている。その実現にあたっては「特例容積率適用地区制度」の適用により東京駅丸の内駅舎の未利用容積を移転すると共に、「総合設計制度」を適用し敷地内に公開空地を確保することで容積率の割り増しを受けている。これらの都市計画手法により、1,604%にもおよぶ高容積を実現している。

Future

東京駅八重洲口開発の完成による利便性向上を受けて、道路を挟んだ八重洲1・2丁目地区の再開発が現在進められている。地区内は敷地の細分化や建物の老朽化が進んでおり、防災性が低下する等東京駅前としてふさわしい土地利用がなされていない状況にあった。そこで、ここでも都市再生特別地区を活用した市街地再開発事業により、国際都市東京の玄関口にふさわしい交通結節機能の強化と国際競争力強化に資する都市機能導入を図ると共に、高度な防災機能・環境性能を確保した開発が行われている。

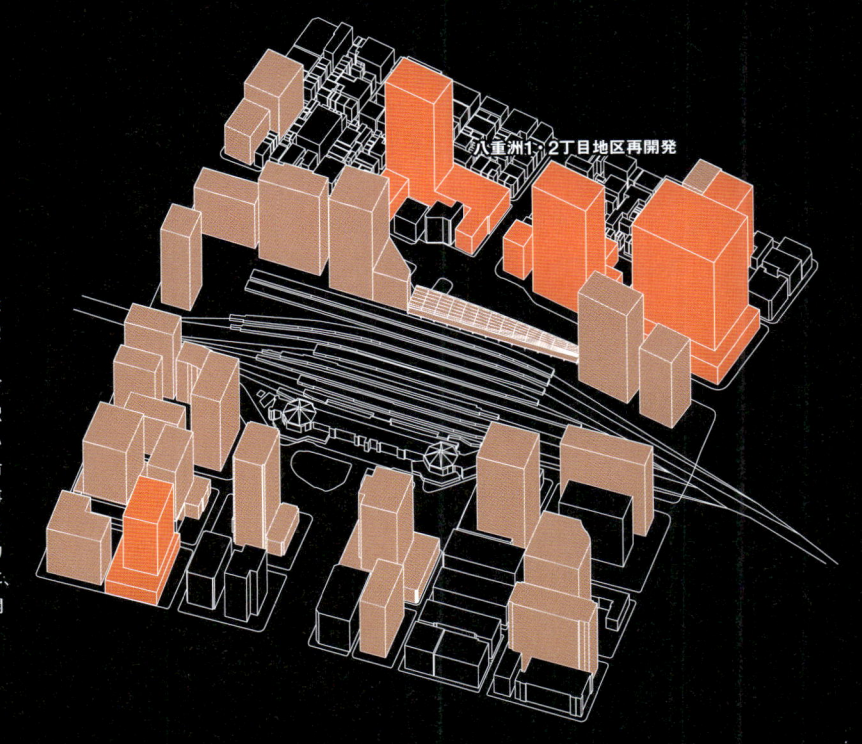

八重洲1・2丁目地区再開発

鉄道と共にまちを敷く

4

阪急梅田駅

阪急電鉄の礎を築いた小林一三（1873〜1957年）は次のように述べたという。「乗客は電車が創造する」。小林は当時乗客がほとんど見込まれない路線であった箕面有馬電気軌道の安価な沿線土地に分譲住宅を併せて建設すれば、鉄道を利用する人口は継続的に増加すると考え、鉄道会社自ら資金を出し駅前の分譲住宅の開発を行った。池田室町住宅地から開発を始め、今なお関西を代表する高級住宅街として名高い西宮市周辺の住宅地等、沿線に次々と住宅地を計画していった。また

都心のターミナル駅である阪急梅田駅に世界初となるターミナルデパートである阪急百貨店を開業、さらに箕面や宝塚、六甲といった郊外のターミナル駅や沿線に、箕面動物園や宝塚少女歌劇団、六甲山ホテル等をつくり出し観光地開発に努めた。その他沿線でも野球場等の大衆レジャー施設を開設、関西学院大学等の教育施設の誘致を行って、郊外型のライフスタイルを提案し、鉄道利用需要を創出した。このビジネスモデルは、その後の日本におけるTOD開発の原点となった。

【図4-1】 国鉄モデル（左）と小林一三モデル（右）の比較。

— Railway company   ⋯⋯ General and existing development

【図4-8】
現在の関西近郊航空写真に描く1930年代における阪急電鉄沿線のイメージ図。
※路線図は阪急電鉄沿線案内図（1931年）を参考に作成。

[凡例]

阪急電鉄

他社線

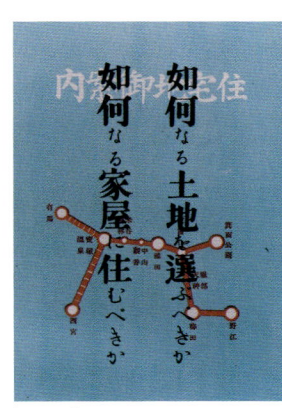

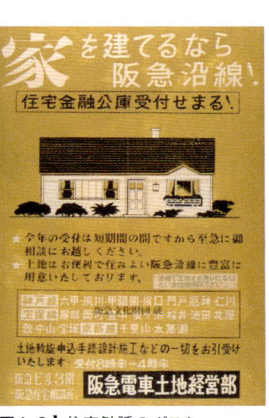

【図4-2】 住宅勧誘のパンフレット。　**【図4-3】** 住宅勧誘のポスター。

【図4-4】 阪急西宮球場

【図4-5】 箕面動物園

【図4-6】 池田室町住宅地

【図4-7】 宝塚旧温泉街

観光地

宝塚南口　宝塚　清荒神　売布神社　中山　山本　平井　雲雀丘　花屋敷

逆瀬川　　　　　　　　　　　　　　　　　　能勢口

能勢電気軌道

伊丹　　　　　　　　　　　池田室町住宅地等　　池田

稲野　　　　　　　　　　　　　　　　　石橋　桜井　牧落　みのお

塚口　　　　　　　　　　　　　　蛍ヶ池

　　　　　　　　　　　　　　　豊中

　　　　　　　　　　　　　　岡町　　　　　　　　観光地

沿線不動産開発　　　曽根

　　　　　　　　　　服部

神崎川

三国

十三

新京阪鉄道

都心部ターミナル駅

中津　北野

茶屋町

梅田

031

駅は一夜で姿を変える

5

阪急梅田駅

沿線開発で乗客数を拡大し続けた阪急電鉄は、乗客数の拡大と共にその姿を変えていく。創業当初は半2階建ての小さなターミナル駅であった阪急電鉄の梅田駅は、その後小林一三のアイデアにより、日本初の「駅＋デパート」という形態をとり日本のTODの先駆となった。

そして乗客数のさらなる拡大・利便性向上のため、いち早く高架化した阪急電鉄を追いかけるように官営鉄道も高架化することとなり、それにより阪急梅田駅は再び地上駅化を余儀なくされるが、この歴史的工事は乗客を逃がすことのないよう、一夜で実行されたという。このような阪急梅田駅の変遷を断面的に追いかけると、常に乗客の歩行者ネットワークを意識し、絶妙な位置に商業施設を展開していることが分かる。

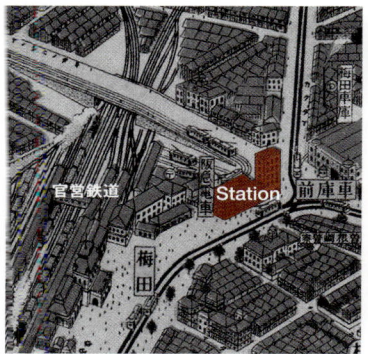
【図5-1】1924年頃の阪急梅田駅周辺。

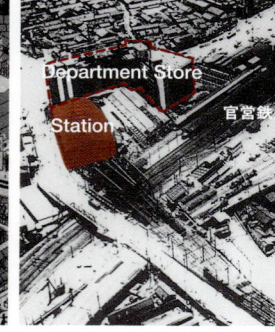
【図5-2】1934年頃の阪急梅田駅周辺。

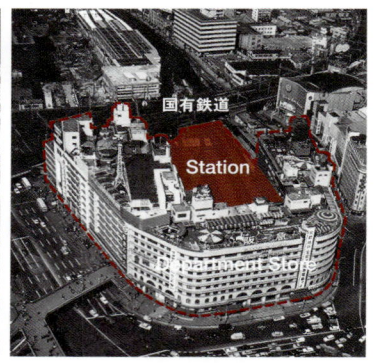
【図5-3】1968年頃の阪急梅田駅周辺。

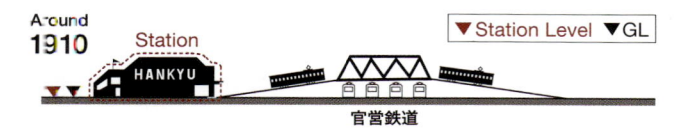

【図5-4】阪急梅田駅周辺の変遷イメージ図。

1910年 箕面有馬電気軌道会社営業開始

現在の阪急電鉄の前身である箕面有馬電気軌道は1910年に梅田～宝塚駅間、石橋～箕面駅間で軌道法に基づく電車の運行を開始した。起点となる梅田駅は官営鉄道（戦後の日本国有鉄道、現在のJR）の線路を乗り越えて現在の大阪駅の南側に地上駅として設けられていた。1920年には阪急神戸本線が開業したが、梅田～十三駅間は阪急宝塚本線と線路を共有していた。

1926年 梅田駅が高架駅に

運転本数の増加にともなう輸送能力の増強のため、梅田～十三駅間の線路別々複々線化・専用軌道化と高架化が決定され、1926年に完成した。また1920年に阪急梅田ビルを完成させ、1階に老舗の百貨店である白木屋の出張所を入れ日用雑貨を販売し、2階に直営の食堂の営業を開始していたが、1929年には世界初のターミナルデパートとして「阪急百貨店」を開業した。

1934年 官営鉄道が高架化、阪急線は地上へ

市街を分断している線路・踏切を除去するため官営鉄道大阪駅高架化にともなう立体切り替え工事が行われ、高架の阪急線は地上に移設されることとなり、1934年5月31日深夜に官営鉄道と阪急電鉄共同で工事を実施することとなった。この切り替え工事は官営鉄道・阪急電鉄共に列車を長期運休させることなく「一夜」で実施された。1959年には阪急神戸本線・阪急宝塚本線・阪急京都本線の3複線化が完成し、神戸本線・宝塚本線は各3線、京都本線2線の計9面8線の大きなターミナル駅に成長した。

1966年 東海道本線北側への駅移設に着手

1960年代に入って乗客数の増加が顕著となり、車両増結のためホームを北側に延長して対応していたが、国鉄の高架線が障害となって拡張が限界に達したため、1966～1973年にかけて現在の位置であるJR東海道本線北側への移転高架化・拡張工事が行われた。

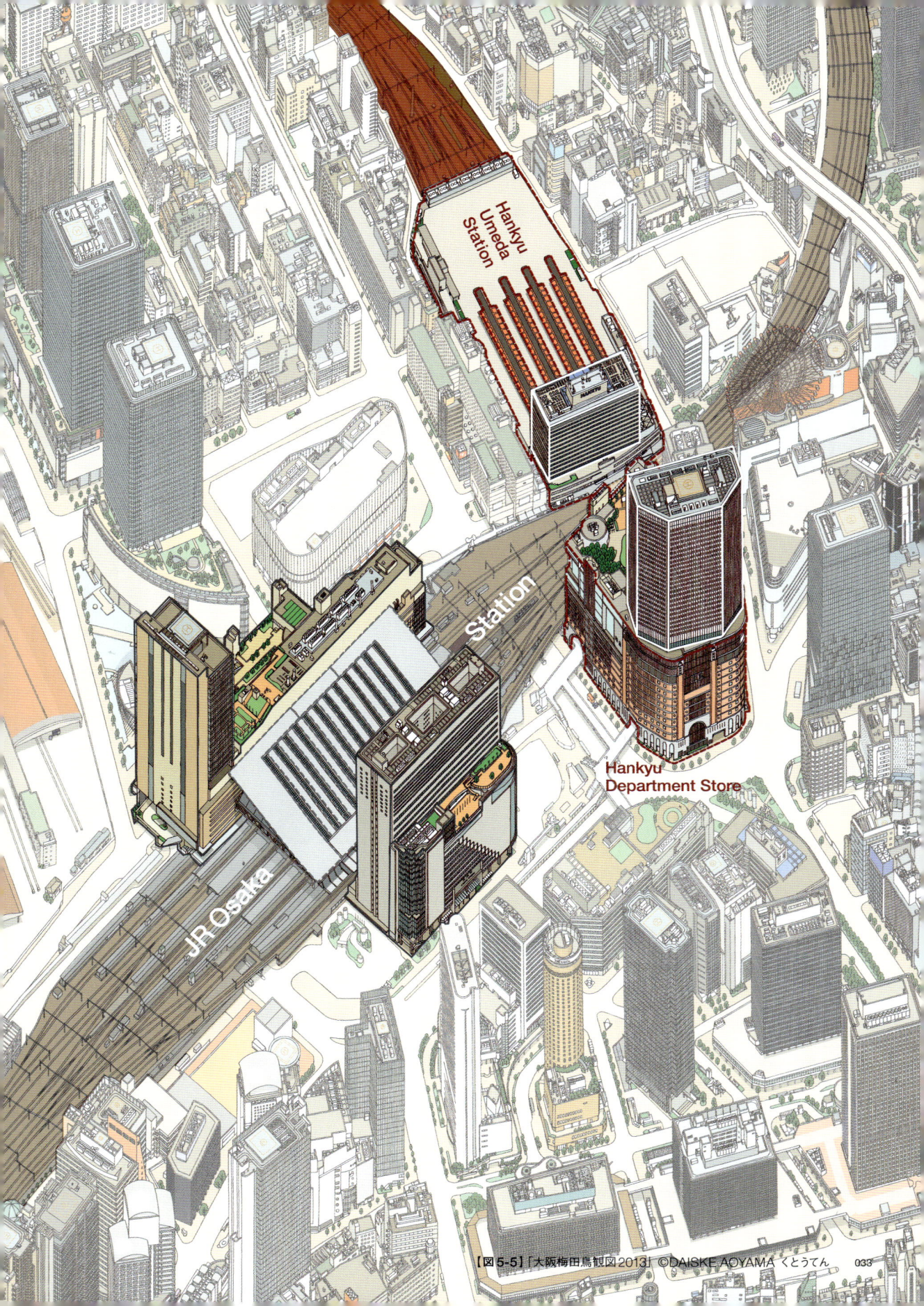

Hankyu Umeda Station

Station

JR Osaka

Hankyu Department Store

離れた駅をまちで結ぶ

6

阪急梅田駅

阪神電車
Hanshin Line
約400m

四つ橋線
Subway Yotsubashi Line
約600m

谷町線
Subway Tanimachi Line
約300m

御堂筋線
Subway Midosuji Line
約200m

阪急電車
Hankyu Line
約150m

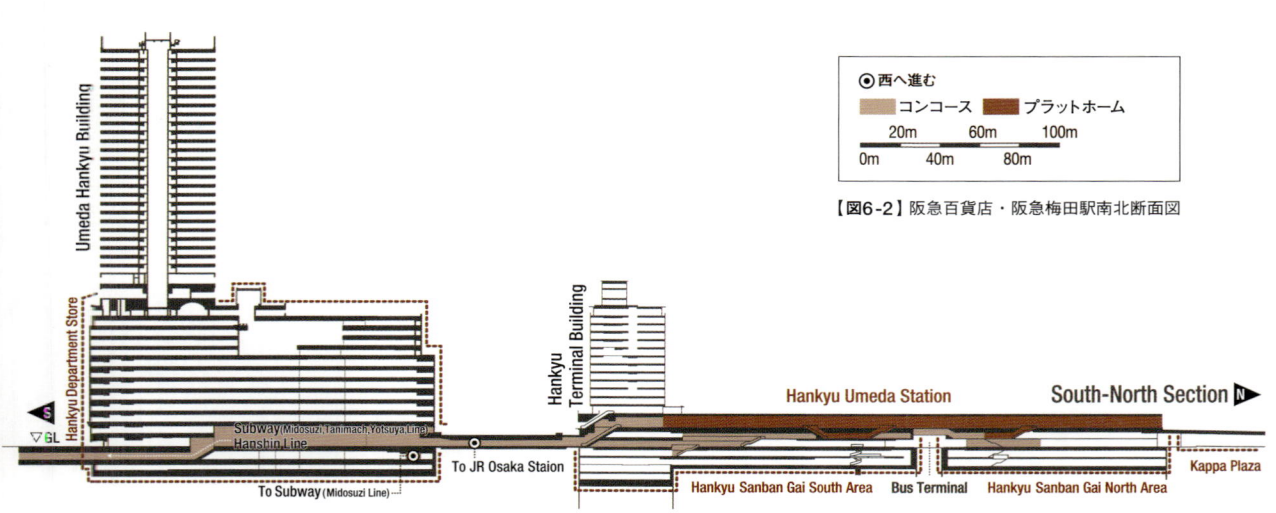

◉ 西へ進む
■ コンコース　■ プラットホーム

20m　60m　100m
0m　40m　80m

【図6-2】阪急百貨店・阪急梅田駅南北断面図

Umeda Hankyu Building

Hankyu Department Store

Hankyu Terminal Building

▽GL

Subway (Midosuzi, Tanimachi, Yotsuya Line)
Hanshin Line

To Subway (Midosuzi Line)

To JR Osaka Staion

Hankyu Umeda Station

South-North Section N

Hankyu Sanban Gai South Area　Bus Terminal　Hankyu Sanban Gai North Area

Kappa Plaza

ターミナルデパートは駅という日常的に人が集まる場所に併設されることにより圧倒的な集客力を有する。鉄道事業としては百貨店の顧客という新たな鉄道利用者層を獲得して利用者の少ない平日の昼間や休日の鉄道需要を創出でき、また沿線の住宅分譲事業としては「百貨店のあるターミナル駅を持つ路線」として沿線ブランドの向上が期待できる、ま

さに一石三鳥のビジネスモデルであった。

創業当初、阪急百貨店は阪急梅田駅に直結していたが、1966年以降の駅移設にともない、国有鉄道を南北に跨いだ配置となった。その後、阪急電鉄が中心となり駅周辺の巨大な流動に面した敷地を商業開発することで、交通ネットワークと結びついた賑わいと活気あふれるまちが広がった。

【図6-1】阪急梅田駅コンコース

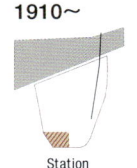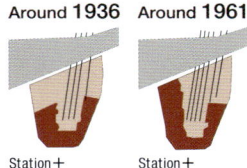

阪急電鉄は阪急梅田駅の拡張に合わせて商業施設の展開を行ってきた。1920年に地上5階建ての梅田阪急ビルが完成し、1926年の駅高架化をきっかけとして1929年に地下2階地上8階建てのビルとして建て替え、1934年の地上線への移設後も増築し、2005年から2012年の建て替え工事を経てより一層梅田を代表するビルとしてその威容を誇っている。国鉄東海道本線北側への阪急梅田駅移設が実施された1966年以降、国鉄および大阪市営地下鉄等他社路線を結ぶ周辺地域に、阪急三番街や新阪急ホテル、阪急ターミナルビル（阪急17番街）、阪急グランドビル等が計画された。

■ Hankyu Group Building　▨ Station Building　■ Station + Shopping Zone

【図6-3】阪急梅田駅周辺の阪急百貨店・阪急関連ビル群の変遷。

まちのへそに駅

みなとみらい駅 クイーンズスクエア横浜

[クイーンズスクエア横浜] 設計者：日建設計・三菱地所一級建築士事務所

みなとみらい21地区の開発にあたって新設された横浜高速鉄道みなとみらい線みなとみらい駅は、開発に人の流れをもたらす重要な起点として、クイーンズスクエア横浜の建設に先立って計画された。みなとみらい駅は桜木町駅から横浜国際平和会議場（パシフィコ横浜）を繋ぐクイーン軸の結節点に位置しており、駅からクイーンモールに繋がるダイナミックな8層吹き抜けのステーションコア（動線空間）を挿入することで、みなとみらい21地区の発展に多大な貢献を果たしている。

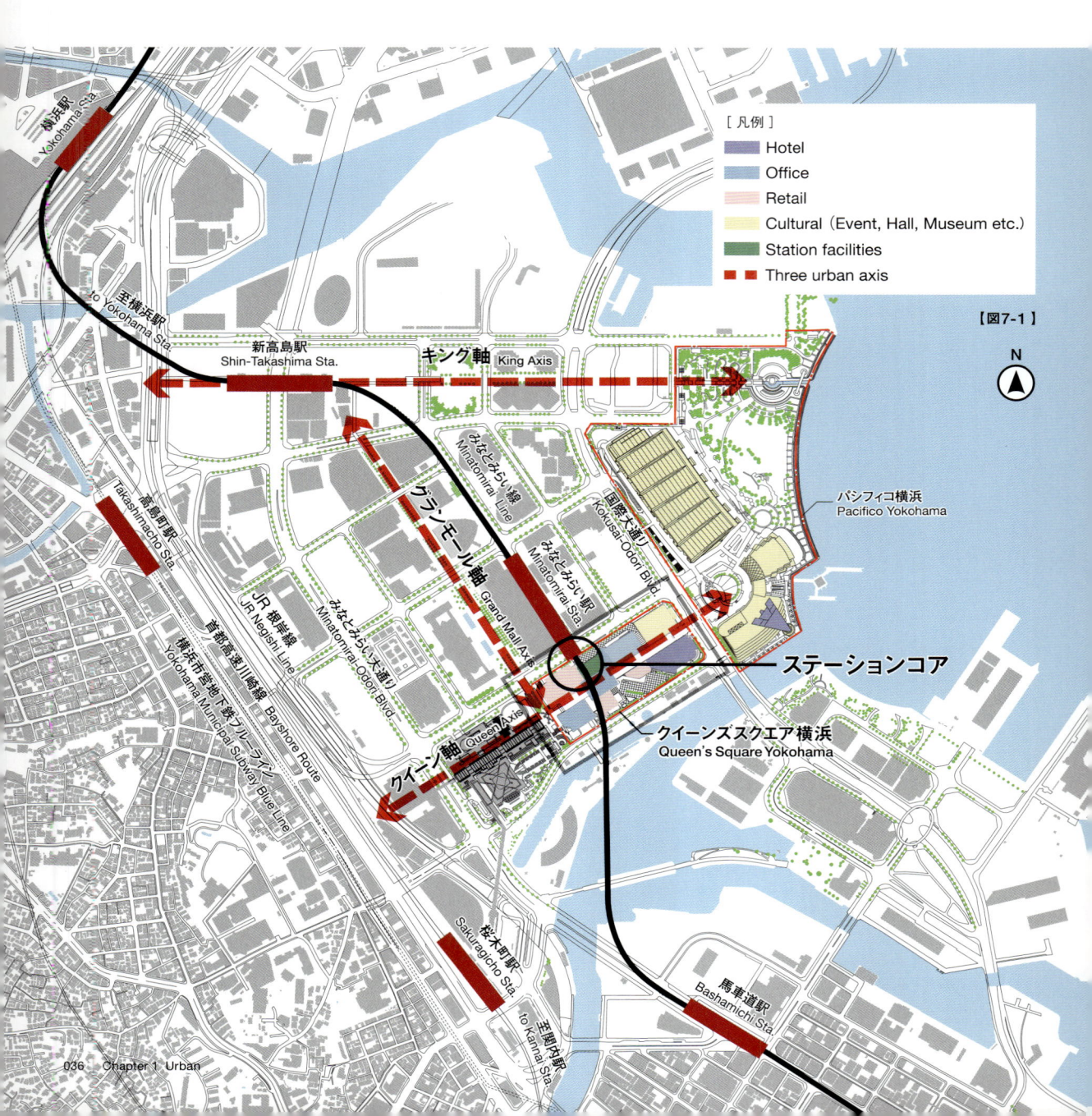

【図7-1】

036　Chapter 1　Urban

【図7-2】クイーンズスクエア横浜配置図

みなとみらい駅はクイーンズスクエア横浜が竣工した7年後に開設されているが、みなとみらい駅とクイーンズスクエア横浜は同時期に立案されていた。

地下鉄駅と開発がいかにうまく繋がるか、双方が協議した結果、当初敷地外に計画されていた地下鉄駅の位置をあえてクイーンズスクエア横浜の敷地内に移動させ、クイーンズスクエア横浜内部にアトリウムを介して駅を見下ろすことのできるステーションコアが設けられた。

BEFORE 【図7-3】

AFTER 【図7-4】

駅から流れるまちづくり 8

二子玉川駅 二子玉川ライズ

［二子玉川ライズ］設計監理：
第1期 アール・アイ・エー／東急設計コンサルタント／日本設計 設計共同体
第2期 日建設計／アール・アイ・エー／東急設計コンサルタント設計共同企業体

二子玉川駅は玉川髙島屋等の商業施設が集積する駅の西側と未開発の東側の差が著しく、東側については交通広場や道路整備も不十分で渋滞や防災、安全面等多くの課題もあったが、1982年から30年近くの歳月をかけた地元住民との対話を通じて、多摩川の水と緑を生かした新しいまちとして生まれ変わった。
多摩川や国分寺崖線の豊かな自然を生かして、東側に公園を配置し、西から東へ商業施設、オフィス、住宅、公園といった賑わいと憩いの空間がグラデーションのように配置されている。西側から人の流れを誘引して鉄道による分断を解消し、都心とは異なる次世代のワーク＆ライフスタイルのまちを実現している。

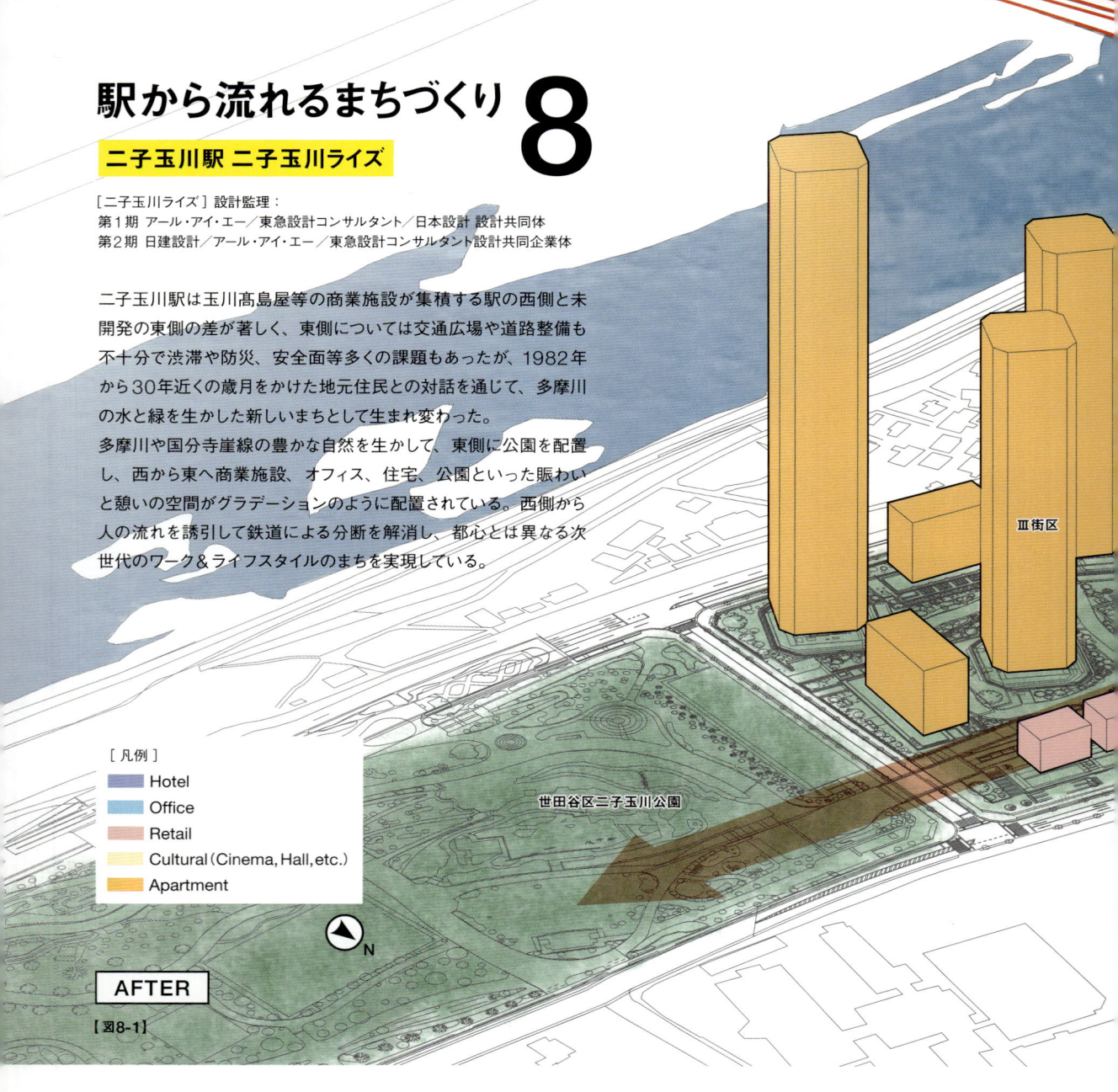

[凡例]
- Hotel
- Office
- Retail
- Cultural（Cinema, Hall, etc.）
- Apartment

世田谷区二子玉川公園

Ⅲ街区

N

AFTER

【図8-1】

【図8-3】
二子玉川ライズⅠb街区側からⅡa街区側を望む。Ⅰb街区とⅡa街区の間に交通広場が配置され、2階レベルのデッキで街区を繋いでいる。

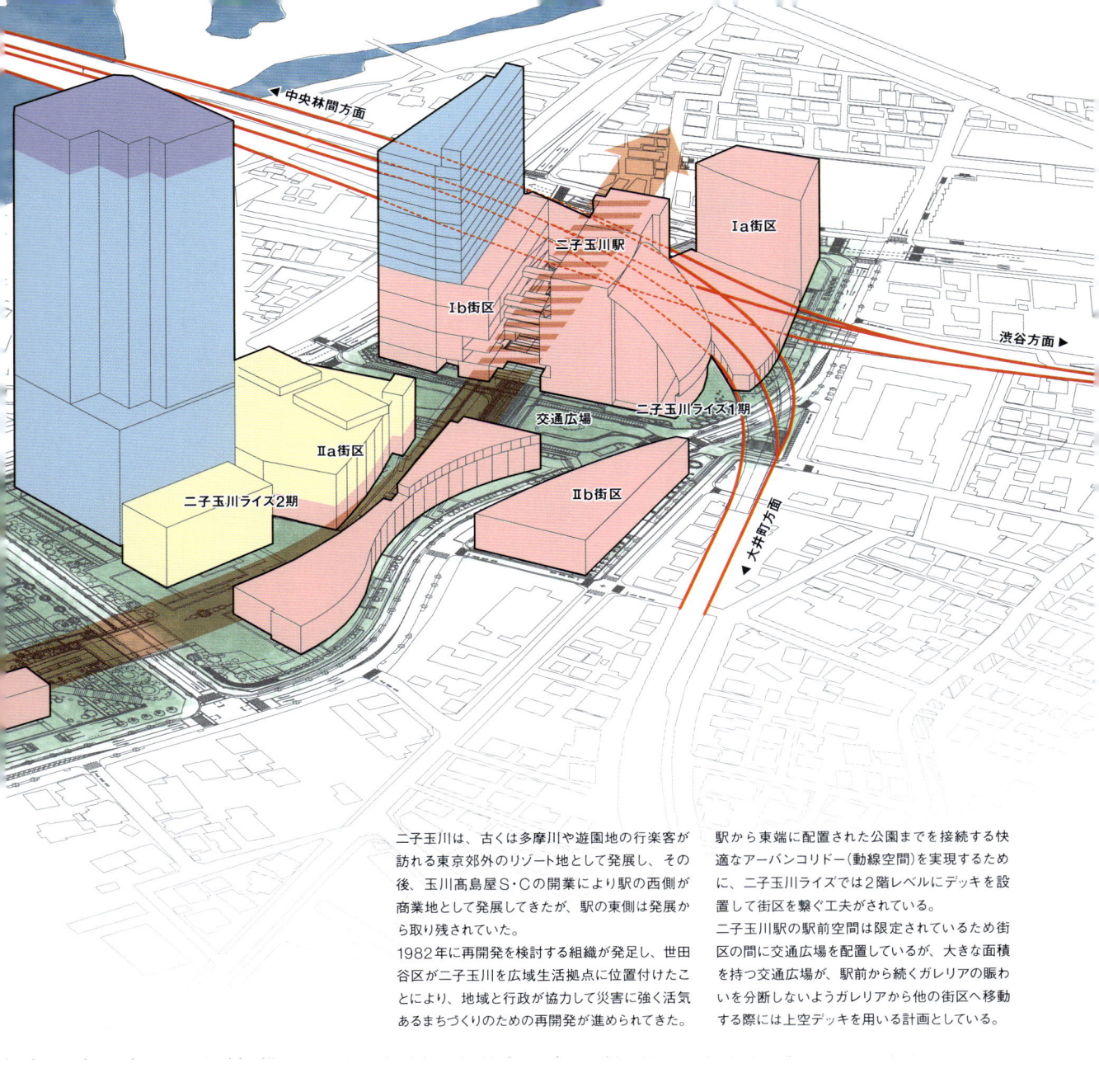

二子玉川駅

Ⅰa街区

Ⅰb街区

◀ 中央林間方面

渋谷方面 ▶

二子玉川ライズ1期

交通広場

Ⅱa街区

二子玉川ライズ2期

Ⅱb街区

◀ 大井町方面

二子玉川は、古くは多摩川や遊園地の行楽客が訪れる東京郊外のリゾート地として発展し、その後、玉川髙島屋S・Cの開業により駅の西側が商業地として発展してきたが、駅の東側は発展から取り残されていた。

1982年に再開発を検討する組織が発足し、世田谷区が二子玉川を広域生活拠点に位置付けたことにより、地域と行政が協力して災害に強く活気あるまちづくりのための再開発が進められてきた。

駅から東端に配置された公園までを接続する快適なアーバンコリドー（動線空間）を実現するために、二子玉川ライズでは2階レベルにデッキを設置して街区を繋ぐ工夫がされている。

二子玉川駅の駅前空間は限定されているため街区の間に交通広場を配置しているが、大きな面積を持つ交通広場が、駅前から続くガレリアの賑わいを分断しないようガレリアから他の街区へ移動する際には上空デッキを用いる計画としている。

BEFORE

【図8-2】

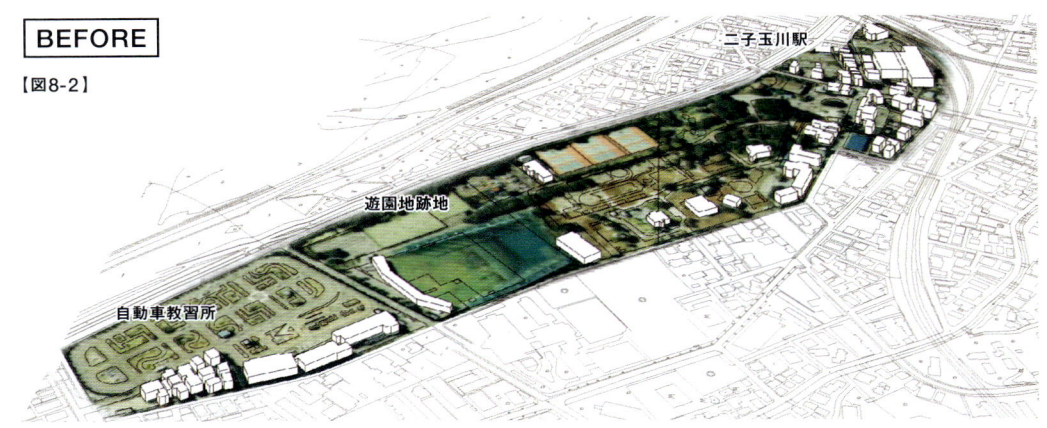

二子玉川駅

遊園地跡地

自動車教習所

まちを繋ぐ人工地盤

9

たまプラーザ駅 たまプラーザ テラス

［たまプラーザ テラス］設計者：東急設計コンサルタント

駅の南側は北側の発展から遅れていたが、既存の駅コンコースに人工地盤を構築して拡張し、まちがひとつに繋がった。駅から全方位に繋がるブリッジを人びとが行き交い、商業施設の賑わい、交通施設の利便性が向上し、駅の名称である「プラーザ」にふさわしい広場を中心としたまちづくりが実現している。

たまプラーザ駅は周辺住宅エリアに繋がる路線バスの中心点にもなっており、斜面地である特徴を活かし、バスターミナルを北口では地下1階に、南口では1階に配置している。電車とバスの乗り換えは雨に濡れずに移動が可能となり、地上の歩行者空間に低層商業施設を配置できるようにしたため、賑わいを地上部に表出させることに成功している。

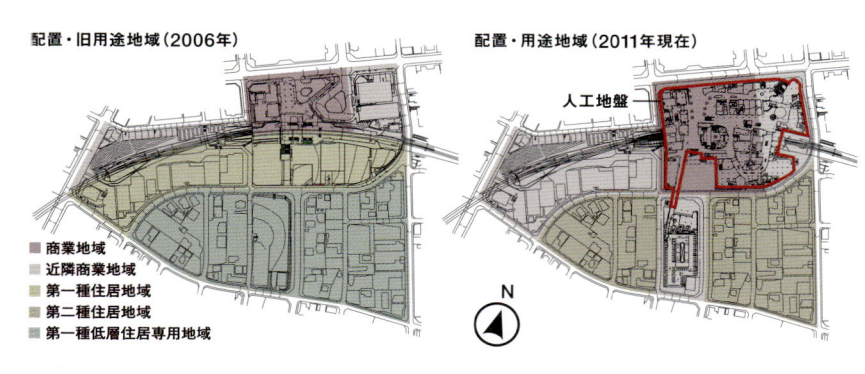

配置・旧用途地域（2006年）

配置・用途地域（2011年現在）

人工地盤

N

■ 商業地域
近隣商業地域
第一種住居地域
第二種住居地域
■ 第一種低層住居専用地域

【図9-1】

駅南側は都市計画的には住宅系用途地域に指定されていたため、駐車場や住宅展示場として暫定利用だけされてきたが、1986年に鉄道事業者と地権者・行政が連携して地区計画策定を推進する協議会を発足させ、16年後の2002年に地区計画が決定された。住居系用途の一部が商業地域、近隣商業地域となり、南北の連携が可能な地域地区の設定となった。

開発前のたまプラーザ駅は、駅南北間が線路によって分断され、地形上高低差もあったが、再開発計画では鉄道施設の上に約3haの人工地盤を構築することによって、駅南北間のシームレスな接続が可能となった。鉄道施設と商業施設を一体的に開発することで、鉄道線路を挟んだまちの南北を一体化し、まち全体の活性化が実現されている。

BEFORE

【図9-2】

東急百貨店

渋谷方面 ▶

田園都市線

たまプラーザ駅

中央林間方面

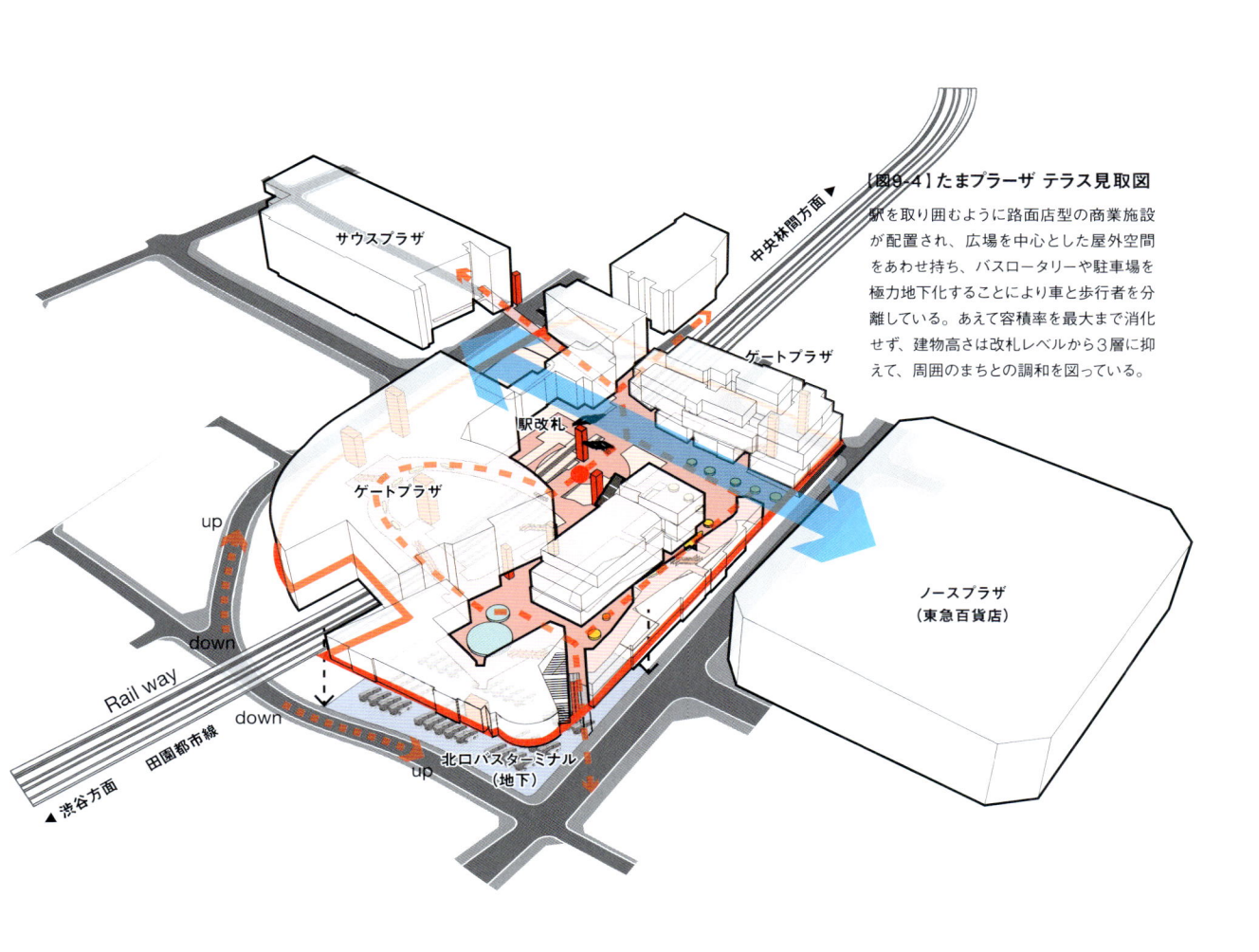

【図9-4】たまプラーザ テラス見取図

駅を取り囲むように路面店型の商業施設が配置され、広場を中心とした屋外空間をあわせ持ち、バスロータリーや駐車場を極力地下化することにより車と歩行者を分離している。あえて容積率を最大まで消化せず、建物高さは改札レベルから3層に抑えて、周囲のまちとの調和を図っている。

サウスプラザ

中央林間方面 ▶

ゲートプラザ

駅改札

ゲートプラザ

up

down

Rail way

down

田園都市線

渋谷方面 ▶

up

北口バスターミナル（地下）

ノースプラザ（東急百貨店）

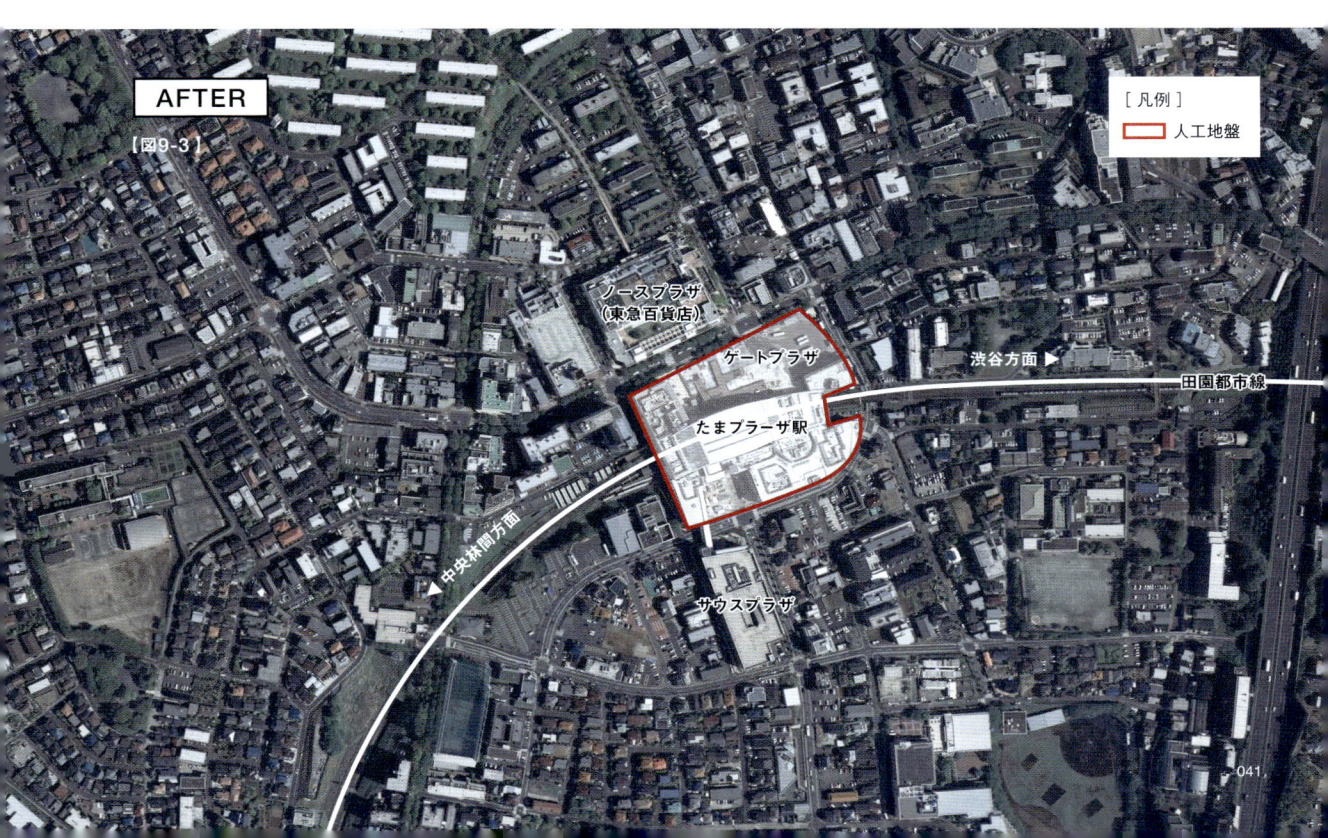

AFTER

【図9-3】

[凡例]
☐ 人工地盤

ノースプラザ（東急百貨店）

ゲートプラザ

渋谷方面 ▶

田園都市線

たまプラーザ駅

中央林間方面 ▶

サウスプラザ

八王子方面
てつみち
京王線
トリエ京王調布 B館
広場
トリエ京王調布 C館
広場
京王相模原線
橋本方面

駅を埋めてまちを繋ぐ

10

調布駅 トリエ京王調布

［トリエ京王調布］設計者：日建設計

調布駅は京王線と京王相模原線の分岐地点にあたり、鉄道により長らくまちの南北が分断されていたが、連続立体交差事業によって鉄道が地下化され、まちの南北が地上で結ばれることとなった。

トリエ京王調布は、鉄道地下化によって生み出された敷地に、A館、B館、C館の3棟で構成される施設を配置し、歩いて楽しいまちをつくることをテーマとして、足元回りの環境を連続的に整備して、まちの回遊性を高めている。

鉄道地下化後の地上部利用にあたって、鉄道事業者を交えて行政と協力しながら地区計画を策定し、用途、建築形態規制、公共空間に関するルールを定めて開発を行った。

調布駅周辺地区は、市の行政・文化・コミュニティの中心地であると共に、多摩地域内の主要な玄関口、交通ターミナルにふさわしい広域的な拠点としての整備が期待されており、道路等の都市基盤施設の整備の促進と業務商業機能施設の立地を誘導して、身近な生活圏の中心として魅力ある市街地の形成を目指した地区計画が定められている。

地区計画において、A館の1階南側には地区施設としてのピロティ状の歩行者空間、C館には2カ所の広場が位置付けられており、行政が整備する道路および鉄道跡地の緑道と連携した歩行者のための空間が用意されている。

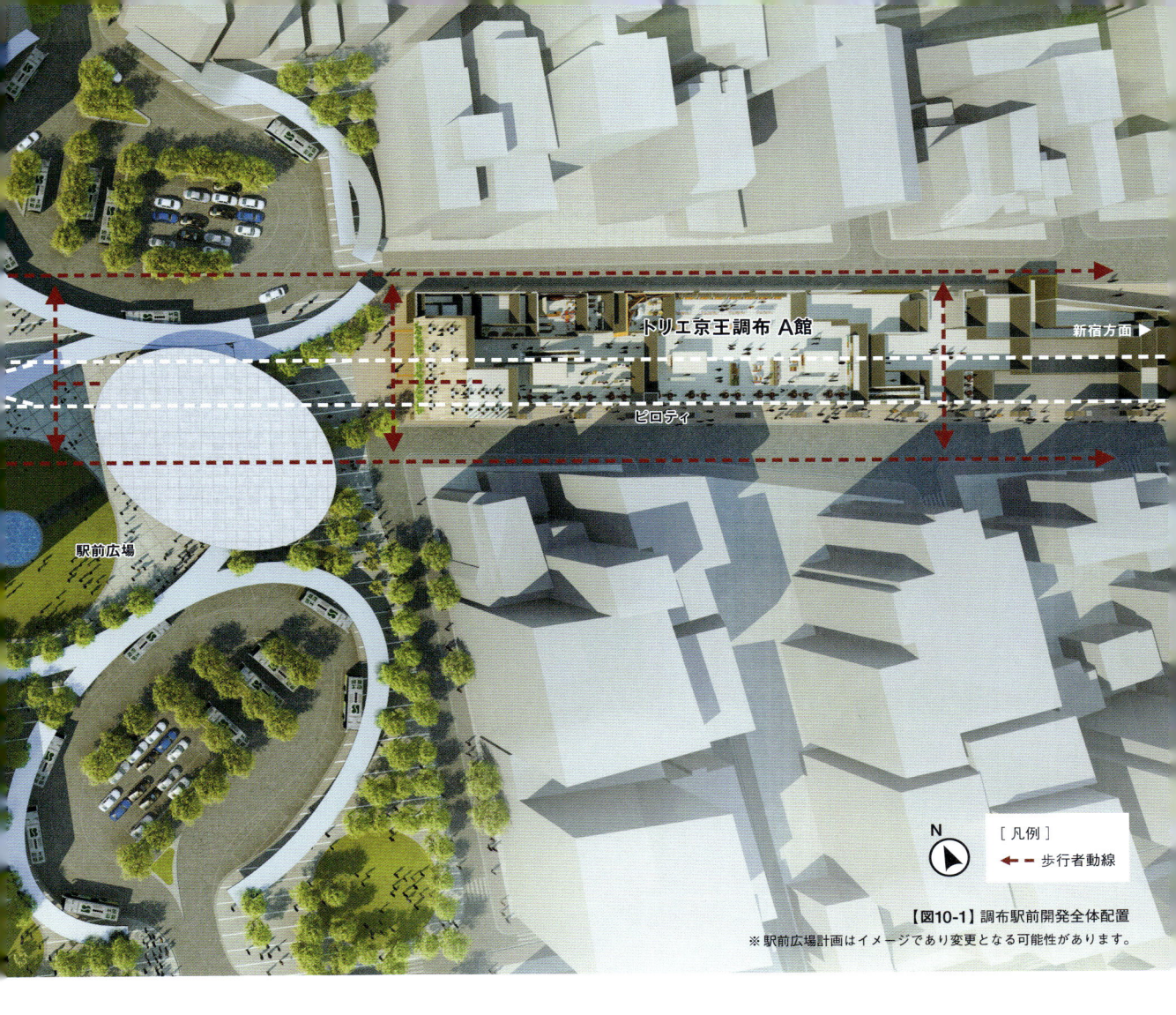

トリエ京王調布 A館

新宿方面 ▶

ピロティ

駅前広場

N

[凡例]

◀－－ 歩行者動線

【図10-1】調布駅前開発全体配置
※ 駅前広場計画はイメージであり変更となる可能性があります。

BEFORE

【図10-2】駅前広場から連続立体交差事業施工中の東方面(新宿方向)の仮橋上駅舎を望む。

AFTER

【図10-3】駅前広場から鉄道が地下化されできた敷地に建つトリエ京王調布A館を望む。

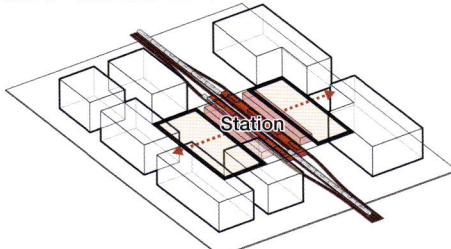

【図10-4】地上駅で分断されていたまち。

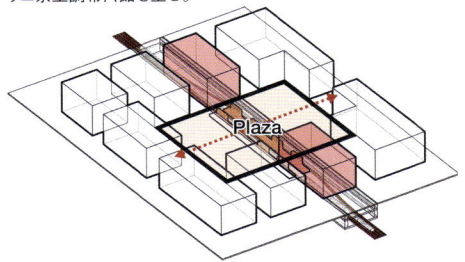

【図10-5】駅の地下化で繋がれたまち。

まちの結び目

11

重慶 沙坪壩駅 龍湖光年 Sha Ping Ba Station
Longfor paradise walk

「龍湖光年」設計者：日建設計

BEFORE（2017）

【図11-1】

重慶は地形の起伏が激しい上、急速に整備された幅員の広い車道が複雑に走り、歩行者道路はとぎれとぎれとなり、決して歩きやすいまちとは言えない。重慶の西に位置する副都心である沙坪壩エリアは、長い間地上を走る在来線の鉄道駅と幹線道路により、まちが南北に分断されていた。成都からの高速鉄道の乗り入れを契機として駅全体が再編されることになり、鉄道や一部道路を地下化し、地上に新たな歩行者ネットワークを構築する計画となっ

た。分断された南北の地域を繋ぐため、駅を中心に歩行者専用通路を設け、鉄道利用者の動線と周辺の歩行者ネットワークを接続した。さらにエリアを回遊できる動線と賑わいのある公共空間を形成し、アクティビティやイベントが誘発される「歩いて楽しいまち」にすることを目的として計画された。
アーバンコア（動線空間）は回遊動線の中心に位置し、人の流れを立体的に循環させる結節点となる。

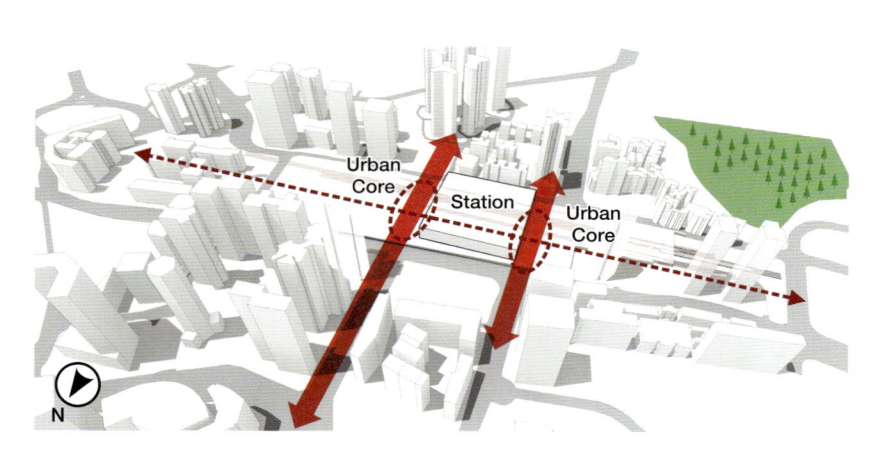

【図11-3】
駅を中心として北側には商業施設、南側には住宅群が広がる。新しい駅の両脇には、デッキレベルの歩行者通路と地下鉄やバス等公共交通に接続したアーバンコアを設けて南北の地域を繋げる計画としている。

AFTER（2020）

【図11-2】

敷地南西に広がる沙坪公園の巨大な緑地と繋がるオープンスペースを敷地内に取り入れることで、計画地全体が緑のアーバンコリドー（動線空間）として位置付けられ快適な都市空間づくりの起爆剤となる。

敷地周辺からの主要アプローチに対し多様な特徴を持つ広場を設け、人の流れを受け止めアプローチをスムーズにすると共に、公共交通、商業施設、業務施設等の利用者のさまざまなアクティビティを支える計画としている。2020年完成予定。

【図11-4】
駅の南西側には約17haの巨大な砂坪公園がある。その豊富な緑や公共スペースを敷地に引き込み、周辺街区まで繋げる計画としている。

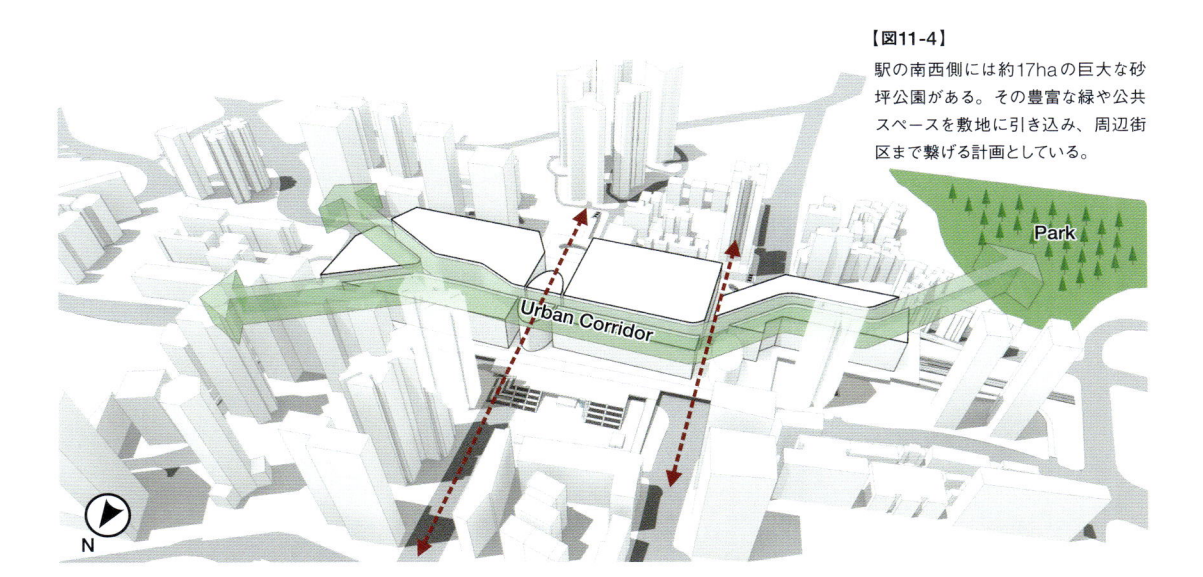

King's Cross Station & Development Area
キングス・クロス駅と周辺開発

ケンブリッジ、ヨーク、ニューカッスル、エジンバラ、グラスゴーと繋がる、イギリス・ロンドンの北の玄関口として1852年開業したターミナル駅。ビクトリア朝時代には産業革命を支えるターミナル駅だったが、20世紀末からは治安が悪いスラム街のイメージが定着していた。それが一転、すぐ西隣にあるセント・パンクラス駅が2007年からウォータールー駅に代わりイギリスとヨーロッパを結ぶユーロスターの終着駅となったことを転機として、キングス・クロス地区の一体開発が始まった。

2008年に開発プランが完成され、2011年にはロンドン芸術大学のセントラル・セント・マーチンズが開発区内に移転し、2012年ロンドンオリンピックに合わせて駅がリニューアルオープン、2018年にはGoogle本社が完成し、約7,000人の社員が働くようになった。このロンドン最大級のTODでは、約27万m²の敷地に50の新たなビルをはじめ、20の保存建築や構築物、1,900の住居、20の歩行者道路、10の公園、約10万m²のパブリックスペースが新たに生まれ、2016年までに3万人の人口流入があった。

出典：https://www.kingscross.co.uk/

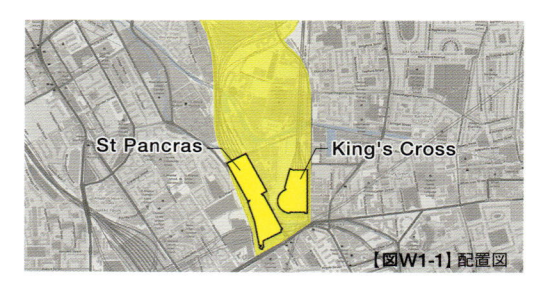

【図W1-1】配置図

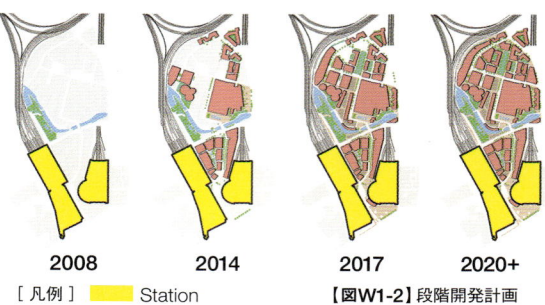

2008　　　2014　　　2017　　　2020+

[凡例] 🟡 Station

【図W1-2】段階開発計画

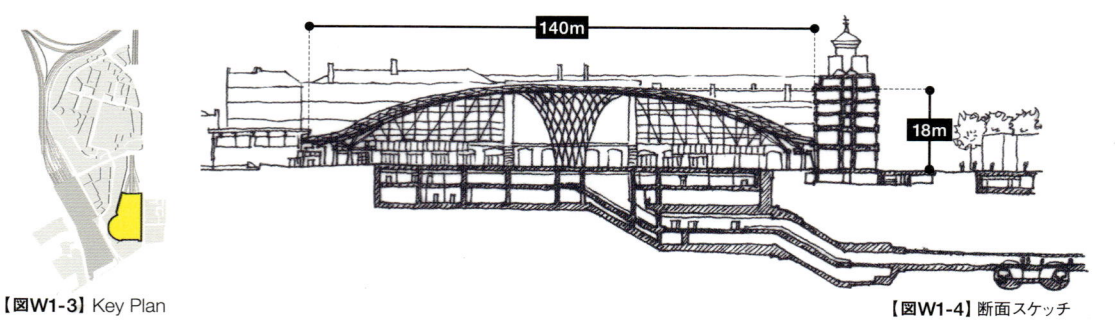

140m

18m

【図W1-3】Key Plan

【図W1-4】断面スケッチ

【図W1-5】キングス・クロス駅内観

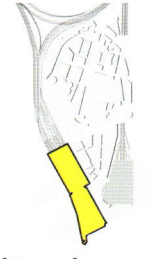

【図W1-6】Key Plan

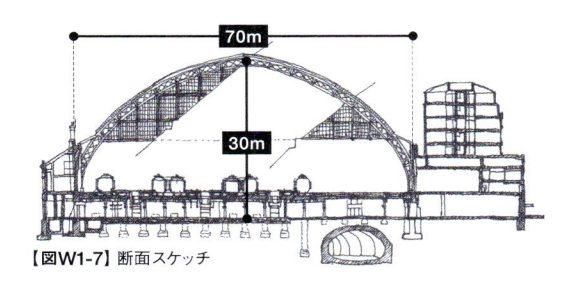

【図W1-7】断面スケッチ

70m

30m

St Pancras Station
セント・パンクラス駅

ミッドランド鉄道（現ロンドン・ミッドランド・アンド・ス
コティッシュ鉄道）のターミナル駅として1868年に開業。
レスター、シェフィールド、リーズ等のイングランド中
東部へ向かうナショナル・レールの列車が発着するほか、
ユーロスターが乗り入れる。セント・パンクラス駅はネオ・
ゴシック建築の傑作と言われ、駅ナカには既存のステー
ションホテルを改修した五ツ星のセント・パンクラス・ル
ネッサンス・ホテルがある。これらは150年の歴史を持
つ駅の象徴となり、駅広場と合わせた整備によりセント
ラル・ロンドンの新しい顔を形成している。

出典：http://www.stpancras.com/

【図W1-8】駅街区から北側開発区を望む。

【図W1-9】セント・パンクラス駅鳥瞰

【図W1-10】北側開発区から駅街区を望む。

【図W1-11】セント・パンクラス駅内観

都市再生特別地区の活用
～TODと都市計画

海外旅行客が目指す観光スポットとなっている渋谷や新宿といった駅は、交通動線が複雑化しバリアフリー上も問題がある状況となっている。しかしながら、駅や駅前広場、駅ビル等さまざまな施設が複雑に絡み合い、更新には莫大な費用も必要となる。

これらの状況をいかにして解決し使いやすく魅力的な駅に更新するか？

渋谷をはじめとしたTODにおいては、「都市再生特別地区」の適用を受けて民間事業者の活力を活かした都市開発が進められている。

都市再生特別地区は国際的な都市間競争と既成市街地や都市基盤の更新需要を背景に、都市再生特別措置法により新たな都市計画として2002年に創設された。

都市再生特別地区は、「都市再生緊急整備地域」内において、地域整備方針に沿う都市再生効果の大きな事業計画に対して、既存の用途地域等に基づく用途、容積率、形態制限等の規制を適用除外とした上で、自由度の高い計画を定めることができる特別な都市計画である。民間事業者が都市計画を提案できる仕組みが盛り込まれており、行政手続きの迅速化、一律基準に拠らない1件ごとの個別審査により、民間活力を生かして都市課題の解決を図る緊急・即効的な制度となっている。

特に公共的なオープンスペースの確保等特定街区等従来の制度における評価項目に限定せず、評価項目を幅広く多面的に取り上げることとされている。地域に求められるにもかかわらず不足している機能の充実・強化、例えば駅周辺の交通結節機能の改善も評価対象となり、容積率等の緩和を認められることにより、民間の活力を生かしながら、駅の再生が実現できる仕組みとなっているのだ。

建築制限の種類	都市再生特別地区における扱い
用途規制（建築基準法第48条）	都市再生特別地区の都市計画で定める誘導すべき用途については適用除外
特別用途地区内の用途制限（同上第49条）	
容積率制限（同上第52条）	都市再生特別地区の都市計画で定める数値を適用（なお、建ぺい率については用途地域の都市計画で定める数値の緩和はできない）
建ぺい率制限（同上第53条）	
斜線制限（同上第56条）	適用除外（都市再生特別地区の都市計画で定める制限を適用）
高度地区内の高さ制限（同上第58条）	
日影規制（同上第56条の2）	適用除外

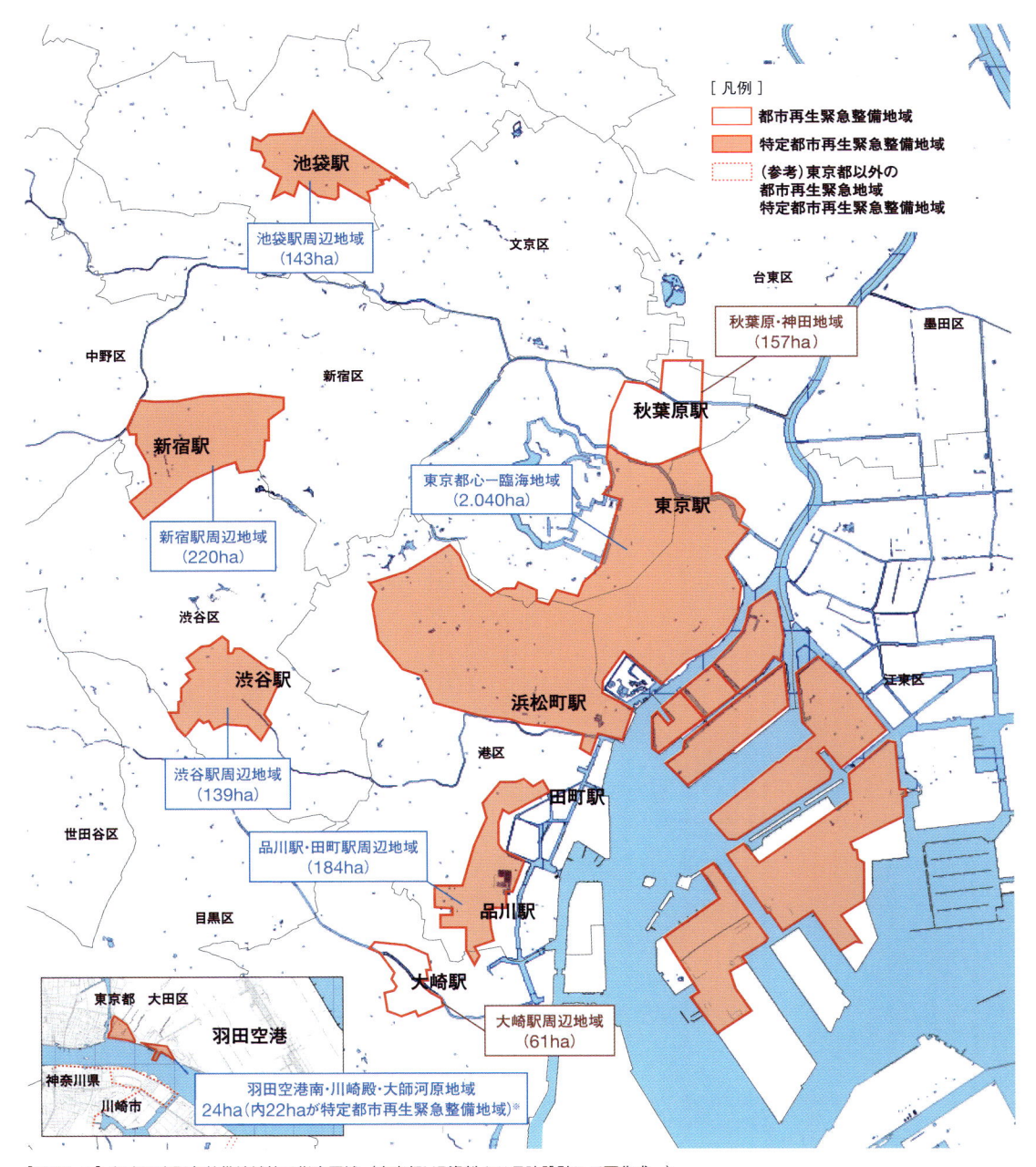

[凡例]
- 都市再生緊急整備地域
- 特定都市再生緊急整備地域
- （参考）東京都以外の都市再生緊急地域 特定都市再生緊急整備地域

池袋駅
池袋駅周辺地域
（143ha）

文京区

台東区

秋葉原・神田地域
（157ha）

墨田区

秋葉原駅

中野区

新宿区

新宿駅

東京都心一臨海地域
（2.040ha）

東京駅

新宿駅周辺地域
（220ha）

渋谷区

渋谷駅

浜松町駅

江東区

渋谷駅周辺地域
（139ha）

港区

田町駅

世田谷区

品川駅・田町駅周辺地域
（184ha）

目黒区

品川駅

大崎駅

東京都　大田区

羽田空港

大崎駅周辺地域
（61ha）

神奈川県

川崎市

羽田空港南・川崎殿町・大師河原地域
24ha（内22haが特定都市再生緊急整備地域）※

【図C1-1】 都市再生緊急整備地域等の指定区域。（東京都HP資料より日建設計にて再作成。）

※ 羽田空港南・川崎殿町・大師河原地域の面積については、東京都内分を記載。

鉄道の敷地、駅ビルの敷地
～TODの法的取り扱い①

レールによってどこまでも続く鉄道の敷地が建築敷地となると、莫大な容積が発生することになってしまう。鉄道敷地に建物を建てることができるのだろうか？
建築基準法上は明確な規定はないが、東京都では建築敷地とできる鉄道敷地の範囲を駅敷地および線路敷き

のうち第1場内信号の内側と規定し、線路上空に人工地盤を設置して、避難等に配慮されている場合のみとしている。実際には鉄道敷地を建築敷地とするには、クリアすべきハードルがあるのだ。

【図E1-1】渋谷駅における敷地範囲の例
線路の上部には黄色の範囲に人工地盤を構築しており、赤線の範囲が建築基準法の敷地の範囲として扱われている。

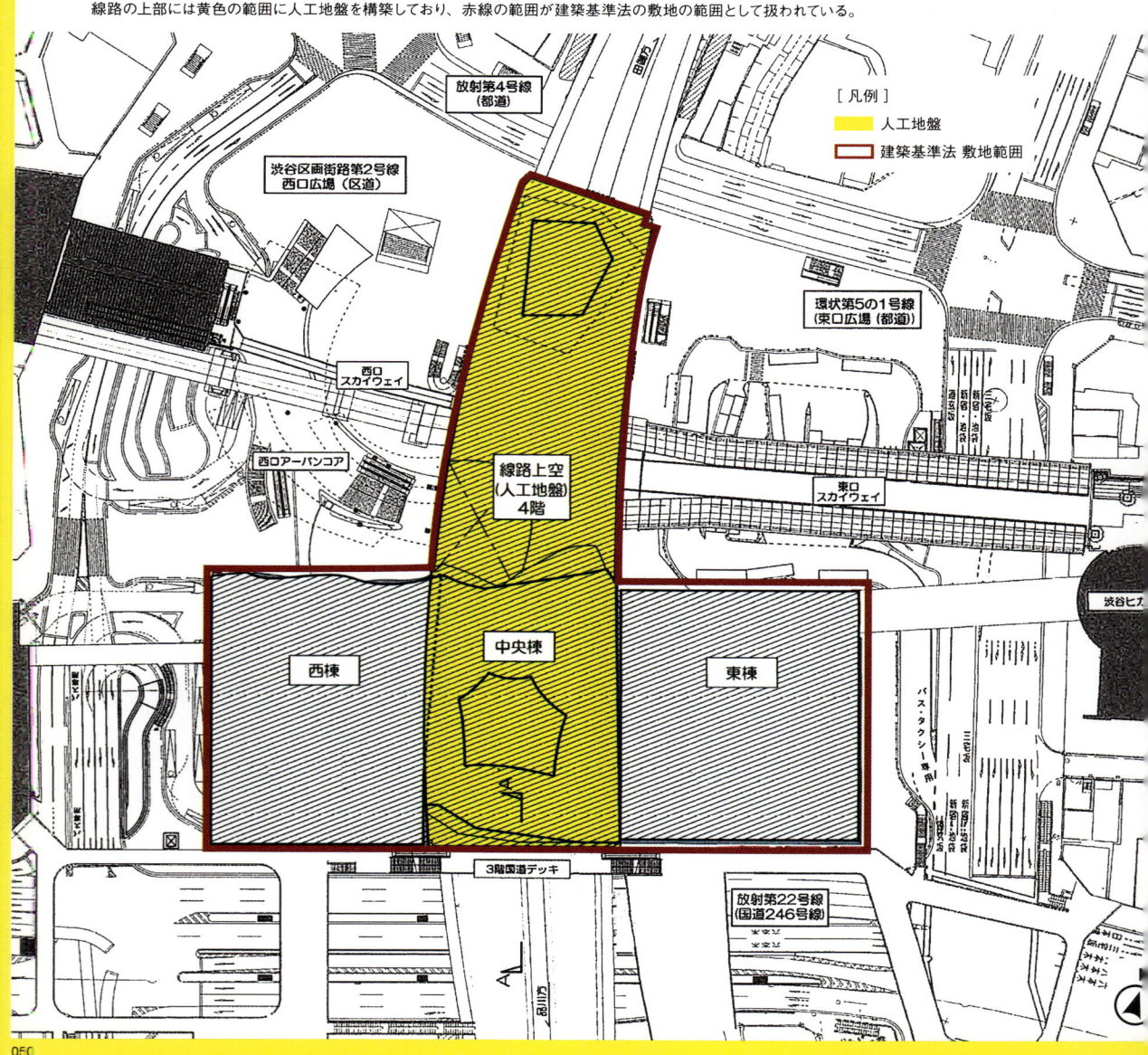

駅舎は建物か?
〜TODの法的取り扱い②

建築基準法上、駅舎は建築物である。
ただし、建築基準法第2条第1項において鉄道の運転保安に関する施設、跨線橋、プラットホームの上家等は除くとされており、改札の内側、いわゆる「ラチ内コンコース」やプラットホームは確認申請の対象外となる。

ところが、駅務室や休憩室等の居室は確認申請対象とされることが多く、ラチ内でも基準法対象であったり、なかったりする。行政庁によっても判断が異なる場合があり、TODの許認可手続きでは所轄行政庁と協議して判断を仰ぐ必要がある。

地上駅タイプ

線路は地上にありプラットホームおよび駅舎機能も地上にある形式。プラットホームが複数ある場合は跨線橋や地下連絡路にて線路を跨ぐ。

【図E1-2】

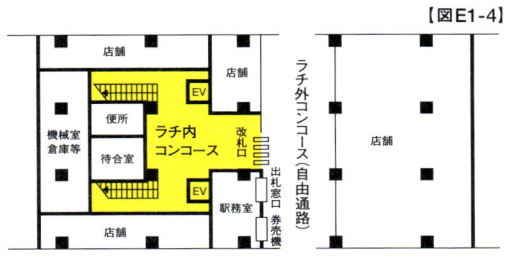

プラットホームの上家および跨線橋。(申請対象外となる範囲。)

橋上駅タイプ

線路およびプラットホームは地上にあるが駅舎機能がプラットホーム直上階にある形式。電車に乗るにはホーム直上階に上がる必要があるため階段、エスカレータ、エレベータ等の昇降装置が設置される。

【図E1-3】

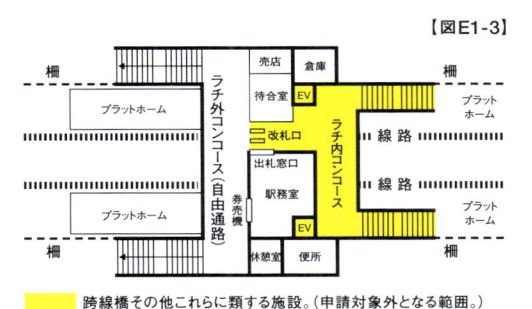

跨線橋その他これらに類する施設。(申請対象外となる範囲。)

駅ビルタイプ

線路に覆いかぶさるように駅舎機能を兼ね備えた駅ビルが設けられた形式。線路を跨ぐことができるように自由通路(ラチ外コンコース)や昇降装置が設置される。

【図E1-4】

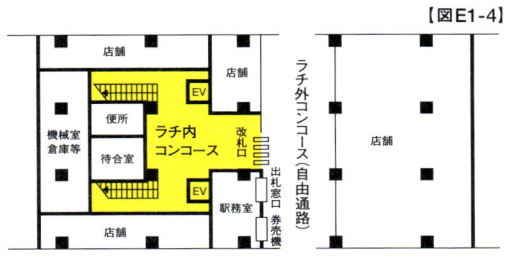

跨線橋その他これらに類する施設。(申請対象外となる範囲。)

地下駅タイプ

地上には出入口階段のみがあり駅舎機能およびプラットホームのすべてが地下にある形式。改札機能はホーム直上階にあることが多く、改札外のラチ外コンコースは近接するビルと接続していることもある。

【図E1-5】

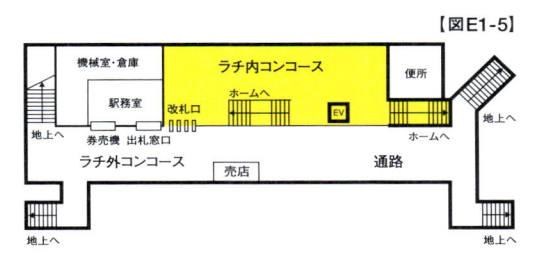

跨線橋その他これらに類する施設。(申請対象外となる範囲。)

↑2 Public Space

$\boxed{12 \text{ — } 21}$ パブリックスペース

TODの構成要素として、駅／駅前広場／バス・タクシーターミナル／コンコース／地下街等がある。

その中でパブリックスペースとしての機能を持つ駅前広場は、駅の祝祭的な空間として整備されてきたが、もうひとつの重要な機能として鉄道と自動車交通のインターフェースとしての役割があり、日本の高度経済成長期には駅前広場がバス・タクシーターミナルに占拠され、人のための広場が脇に追いやられていた。

その後、自動車と人を分離して、広場を人のための空間として取り戻す試みが各地で起こり、まちに賑わいをもたらす装置としての広場の重要性が認識されてきており、駅を中心としたタウンマネジメントという考え方も生まれてきている。

法律上、駅前広場は道路扱いとなるが、車と人を分離する手法としては、立体都市計画制度により、バス・タクシーターミナルと人のための交通広場、そして建物を上下に重ねることが可能となっている。

この章では、TODにおけるパブリックスペースの活用の仕方や、駅や商業施設に配慮した配置計画等に見られる、さまざまな工夫を見ていこう。

Public Space Typology

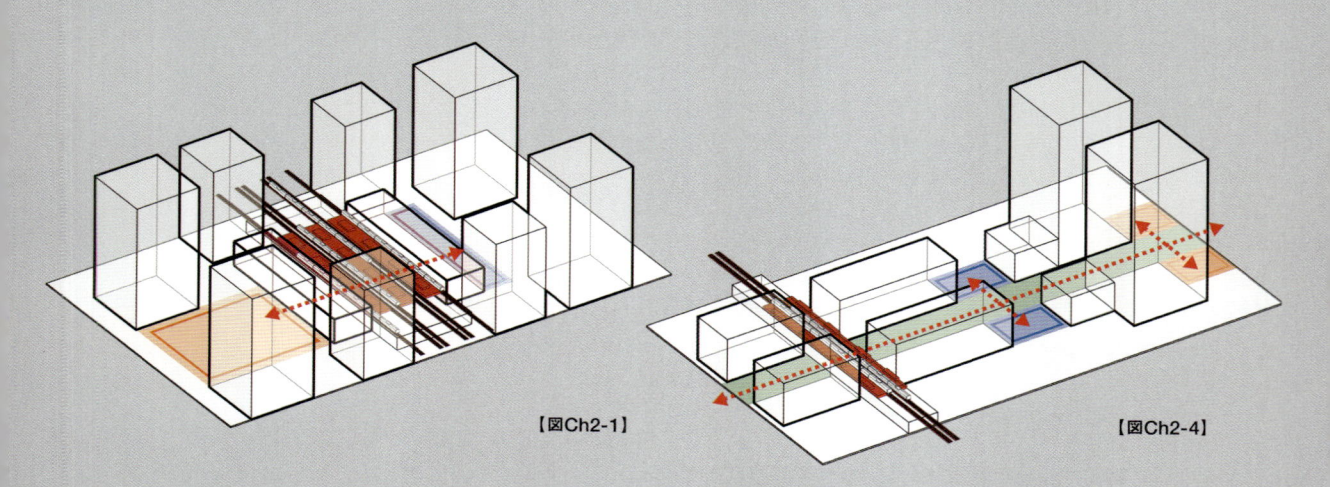

【図Ch2-1】

【図Ch2-4】

Type A　集中型

ターミナル駅の駅前広場は都市を象徴するオープンスペースである。バス・タクシーの交通広場を道路ネットワークと接続が容易な場所にまとめ、メインとなる広場は駅のファサードと一体となる配置とすることで、エリアのゲートを象徴する場所となり、多様な人びとのアクティビティやイベントの場となる。

Type B　分散型

駅からエリアの端部まで人を誘導する装置として、交通広場やイベント広場、ポケットパーク等のオープンスペースを分散配置する。エリア全体のゾーニングに合わせたテーマを持つオープンスペースを配置することと、施設と連動を図ることが重要である。

【図Ch2-2】東京駅 丸の内駅前広場

【図Ch2-5】二子玉川ライズ ガレリア

【図Ch2-3】東京駅 八重洲口交通広場

【図Ch2-6】二子玉川ライズ リボンストリート

[凡例]　■ 広場　■ 交通広場　■ 動線空間

【図Ch2-7】

【図Ch2-10】

Type C　立体拡張型

TODにおいて施設の複合化が進むと、施設の間や屋上にはオープンスペースが配置されるようになり、より立体的かつ、有機的な公共空間のネットワークが生まれる。そのネットワークは駅からさまざまな方向への動線誘導を図ると共に、時にはランドマークの役割を果たす。

Type D　積層型

都心のような高密度なエリアにおいて、駅や施設の拡張にともないさらなる機能の追加が必要な場合、線路上空は人工地盤を設置することで有効な敷地となる。駅からバス・タクシー等への乗り換えに最適な位置であり、さらにその屋上は庭園や広場として活用される。

【図Ch2-8】上海緑地中心

【図Ch2-11】新宿駅 バスタ新宿

【図Ch2-9】上海緑地中心

【図Ch2-12】新宿駅 バスタ新宿 4階バス乗車場

【図12-1】

12

歴史を遡る「東京の広場」

東京駅 丸の内駅前広場　[Type A]

[東京駅丸の内駅前広場] 設計者:東京駅丸の内広場整備設計共同企業体
(ジェイアール東日本コンサルタンツ・ジェイアール東日本建築設計事務所)

東京駅丸の内駅前広場は長らく自動車交通に占拠されてきたが、社会経済情勢をふまえて首都東京の都心再生の機運が高まる中、丸の内駅舎保存・復原と共に駅前広場の再整備が構想された。輻輳したバスやタクシーと駅物流動線を整理し広場空間を歩行者の元に取り戻し、行幸通りと合わせて首都東京の顔となる景観を再整備するために、「東京駅丸の内口周辺トータルデザインフォローアップ会議」が開催され、駅前広場のマスタープランを策定した学識経験者に加えて、JR東日本、大丸有まちづくり協議会、東京都、千代田区等の関係者が顔を揃えて熱い議論が戦わされた。その結果、自動車交通は南北に集約され、中央には行幸通りと連続した約6,500m^{2}の大規模な歩行者空間が生まれた。かつて広場に存在した大きくて背の高いふたつの換気塔は、空気流動の計算を踏まえて背の低く抑えられた換気塔に改修され、皇居から丸の内駅舎を結ぶ景観軸に配慮した見通しのよい空間となった。

その昔、駅の顔として人に開かれた空間であった駅前広場は、長い年月を経て、赤煉瓦の東京丸の内駅舎の復原と共に歴史を遡り、人のための空間として生まれ変わった。

首都東京の顔

東京駅丸の内駅前広場は、首都東京の「顔」にふさわしい風格ある景観を創出し、かつ、交通結節点として必要な交通機能確保を目的に、東京駅から皇居に至る一体的な都市空間整備として、東京都とJR東日本等の関係者が連携し推進してきたプロジェクトである。

2002年1月には「東京駅周辺の再生整備に関する研究委員会（委員長：伊藤滋 早稲田大学教授［当時］）」により、首都東京の「顔」にふさわしい景観の創出、国際都市東京の中央駅にふさわしい交通結節拠点の整備、官民共同による都

市基盤整備と都心の活力創造の一体的推進を目標とした周辺整備方針が示された。また2002年には、丸の内駅前広場について、都市計画道路や交通広場、地区施設としての歩行者専用広場に関する都市計画の決定・変更がなされた。これらを踏まえて景観整備を一体的にデザインする観点での検討調整が多くの事業者の参画の下に行われ、また駅前広場の交通結節機能と駅物流動線を活かしながら約3年で計5回にもわたる道路切り替えを行う等の工事上の工夫により2017年12月に全体が完成した。

BEFORE
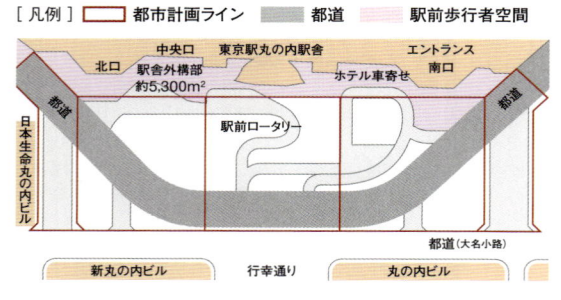

AFTER
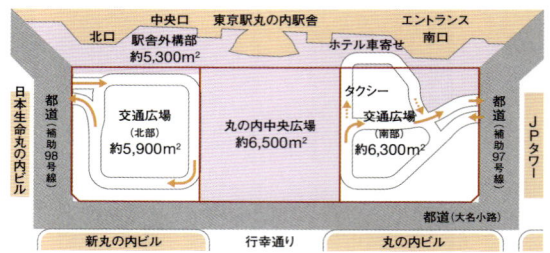

【図12-2】駅前広場構成の従前従後。

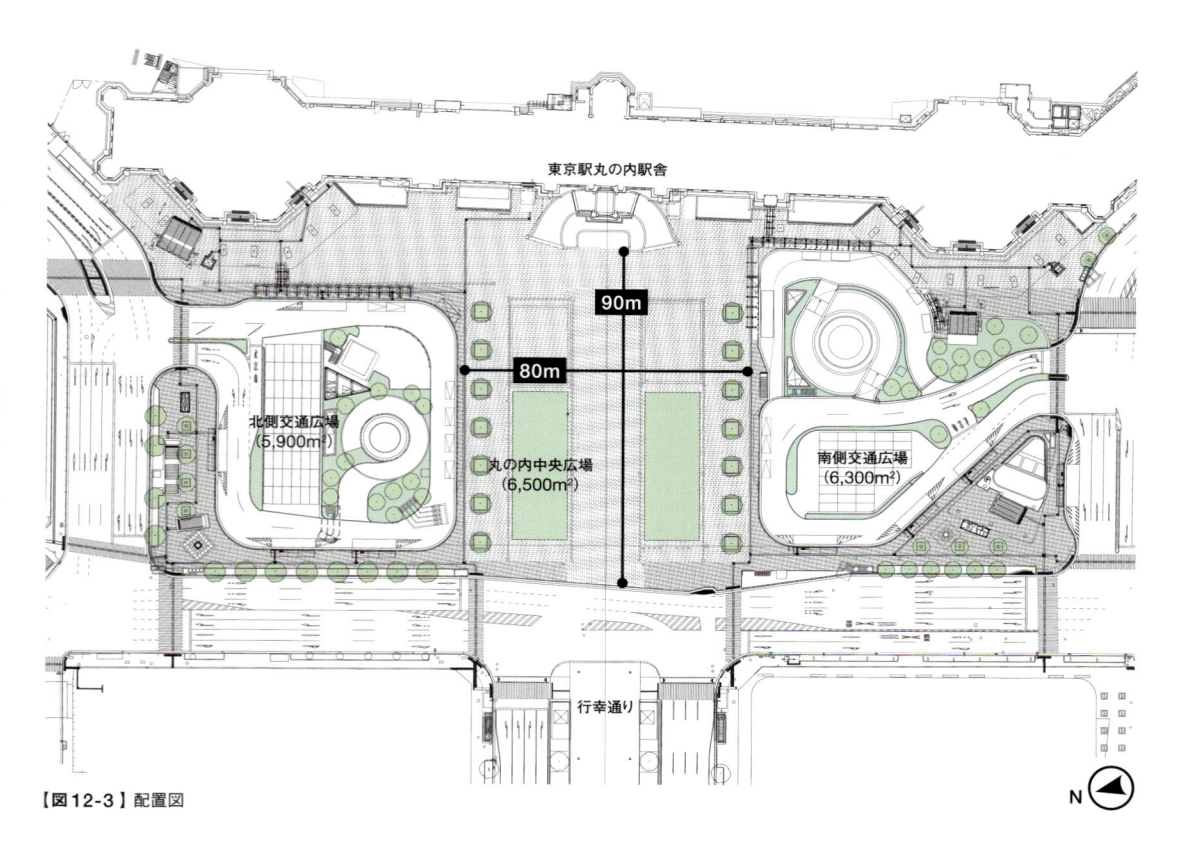

【図12-3】配置図

BEFORE（1914）

【図12-4】

AFTER（2017）

【図12-5】

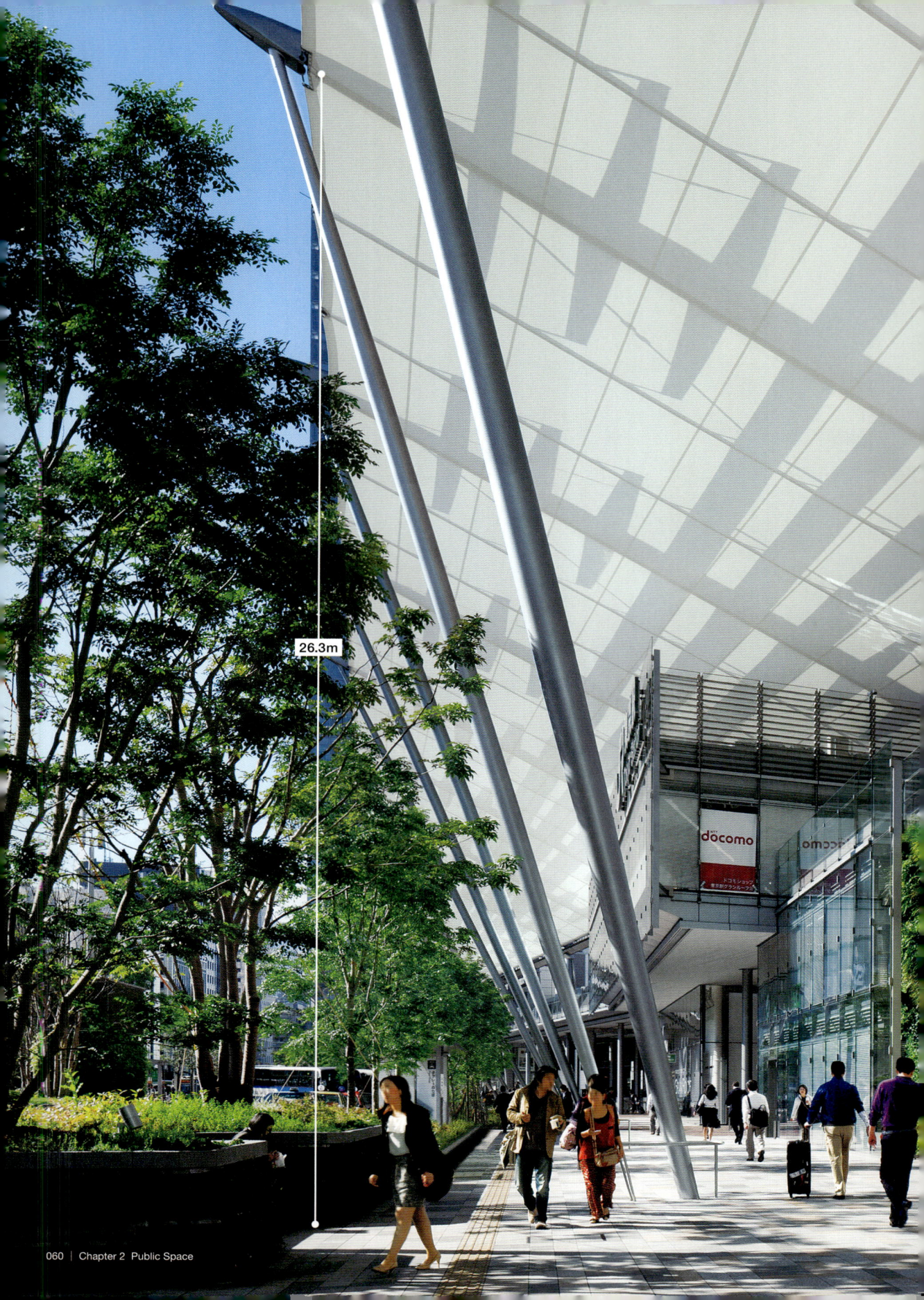

26.3m

docomo

まちが憩う「東京のテント」

東京駅 八重洲口開発 グランルーフ 〔Type A〕

［東京駅八重洲口開発］設計者：東京駅八重洲開発設計共同企業体
（日建設計・ジェイアール東日本建築設計事務所）

13

膜屋根で構成された大屋根「グランルーフ」は、南北のツインタワーを繋ぐと共に八重洲口広場を大きく覆い、開放的で見通しのよい空間でありながら一体性の感じられる広場空間を生み出した。広場の床材は赤味がかったアルゼンチン斑岩が使用されており、シンプルな膜屋根やニュートラルな外壁に対して有機的な温かみが感じられる空間を演出している。もともと東京駅の八重洲口駅前広場は、建物が線路に沿って壁のように建っていたため、そこであたかもまちが分断されているかのような景観となっていた。また、駅前広場は、人が溜まる場所も植栽もなく、人に対して親和性の乏しい空間となっており、東京駅に降り立った人にとっては、タクシーやバスに乗るために通過するだけの空間でしかなく、東京の顔としてのイメージを持つことができない空間となっていた。八重洲口駅前広場の再生にあたって、駅前広場と所有者の異なる３つの建物敷地を一体的に計画し、建物の機能を両サイドのふたつのタワーに集約したことにより、駅前の壁のような建物を撤去し、その代わりにタワーを結ぶ形でグランルーフと呼ばれる大屋根をかけて、東京駅の新しい顔をつくり出している。
さらに駅前の既存建物を撤去することにより新たにできた空間を使って、駅前広場の奥行を広げて広場の交通機能を整理しつつ、人のための空間を生み出しており、大屋根はそれらを緩やかに覆うことによって、あたかもまちを包むテントのような新たな憩いのスペースを生み出している。

BEFORE

【図13-2】

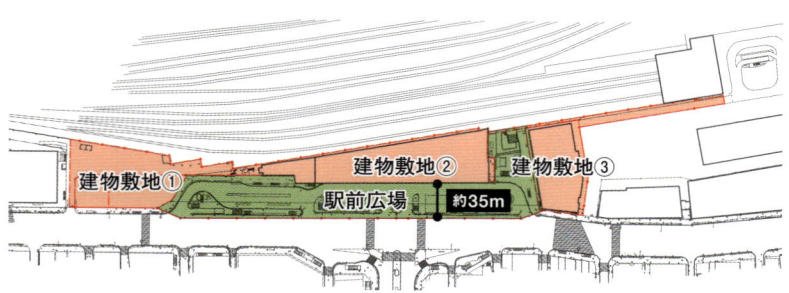

【図13-4】
従前は広場の正面に鉄道会館ビル
（建物敷地②）が壁のようにそびえ立ち、
広場空間を圧迫すると共に、広場は
バス・タクシー等の自動車交通で占拠
されていた。

AFTER

【図13-3】

撮影：Rainer Viertlböck

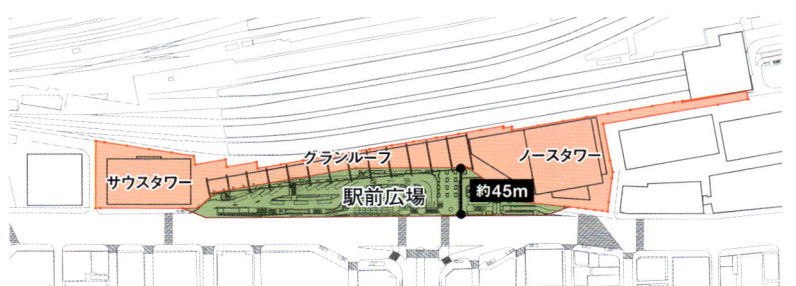

サウスタワー　　グランルーフ　　ノースタワー

駅前広場　　約45m

【図13-5】
八重洲口開発の完了後は、建物が南北のツインタワーに集約されることで、広場には歩行者のための空間が生まれ、軽やかなグランルーフに覆われたシンボリックな広場となった。

椭円短径35m

椭円長径60m

駅前広場がまちを潤す

大阪駅 グランフロント大阪 Type A

［グランフロント大阪］全体統括：日建設計＋三菱地所設計＋NTTファシリティーズ

14

多くの人びとが利用する駅前の「土地の価値」はとても高く、そのため土地所有者は高密度に建築をつくり、たくさん床面積を確保し活用することを考える。そうして駅前にはコンクリートジャングルと呼ばれる息苦しい場所が増殖してきた。近年では、都市計画制度等を活かした公共貢献と、それにともなうインセンティブにより、十分な床面積を確保しながらも効果的に広場をつくることができる。こうしてつくられた駅前広場はまちに付加価値を生む大きな可能性を秘めている。グランフロント大阪では、計画時からまちのブランディングを考え、開かれたまちとして魅力を広く発信していきたいと

いう狙いがあった。約1,700m²ものオープンスペースが確保された「うめきた広場」ではコンスタントにイベントが開催され続け、まちの賑わい創出に大きく寄与している。ミストによる演出のアート作品「霧の彫刻」が楽しめたり、夜には床面がライトアップされ、まちのオアシスとしても機能している。ターミナル駅前というシンボル性に配慮した"ひと中心の広場"（人が集い活用される広場）として、隣接する観光案内所、カフェ、マルシェ、多目的室と連動した日常的な賑わいづくりにも貢献し、梅田キタエリアに付加価値を生む、まちのカオになった。

【図14-2】大階段横でミニライブ。

【図14-3】大階段で記念撮影。

【図14-1】うめきた広場

【図14-4】水辺でヨガ。

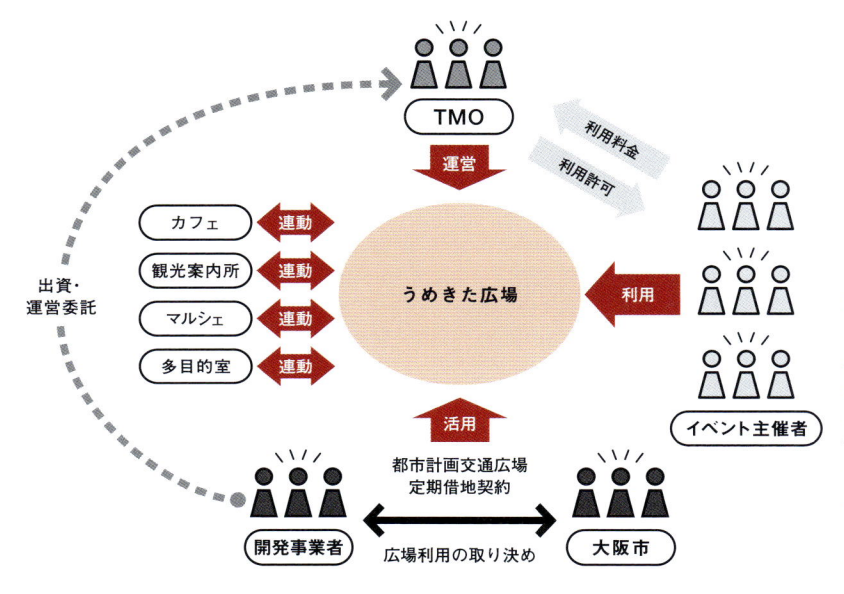

【図14-5】うめきた広場のしくみ

うめきた広場は都市計画決定された都市計画交通広場を、開発事業者が定期借地契約によって借り受け、大阪市との間で交わした取り決めの下、TMO（タウンマネジメント機関）主体で運営。文化的で交流促進に繋がる、参加・体験可能な独創性の高いイベントを四季に応じて開催し、まちのブランドイメージを主体的に形成している。

交通も賑わいも繋ぐプラーザ

15

たまプラーザ駅 たまプラーザ テラス Type B

［たまプラーザ テラス］設計者：東急設計コンサルタント

南北を貫通する自由通路の両端にはそれぞれ特徴の異なる駅前広場が配置されている。北側のステーションコートは歩行者を中心とした開放感のある広場で百貨店や商店街へと連続する賑わいの起点となっている。一方、南側の広場は地上レベルに交通広場の機能を持たせ、バスやタクシー、近隣住民の送り迎えの車等が集まる場所となっており、周辺への交通ネットワークの起点となっている。また、商業施設内にも広場が設けられており、施設内の賑わいの核となっている。近隣住民にとって平日休日問わず利用できる、楽しい場所となっている。

決して大きくはないが多様な広場が、この地域に住まう人びとの生活基盤になっており、駅とまちを繋ぐインターフェースとしても機能している。

駅の名称「プラーザ」にふさわしい場所が、ここにつくられている。

【図15-1】

【図15-2】

【図15-3】ステーションコートは約40m角の広場。レベル差や樹木配置に留意し、主動線と憩いの場所を創出している。

40m

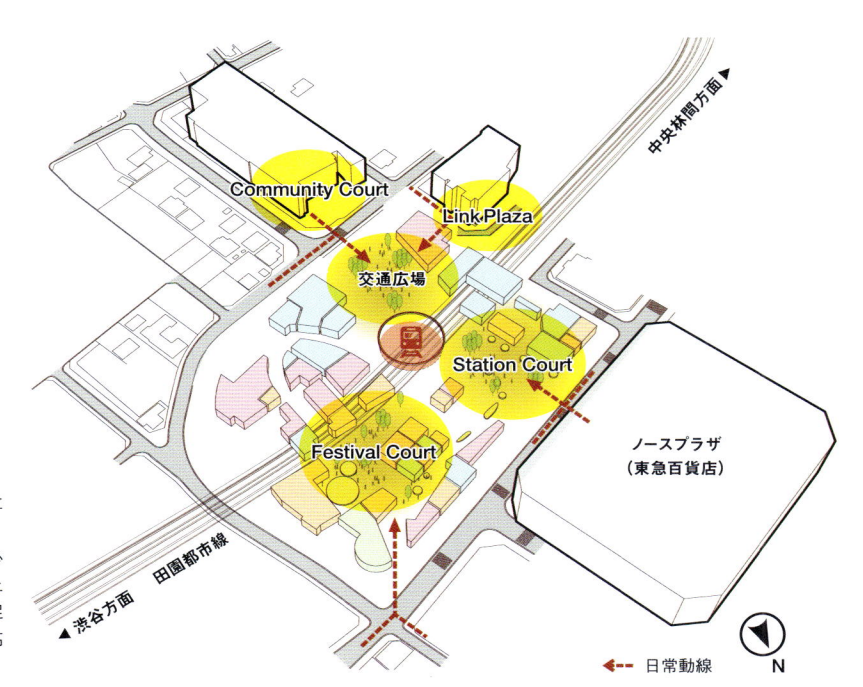

【図15-4】
広場に日常動線を絡める

駅改札を中心として、まちの起点となる位置に広場を適切に配置している。

電車に乗るために駅を利用する際は、必ずどこかの広場を経由するよう主な動線上に広場を配置しているため、日常利用を促し、ひいてはイベントの際の集客効果を高めるものとなっている。

20m

5.2m

【図16-1】

まちにかけるリボンストリート

二子玉川駅 二子玉川ライズ 　Type B

［二子玉川ライズ］設計監理：
第1期　アール・アイ・エー／東急設計コンサルタント／日本設計 設計共同体
第2期　日建設計／アール・アイ・エー／東急設計コンサルタント設計共同企業体

16

リボンストリートは全長約1kmの歩行者専用道路であり、二子玉川駅西側から、再開発エリアを貫通し二子玉川公園および多摩川まで繋がる。駅前の賑やかなガレリアから豊かな文化空間、そして自然へ移り変わる景色や雰囲気を楽しめる空間となっている。

二子玉川ライズには、駅前に集約させた商業施設と、リボンストリートに沿った低層のオープンモール型の商業施設が

ある。オープンモール型商業施設は、まちとの回遊を生み出すことを重要視し、要所に広場空間を設け、テナントにも蔦屋家電といったライフスタイル提案型・体験型の新業態を誘致している。加えて、住民の平日利便性を高めるため、スーパーマーケットは地下に配置し、八百屋等の路面店を生活動線上に配置している。

単調になりがちな歩行者空間にアクティビティを誘発する多

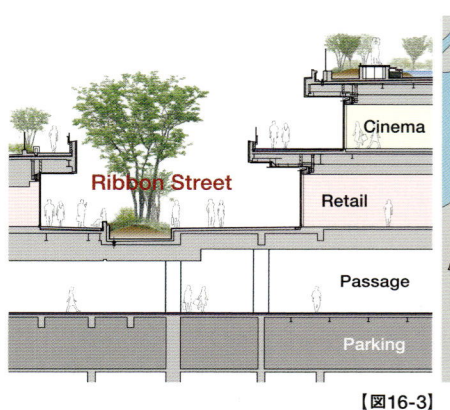

【図16-3】

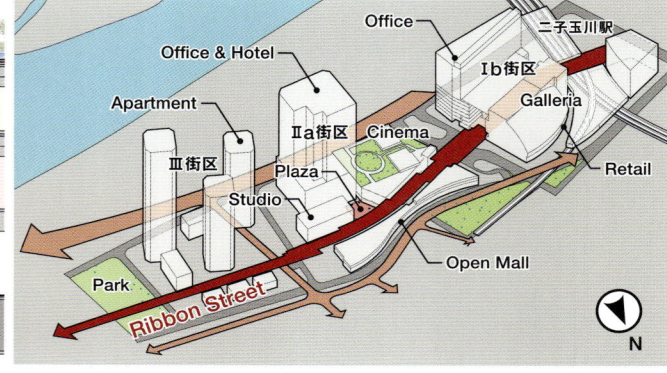

【図16-4】

Studio
3階歩行者道
Park
Ribbon Street
Roof Garden
3階〜5階屋上緑化
Station
二子玉川駅

【図16-2】

様なスケールの広場空間を配置し、長さがありながらも飽きさせない工夫がされている。特に中心とも言えるⅡa街区はリボンストリートに面して文化的な施設や特徴的な路面商業店舗を配置し、特徴的な空間形成を図っている。

建物上部の緑化エリアは積極的に人が利用できる計画とし、リボンストリートと空間的に連続させながらも、少し落ち着いた憩いの場所を創出し、「賑わい」と「憩い」といった性格の異なる空間体験を断面的に接続させることが可能となっている。リボンストリートに面する中央広場（Plaza）にスタジオを隣接させ、イベント時の一体利用等を可能とし、オフィステナントの利便性を向上させることに加え、情報を発信する場としている。このように、リボンストリートはオフィスやオープンモール型商業施設との相互活用を図り、さまざまなアクティビティと賑わいの主軸となっている。

【図16-5】StudioとPlazaの一体利用を試みている。休日は賑わいにあふれている。

【図16-6】ガレリア（Galleria）の動線上にイベントを仕掛け、ブリッジから眺めることもできる。

【図16-7】屋上緑化にはビオトープや菜園等バリエーションを持たせている。

17

人が集う駅上緑化

上海 龍華中路駅 上海緑地中心 Long Huazhong Lu Station
Shanghai Greenbland center

Type C

[上海緑地中心] 設計者：日建設計

上海緑地中心は地下鉄7号線と12号線の龍華中路駅を中心とした再開発プロジェクト。敷地中央に位置する地下鉄上部の建築制限によりふたつに分かれた敷地に対し、低層部を歩行者主動線であるプロムナードから連続して上昇する緑の大地のように構成することにより、建築とプロムナードが一体化した都市のシンボルをつくり出した。建築ボリュームや緑化について環境シミュレーションを行い、地下鉄駅とバスターミナルを繋ぐ商業メインストリートや商業共用部を空調不要な半屋外空間とし、自然を感じることのできる都市の省エネ環境建築とした。

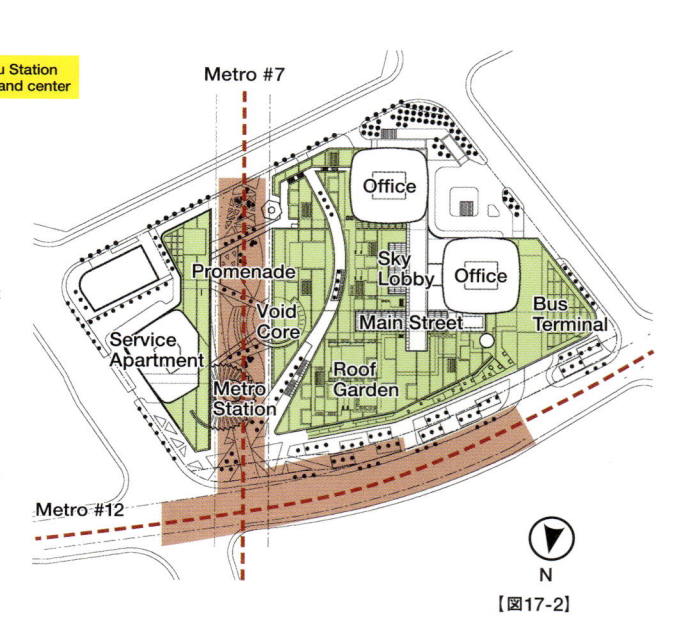

【図17-2】

【図17-1】

【図17-3】気流シミュレーション（夏の卓越風）

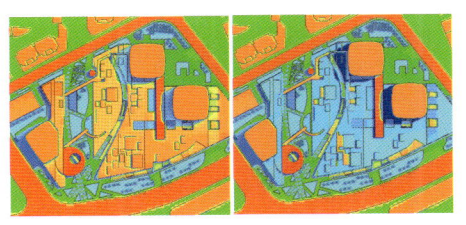
【図17-4】表面温度分布シミュレーション
（左／屋上緑化していない場合　右／屋上緑化した場合）

谷状に構成した低層部と谷部分からセットバックするように設けられた高層棟の配置は、夏の卓越風をスムーズに流す。また、屋上緑化は躯体表面の温度上昇を抑え、地表面の照り返しを防ぎ、快適な屋外空間を実現している。

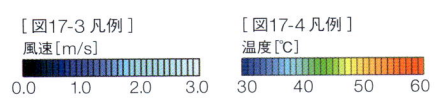

［図17-3 凡例 ］
風速［m/s］
0.0　1.0　2.0　3.0

［図17-4 凡例 ］
温度［℃］
30　40　50　60

【図17-5】駅直上部。緑豊かなオープンカフェのあるプロムナード。

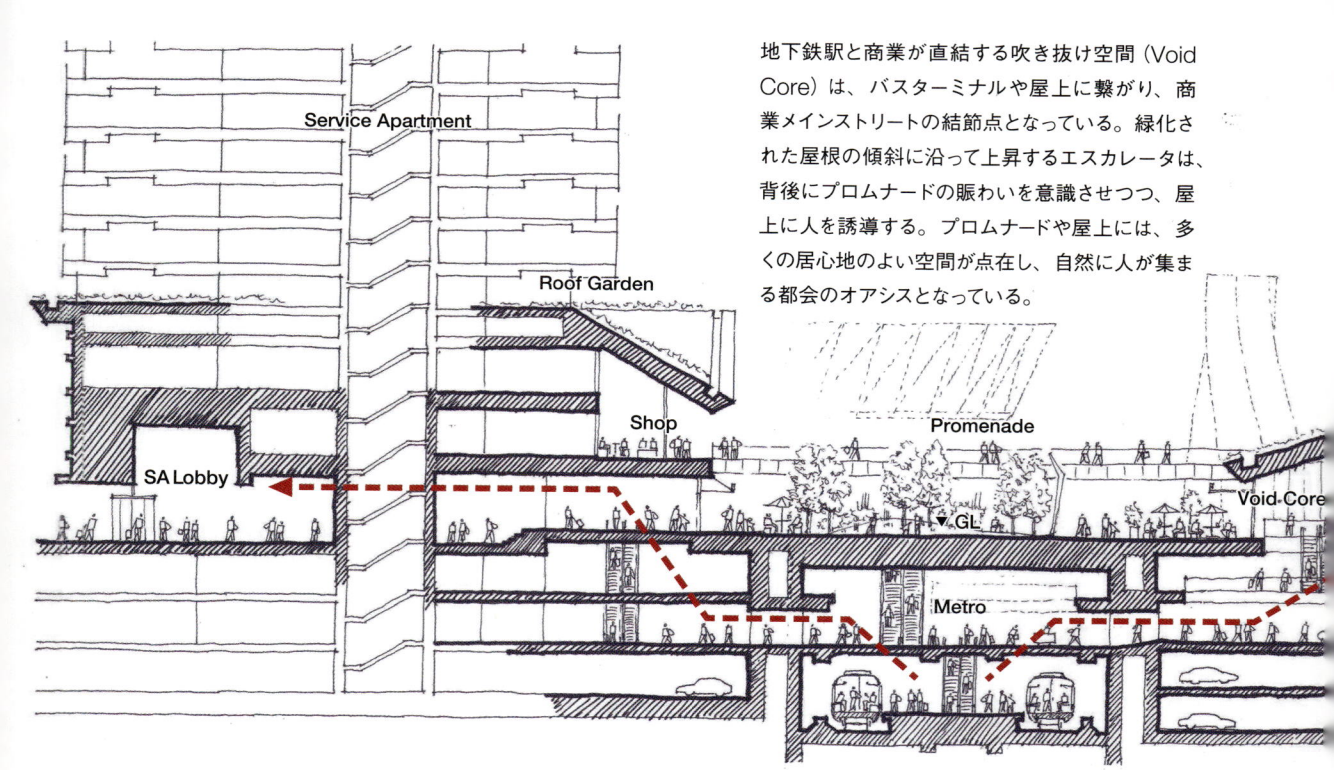

地下鉄駅と商業が直結する吹き抜け空間（Void Core）は、バスターミナルや屋上に繋がり、商業メインストリートの結節点となっている。緑化された屋根の傾斜に沿って上昇するエスカレータは、背後にプロムナードの賑わいを意識させつつ、屋上に人を誘導する。プロムナードや屋上には、多くの居心地のよい空間が点在し、自然に人が集まる都会のオアシスとなっている。

Service Apartment

Roof Garden

Shop

Promenade

SA Lobby

GL

Void Core

Metro

【図17-6】屋上のアーバンパブリックスペース。子どもに大人気の屋根の傾斜を利用した滑り台。

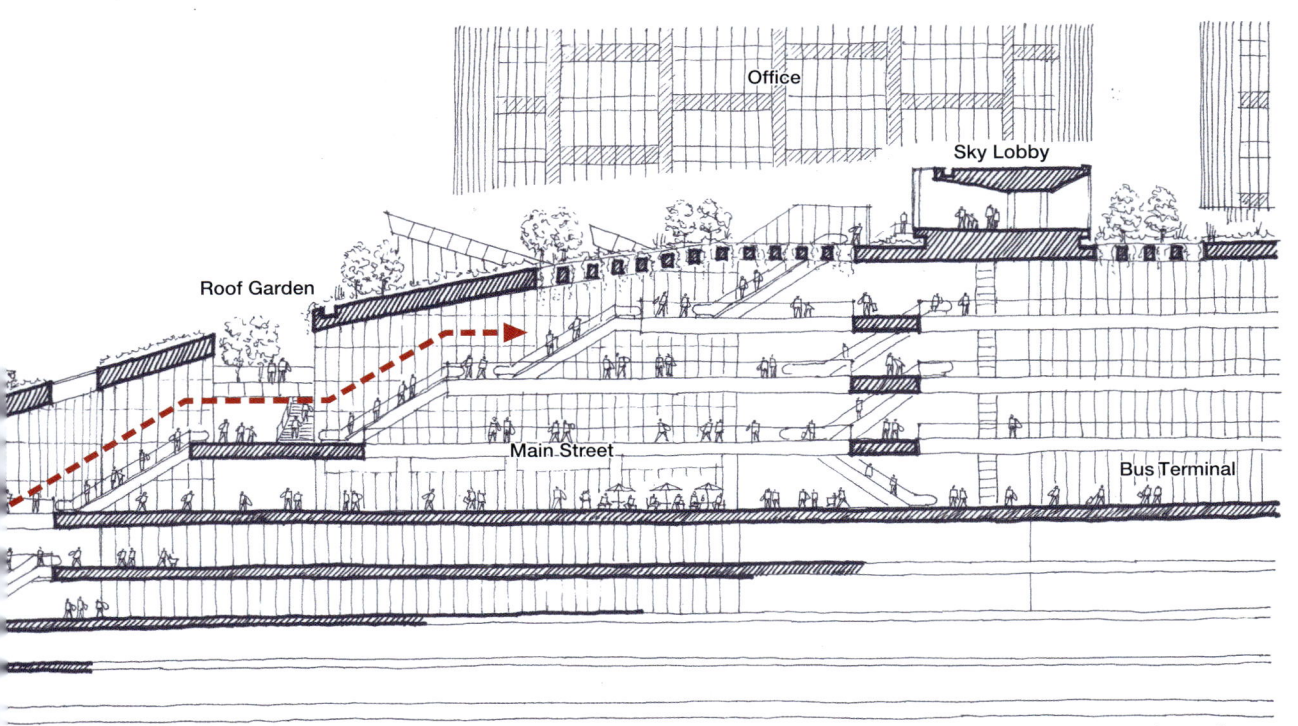

【図17-7】

駅とまちを繋ぐ丘

釜山駅 Busan Station ｜ Type C

［釜山駅］設計者：日建設計

18

100m

200m

釜山は韓国南部の港湾都市であり、1950年以後、人口や経済規模が約300倍に急成長した韓国第2の都市である。起伏が大きい都心部と港が接するところが敷地となる。港近辺の大規模再開発と既存の都市機能の繋ぎ目になる釜山駅エリアの駅前広場再生計画である。

新たに設けられた階段状の屋上庭園「100 Squares」は既存駅の3階コンコースからグラウンドレベルの交通広場を繋げるスロープとして構成され、駅とまちを繋ぐ役割を果たす。まちと駅のレベル差を繋ぐだけではなく、さまざまな規模の屋外パブリックスペースの集まりとして計画されている。機能としては、ギャラリーや集会場、貸しオフィス等が配置され、人びとのアクティビティを誘発することが期待されている。

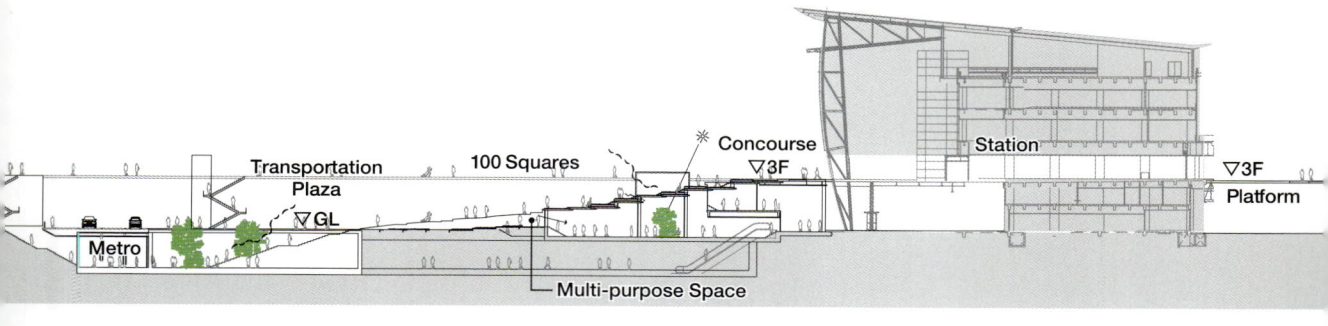

【図18-2】
断面図。既存の韓国高速鉄道釜山駅の地上3階レベルのコンコースと地下鉄の地下1階レベルのコンコースとの間を新たなオープンスペースと小規模の多目的公共施設で繋げる。また、地域のクリエイティブな活動を支えることを目的として、展示スペースや研究・教育機関のサテライトオフィス、地域のコミュニティスペース等も配置している。

【図18-4】

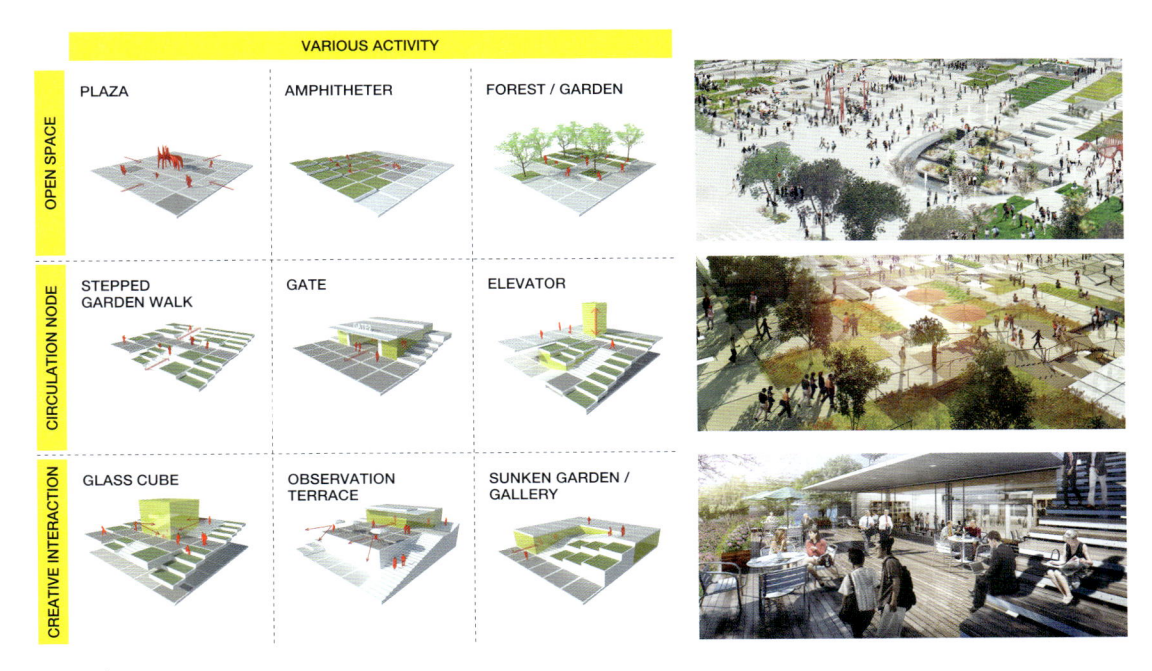

VARIOUS ACTIVITY

	PLAZA	AMPHITHETER	FOREST / GARDEN
OPEN SPACE			
	STEPPED GARDEN WALK	GATE	ELEVATOR
CIRCULATION NODE			
	GLASS CUBE	OBSERVATION TERRACE	SUNKEN GARDEN / GALLERY
CREATIVE INTERACTION			

【図18-3】
「100 Squares」という屋上庭園は、緑地とイベント等を行うことができる広場をさまざまな規模とレベルに配置することで、場所によって異なる豊かな空間体験を提供すると共に、人びとの多様なアクティビティを誘発させる計画としている。

【図18-5】

19

屋上を開放する

渋谷駅 渋谷スクランブルスクエア　Type C

［渋谷スクランブルスクエア］設計者：渋谷駅周辺整備共同企業体
（日建設計・東急設計コンサルタント・ジェイアール東日本建築設計事務所・メトロ開発）
デザインアーキテクト：日建設計、隈研吾建築都市設計事務所、SANAA事務所

渋谷駅街区 渋谷スクランブルスクエア中央棟の4階と10階の屋上広場は公共空間として整備し、先端技術発信施設や国際交流施設が配置され、さまざまなイベントが開催可能な空間となる計画である。また東棟の屋上には展望施設が設けられ、それぞれの屋上広場からは東西の駅前広場やスクランブル交差点を見下ろすことができ、まちを行き交う人びととの見る・見られる関係が誘発される都市景観が繰り広げられる。

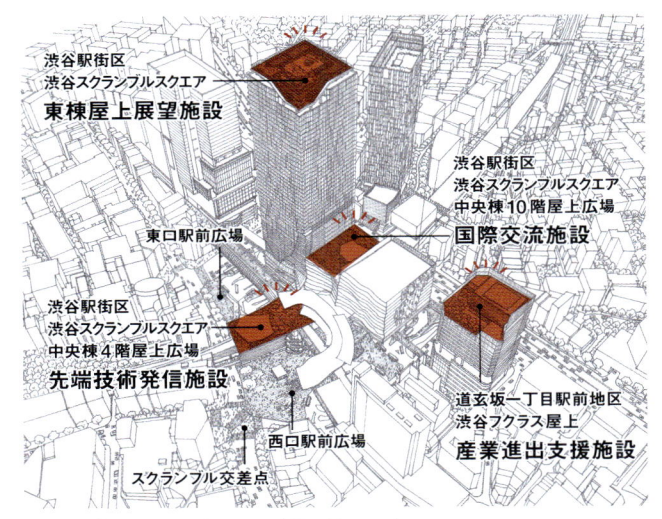

【図19-2】渋谷駅中心地区の屋上広場配置イメージ。

【図19-1】渋谷駅街区 渋谷スクランブルスクエア
東棟屋上展望施設 俯瞰イメージ
©渋谷駅街区共同ビル事業者

【図19-3】 渋谷駅街区 渋谷スクランブルスクエア東棟屋上展望施設イメージ

© 渋谷駅街区共同ビル事業者

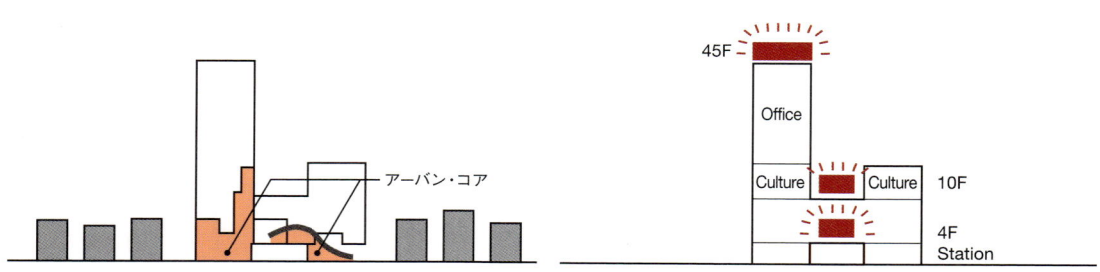

【図19-4】 足元にはアーバン・コアを配置する。

【図19-5】 屋上は一般開放する。

渋谷駅街区 渋谷スクランブルスクエア
—— 屋上展望施設

渋谷地区で最も高い地上約230mの屋上を展望施設とすることで、周囲に何も遮るもののない360度の眺望を楽しめる。代々木公園の後方に広がる新宿の超高層ビル群、六本木・都心方面、そして富士山に至るまで望むことができ、さらには、世界的観光名所であり、世界一人通りが多いとも言われるスクランブル交差点を眼下におさめ、渋谷の圧倒的なダイナミズムを体感できる場所となっている。

【図19-6】ハチ公前広場から見たイメージ図。　©渋谷駅街区共同ビル事業者　081

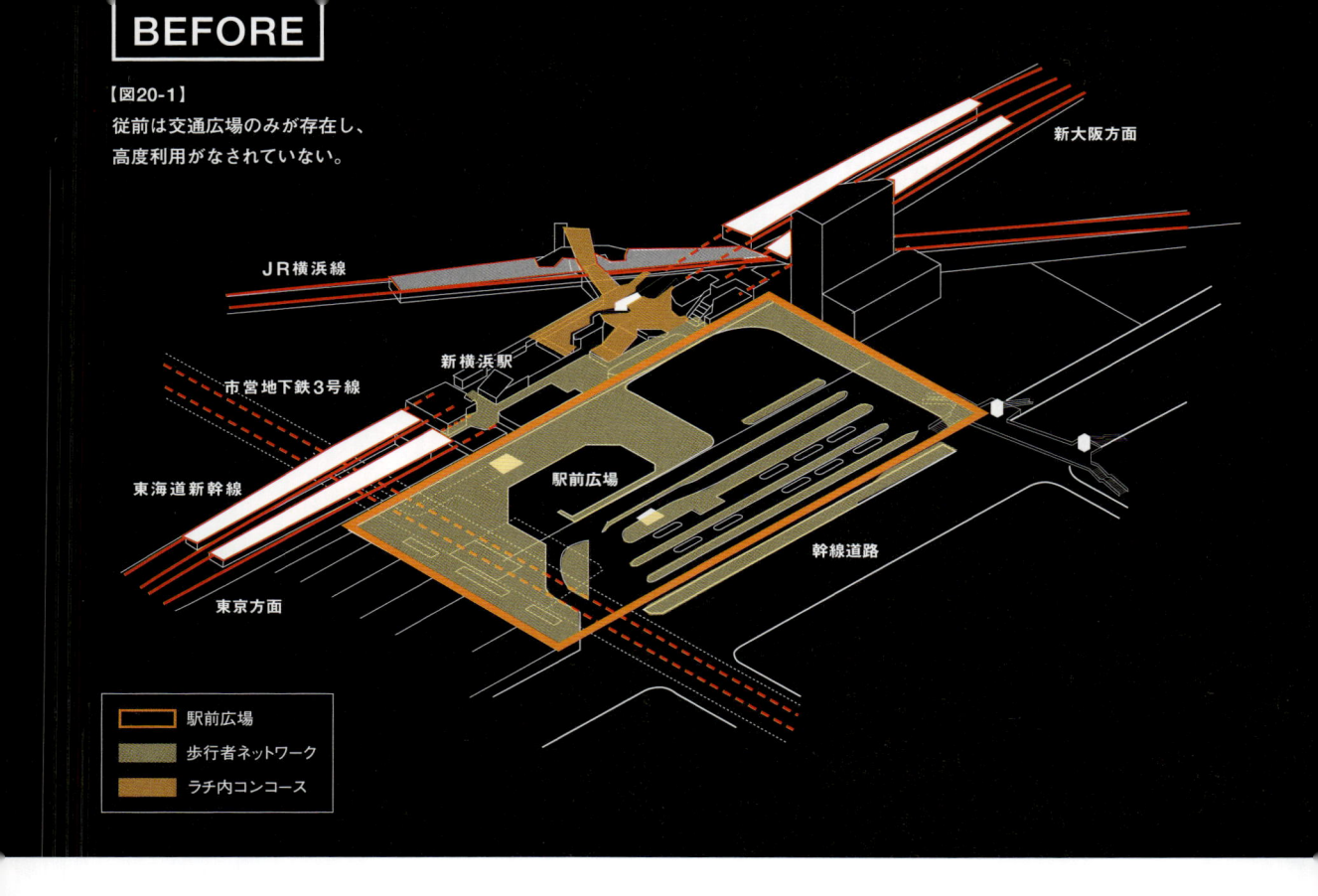

BEFORE

【図20-1】
従前は交通広場のみが存在し、
高度利用がなされていない。

新大阪方面

JR横浜線

市営地下鉄3号線

新横浜駅

東海道新幹線

駅前広場

東京方面

幹線道路

　駅前広場
　歩行者ネットワーク
　ラチ内コンコース

交通広場を重ねる

20

新横浜駅 キュービックプラザ新横浜 [Type D]

［キュービックプラザ 新横浜］設計者：新横浜駅整備・駅ビル実施設計共同企業体（日建設計・ジェイアール東海コンサルタンツ）

駅の周辺にはバス・タクシーターミナル等の交通広場や歩行者のための広場等のスペースが必要となるが、人の賑わう駅の周りにはそれ以外の施設も集中し、スペースが慢性的に不足する。

鉄道から自動車交通への乗り継ぎの利便性を確保しつつ、催事等が可能な歩行者のための空間を創出するためにはどうすればよいのか？

都市計画の指定を受ける施設（「都市施設」という）であり、また道路の扱いとなる駅前広場は、通常建築物と重ねて設けることができないが、立体都市計画という制度の適用を受けることにより、駅前広場と建築物を重ねることが可能となる。

都市計画法上、これまでは道路、河川等の都市施設は平面概念である「区域」を決定するのみで、立体的な規定がな

かった。区域内における建築物の建築については、たとえ都市施設の整備にまったく支障がない場合であっても許可を取得する必要があったが、2000年の都市計画法改正により都市計画に道路等の都市施設を整備する立体的な範囲を定めることが可能となり、都市施設内の建築物の建設が可能となったのである。

新横浜駅を内包するキュービックプラザ新横浜では、限られた用地の中でバス、タクシー、一般車両乗降場に対応し、なおかつ歩行者のための広場を確保するために、立体都市計画を活用して、道路に位置付けられる駅前広場の機能を駅ビルの中に重層的に確保している。ビルの1階はバス・タクシーターミナル、2階は駅のコンコースと一体的に活用できる広場となっており、地下には新たに都市計画駐車場がビルの地下駐車場とまとめて整備されている。

AFTER

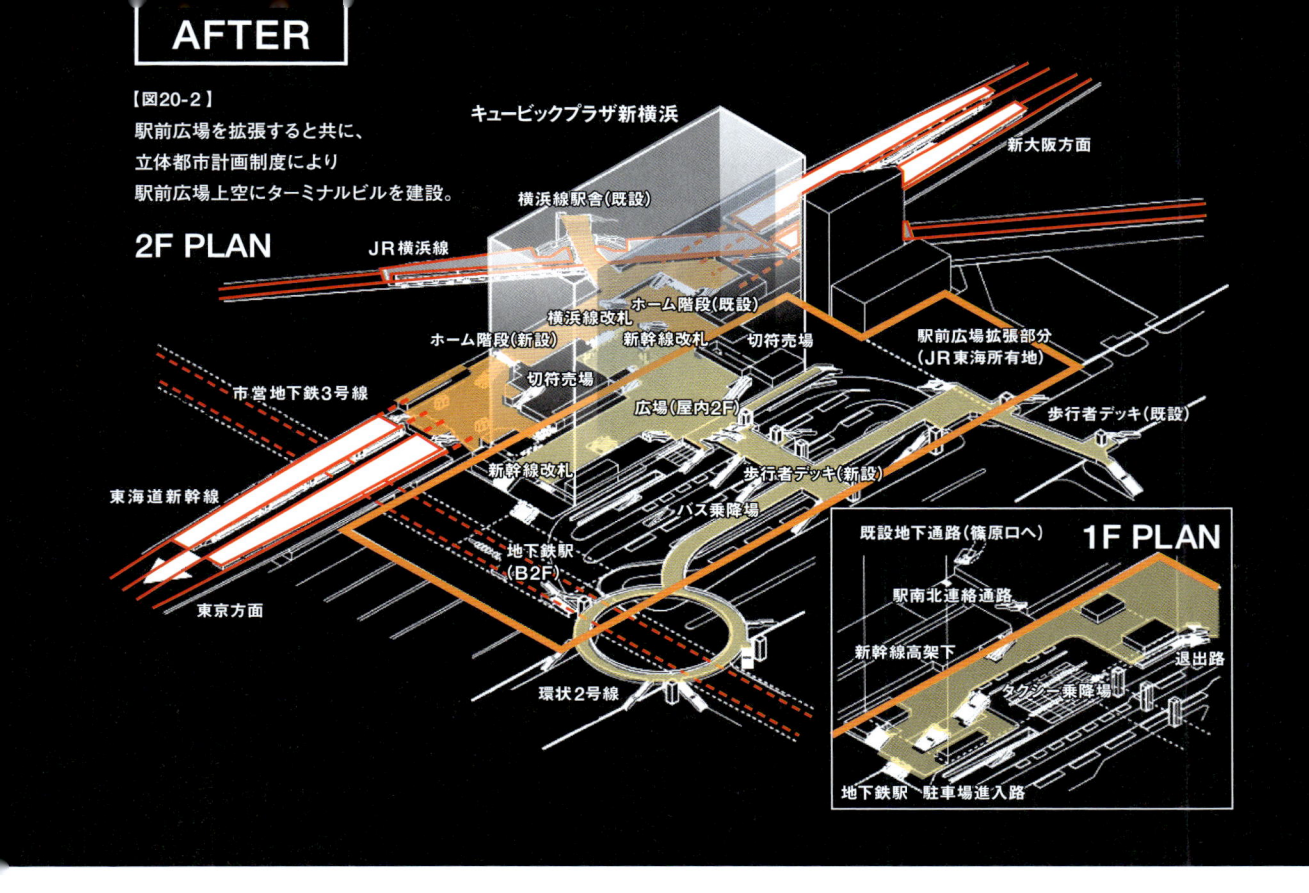

【図20-2】
駅前広場を拡張すると共に、
立体都市計画制度により
駅前広場上空にターミナルビルを建設。

2F PLAN

キュービックプラザ新横浜

新大阪方面

横浜線駅舎(既設)

JR横浜線

ホーム階段(既設)

横浜線改札

ホーム階段(新設)　新幹線改札　切符売場

切符売場

駅前広場拡張部分
(JR東海所有地)

市営地下鉄3号線

広場(屋内2F)

歩行者デッキ(既設)

東海道新幹線

新幹線改札

歩行者デッキ(新設)

バス乗降場

東京方面

地下鉄駅
(B2F)

環状2号線

1F PLAN

既設地下通路(篠原口へ)

駅南北連絡通路

新幹線高架下

タクシー乗降場

退出路

地下鉄駅　駐車場進入路

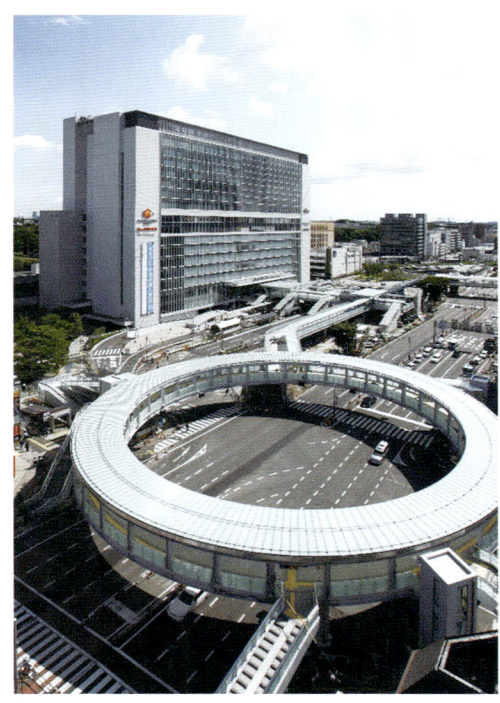

【図20-3】南東側外観

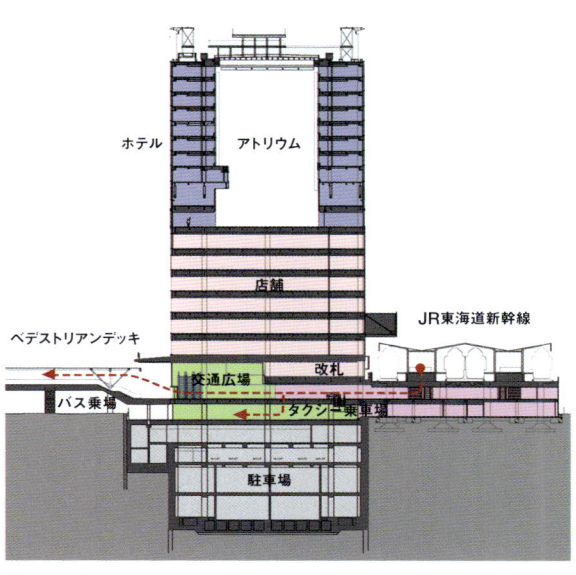

ホテル　アトリウム

店舗

JR東海道新幹線

ペデストリアンデッキ

改札

交通広場

バス乗場

タクシー乗車場

駐車場

【図20-4】
2階交通広場の上は駅直結の利便性を生かして、3～10階に商業、11階以
上にホテル、オフィスが配置されている。10階はホテルのロビー階を兼ねて
おり、タクシープールに面した1階および駅改札のある2階から直通のシャト
ルエレベータを設けて、上層階への人の流れが発生するように配慮されている。

交通が積層する駅上大地

21

新宿駅 バスタ新宿・JR新宿ミライナタワー　Type D

［バスタ新宿・JR新宿ミライナタワー］
設計者：東日本旅客鉄道　ジェイアール東日本建築設計事務所

新宿駅新南口線路上空に大きな大地が生まれた。16本の
線路を跨ぐ形の人工地盤は中央にパブリックスペースとして
の広場を持ち、新宿サザンテラスと新宿タカシマヤのデッ
キへと繋がる歩行者ネットワークの起点となっている。東西
方向へのデッキ延伸や、周辺開発への接続等、利便性や
安全性、周辺全体の賑わい創出の面から見ても、多くの可
能性を持っていることが分かる。

この約120ｍ角の大きさの大地は、国道20号（甲州街道）
の跨線橋老朽化による架け替え工事の際につくられた作業
構台を活用し、かねてより交通インフラが飽和状態であっ
た新宿駅周辺の課題を解決するため、高速バスやタクシー
乗降場等の交通結節点として計画されている。線路上空の
活用は、構造、工事、安全性の面から見ると非常に難しい
計画ではあるが、高密で飽和した都市における新たな土地
利用の可能性を示すものである。

［図21-1］

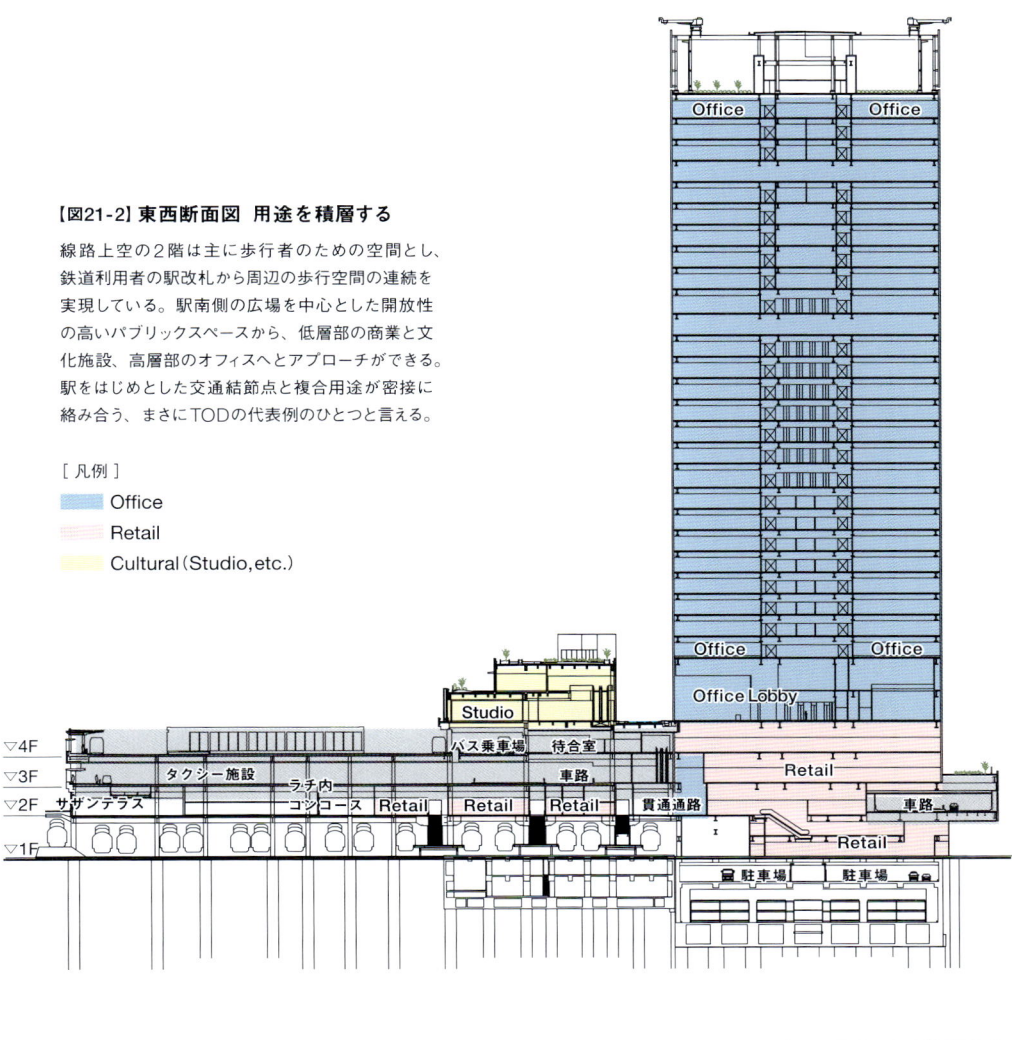

【図21-2】東西断面図 用途を積層する

線路上空の2階は主に歩行者のための空間とし、鉄道利用者の駅改札から周辺の歩行空間の連続を実現している。駅南側の広場を中心とした開放性の高いパブリックスペースから、低層部の商業と文化施設、高層部のオフィスへとアプローチができる。駅をはじめとした交通結節点と複合用途が密接に絡み合う、まさにTODの代表例のひとつと言える。

[凡例]

- Office
- Retail
- Cultural（Studio,etc.）

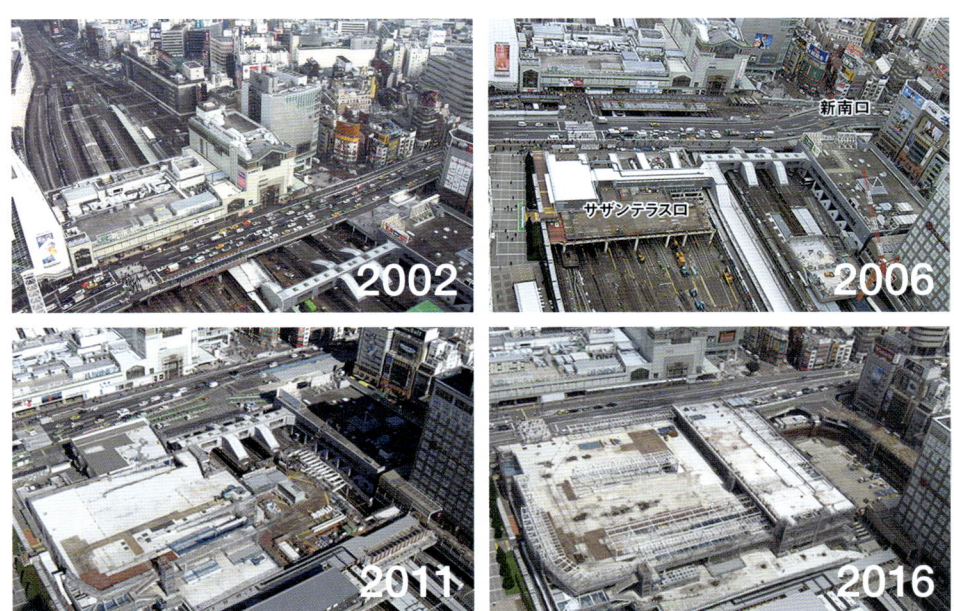

【図21-3】 人工地盤だけでなく国道の架け替えも含め、使いながら行う工事のため、長い年月が必要だった。安全に配慮しながら駅利用の仮設通路の切り替えを行うため、工事工程との複雑な調整も必要とされた。

交通用途を積層する

甲州街道からの車およびバスの交通施設へのアプローチは、歩行者との交錯を避けるため建物に巻き付くような形で歩行者通路の上部にオーバーハングしている。3階と4階の各交通施設へのアプローチと、タクシー施設と4階のバス施設は国道20号の付属施設として道路認定されているため、線形から標識まで国道の道路マニュアル等に基づき設計されている。

パブリックスペースとしての広場は、通勤・通学等の歩行者動線を確保した上で、レベル差や緑化等によりヒューマンスケールな居場所をデザインしている。

【図21-4】

【図21-9】
広場側は、ヒューマンスケールなパブリックスペースとするため、ボリュームが大きくなり過ぎないよう段状とし、一方、甲州街道側は端正な顔立ちとするためボリュームを揃えている。

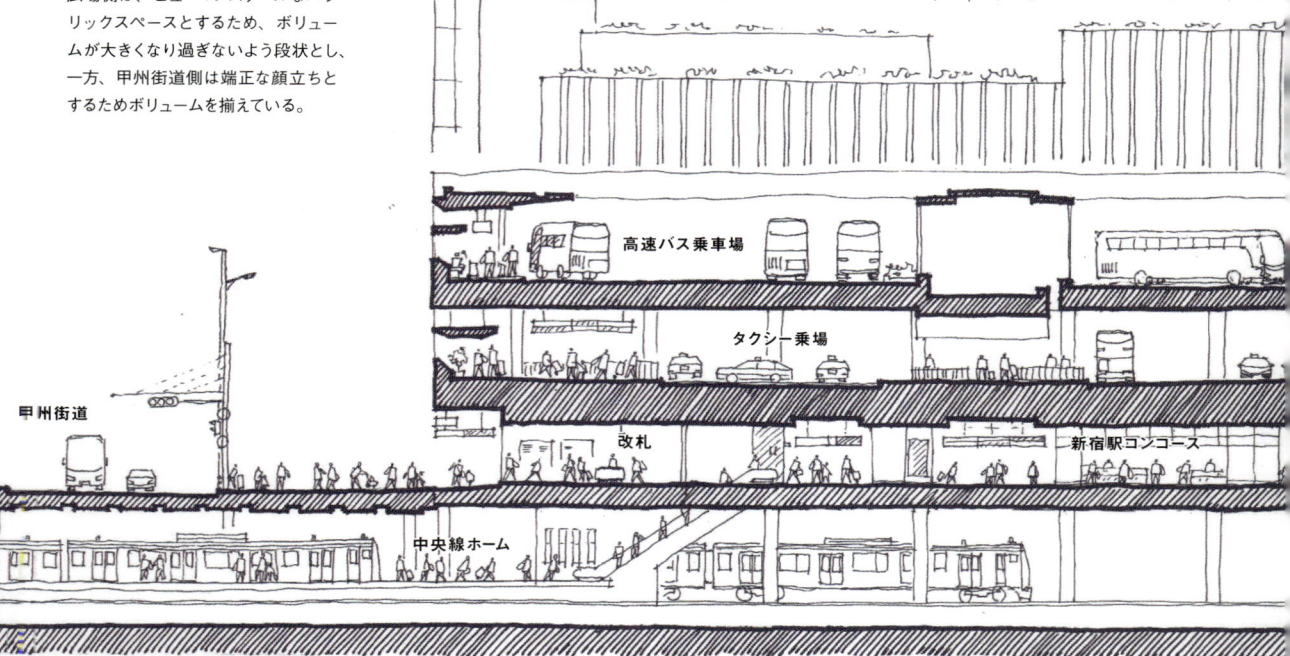

高速バス乗車場

タクシー乗場

甲州街道

改札

新宿駅コンコース

中央線ホーム

4F

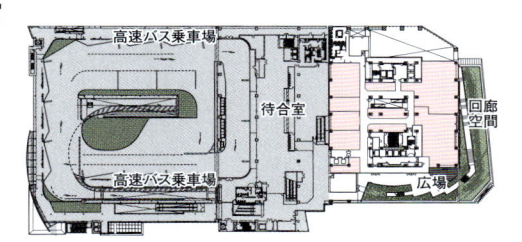

【図21-6】4階はバスの乗車を主とし、降車動線と交錯しない。

3F

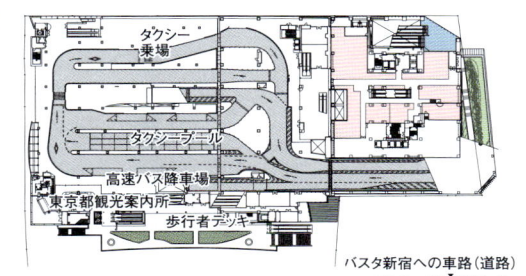

【図21-7】オーバーハングした車路のボリューム。

2F

【図21-5】

【図21-8】レベル差や樹木配置でヒューマンスケールな空間を創出する。

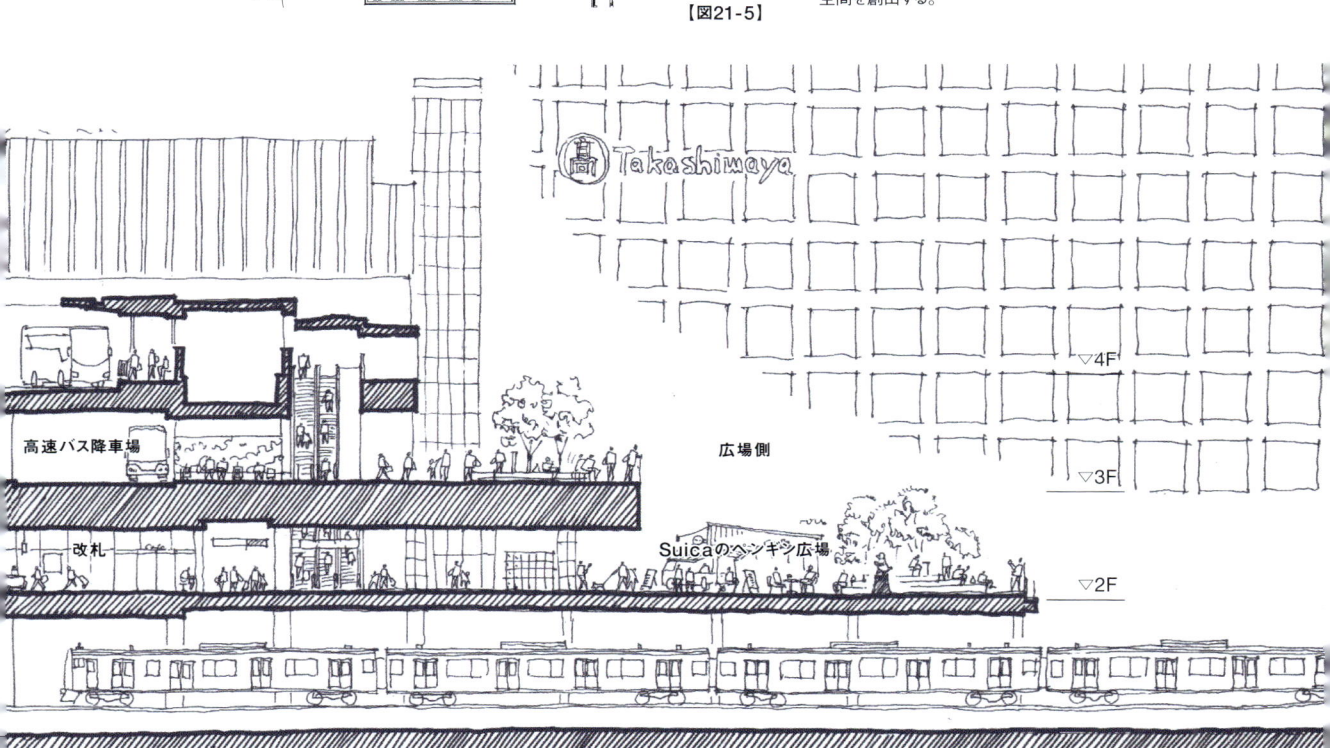

大量輸送の実現を求められた駅「新宿」

【図21-10】 イラスト：田中智之（TASS建築研究所／熊本大学）

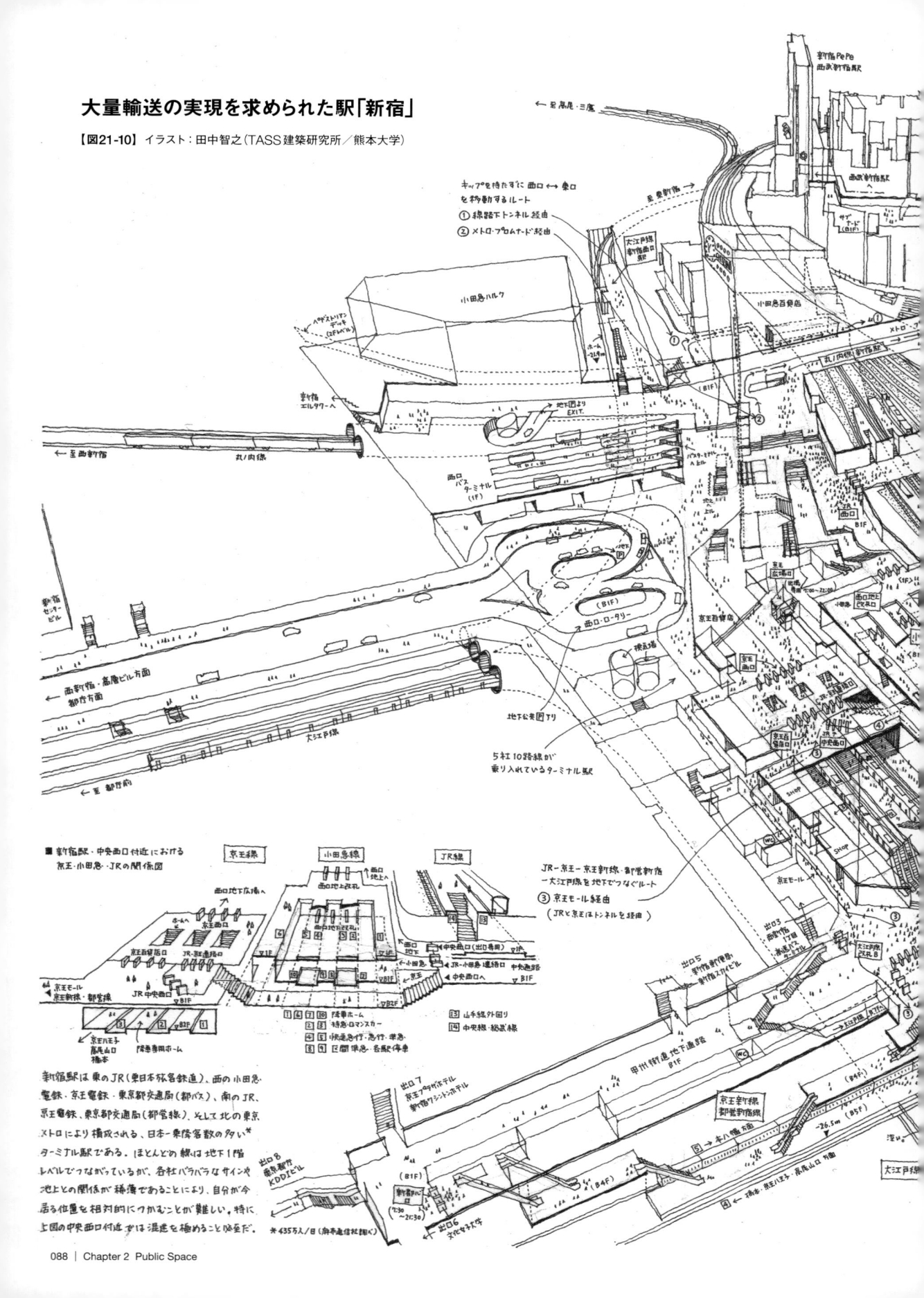

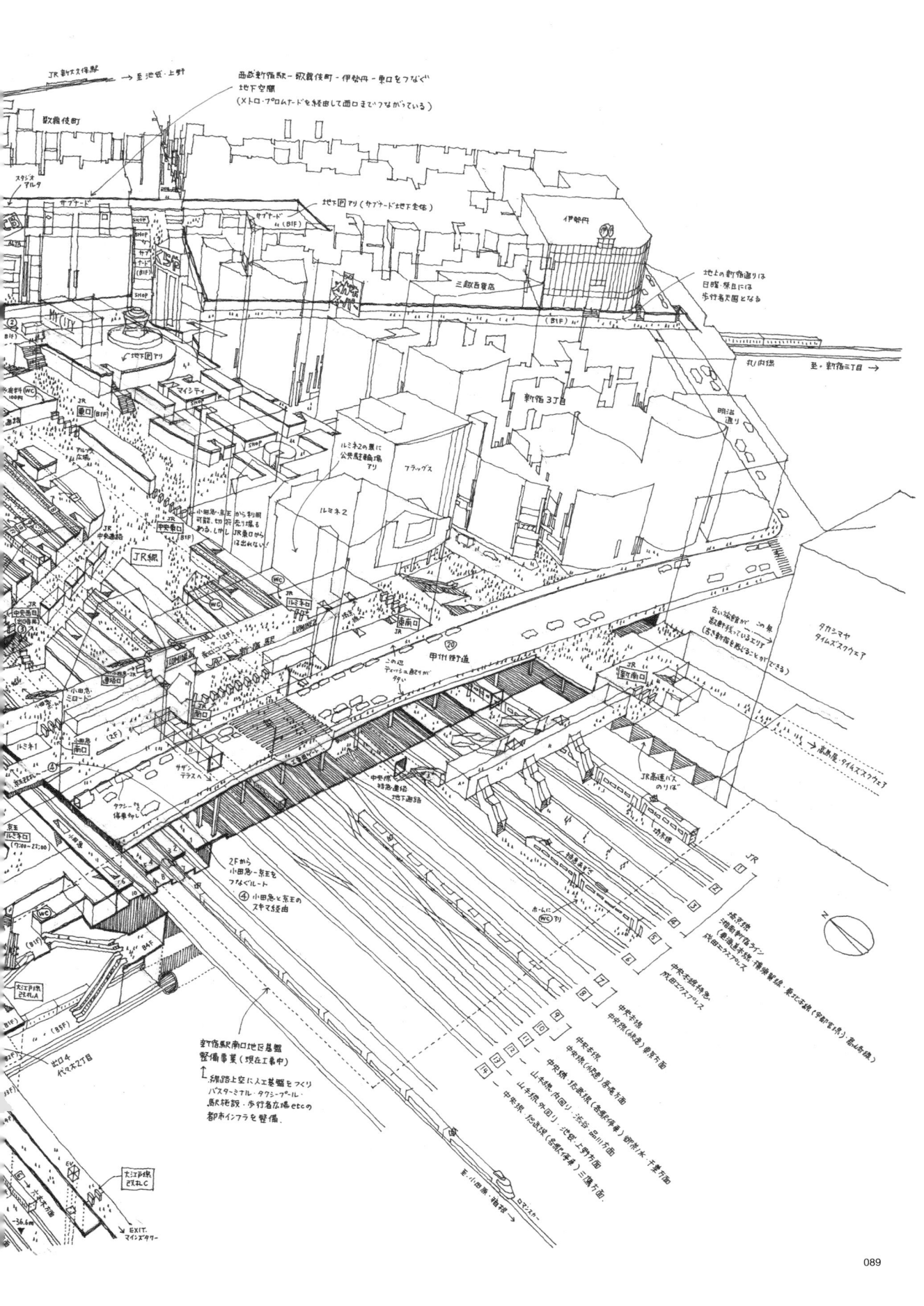

089

The High Line
ハイライン

アメリカ・ニューヨーク市のマンハッタン南西側、廃線となった全長2.3kmのウエストサイド線の支線の高架部分が公園等のパブリックスペースに転用された。2006年から転用のための工事がスタートし、第1区間が2009年に、第2区間が2011年に、そして最終区間である第3区間が2014年に完成し、年間約500万人が訪れる観光名所となった。スラム化していた周辺地域に活気があふれるようになり、地域を分断していた寂れた鉄道が人に愛される憩いの場として蘇った。ハイラインは地域活性化の起爆剤となり、近隣では30以上の再開発が実行され、その中でも、ハイラインと接続するハドソン・ヤード再開発プロジェクトは非常に規模が大きく、16棟もの超高層ビルが建設され、そこには約110万㎡のオフィス、住宅、商業施設等が入る予定だ。

出典：https://www.thehighline.org/、F. Green and C. Letsch."New High Line section opens, extending the park to 34th St.". Daily News、https://www.hudsonyardsnewyork.com/

【図W2-1】配置図

【図W2-2】多様なパブリックスペース。【図W2-3】豊富な緑化スペース。

【図W2-4】快適な歩行空間。

【図W2-5】ハドソン・ヤード開発を背景にしたハイライン。

World Trade Center Station

ワールド・トレード・センター駅

マンハッタンのワールド・トレード・センター（以下、WTC）内にあるターミナル駅である。元の駅は2001年に起きたアメリカ同時多発テロ事件によって機能不全となり、仮駅舎が2003年から運用されていたが、ようやく2016年ワールド・トレード・センター・トランスポーテーション・ハブ（WTC Transportation Hub）として再開業した。鳥の翼のような外観の駅はWTC2番街区とWTC3番街区の間に位置し、地下1階のコンコースレベルでは新たなWTCビル群とナショナル・セプテンバー11メモリアル＆ミュージアムの地下を一体的に繋ぎ合わせる動線の要となっている。さらにコンコースの周りには約3万4千㎡の巨大な商業モールをはじめとし、ミュージアム等さまざまなパブリックスペースと接続しており、常に人の賑わいの絶えない場所になっている。悲しい過去の記憶を乗り越え、後世に受け継がれる新たな価値をつくり出すための駅である。

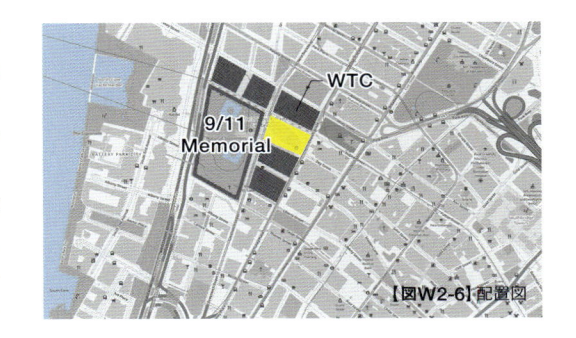

【図W2-6】配置図

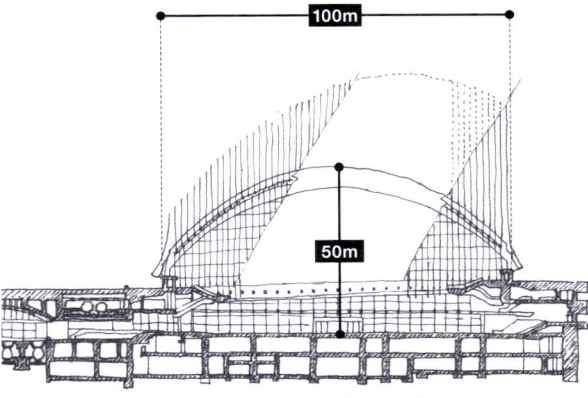

【図W2-9】断面スケッチ

【図W2-7】駅外観

【図W2-8】駅内観

【図W2-10】駅内観

鉄道駅の避難、駅ビルの避難
～TODの避難計画①

駅ビル等の建築確認申請対象範囲の避難は、建築基準法の規定に準拠して計画する必要がある。これに対して鉄道駅の避難はどうか。

鉄道駅のプラットホーム部分は建築確認申請の対象外であり、列車からの避難計画は鉄道事業法の免許を受けた鉄道事業者が安全性を確認する。しかしながらTOD

では、申請対象外のラチ（改札）内からの避難者を建築確認申請の避難計画でも加味しなくてはならない。

避難する人を区別することはできない。最終的に安全な場所まで避難するルートを総合的に計画する必要があるのだ。

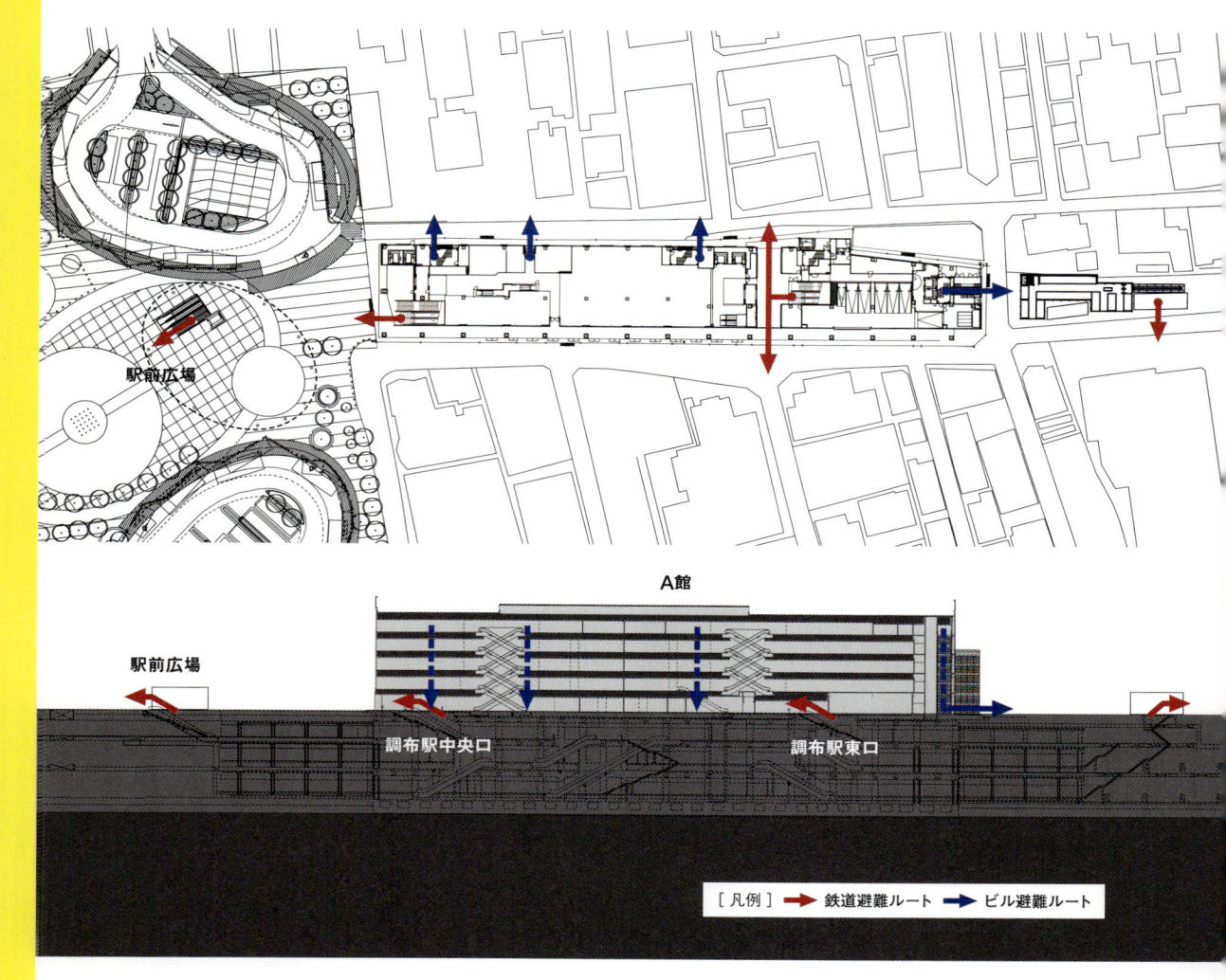

[凡例] ■➡ 鉄道避難ルート ■➡ ビル避難ルート

【図E2-1】京王線調布駅での避難の考え方

京王線調布駅では、地下からの避難はトリエ京王調布A館1階の中央口コンコースおよび東口の南北通路を経由して地上部に避難する。

トリエ京王調布A館の避難は原則として避難階段からの直接避難とし、鉄道駅の避難とは極力混在させない計画としている。

繋ぎながら切る
～TODの避難計画②

複数の路線が繋がるTODにおいては敷地の境界も越えて人の流れが発生する。建築基準法上は敷地境界で申請単位が分かれるが、消防法上の場合は防火上の区分の有無により取り扱いが異なる。

延焼を食い止める措置がない場合、敷地を越えてひとつの消防活動の対象物（これを消防法上「防火対象物」という）となり、一体的な防火体制の構築を求められるが、異なる鉄道会社の場合には指揮系統が異なり難しい。よって二重のシャッターによる延焼防止空間（「緩衝帯」という）を設けて、別の防火対象物とすることが行われている。

繋ぎながら切る工夫が求められるのだ。

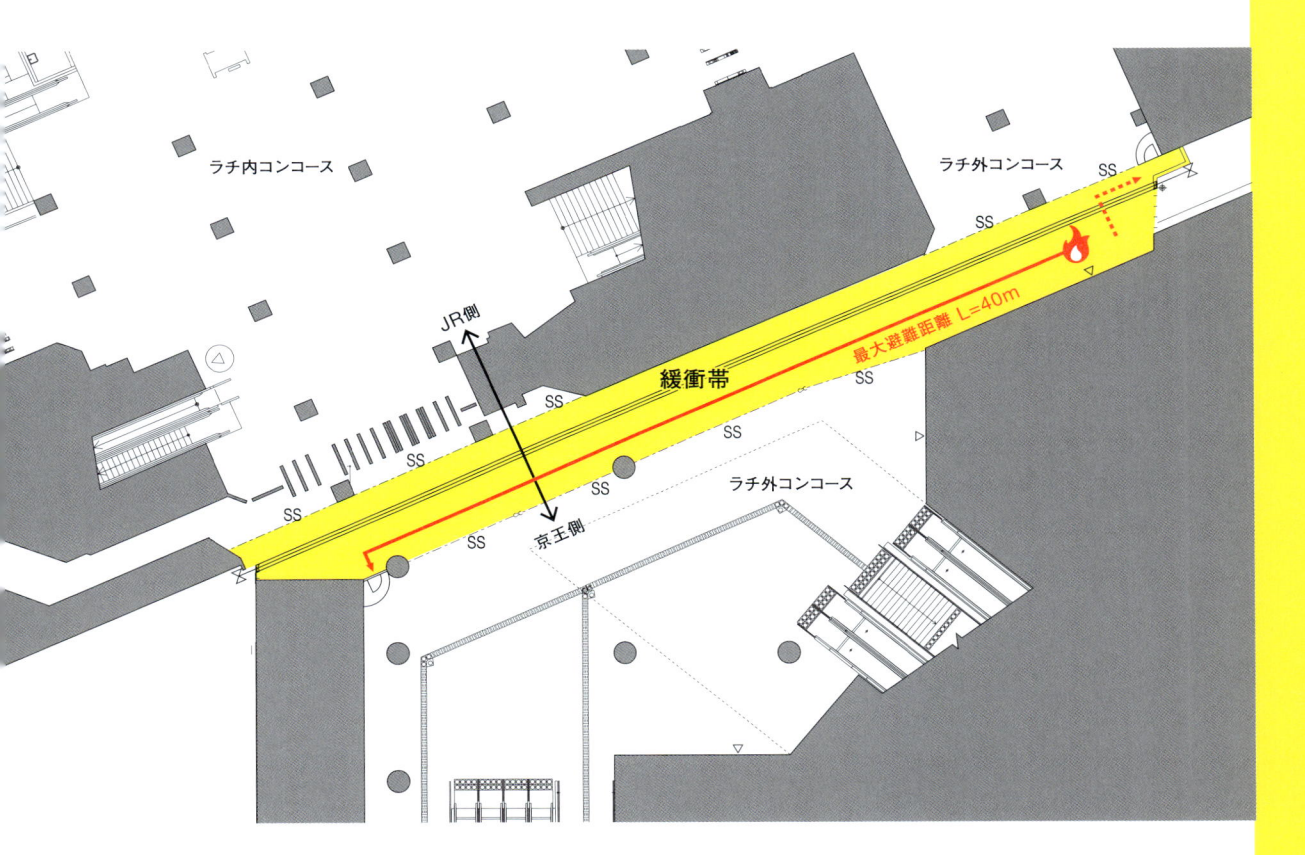

【図E2-2】吉祥寺駅での緩衝帯事例

キラリナ京王吉祥寺では2階レベルにJR線改札、3階レベルに京王井の頭線吉祥寺駅の改札があり、改札階と一体の吹き抜け空間とすることで、3階レベルにあるJR線プラットホームを窓越しに見ることができる。緩衝帯は2階レベルの吹き抜けのない範囲で二重のシャッターと潜り戸で防火・防煙区画をしている。

【図E2-3】 京王側より緩衝帯を望む。

←3

Circulation

22 — 31 動線

TODの成功のためには駅からまちへ人をいかにうまく流すかがポイントとなる。特に都心部の駅では段階的な開発により、駅と駅を結ぶ乗り換え動線やまちへの動線が複雑でバリアフリー上も問題となっている駅が多く、その改善がTODにおける重要なテーマとなっている。

TODにおけるスムーズな動線の実現のために、以下のような空間を挿入することが行われている

① ステーションコア … 駅とTOD内の施設を繋ぐ縦動線空間

② アーバンコア … ステーションコアをブリッジ等の水平動線でまちと繋ぐ動線空間

③ アーバンコリドー … 駅とまちを結ぶ水平動線空間

④ アンダーグラウンドパス … 地下で駅とまちを繋ぐ空間

これらの空間を利用しやすい位置に配置することに加えて、移動が楽しくなるような空間演出を行うことがポイントとなる。

空間を外から見えやすくすることにより、移動の方向性が分かりやすくすることができると共に、「見る・見られる」の関係を生み、まちの賑わいを演出する装置ともなるのである。

この章ではTODにおける魅力的な動線空間の事例とその工夫を見ていこう。

Circulation Typology

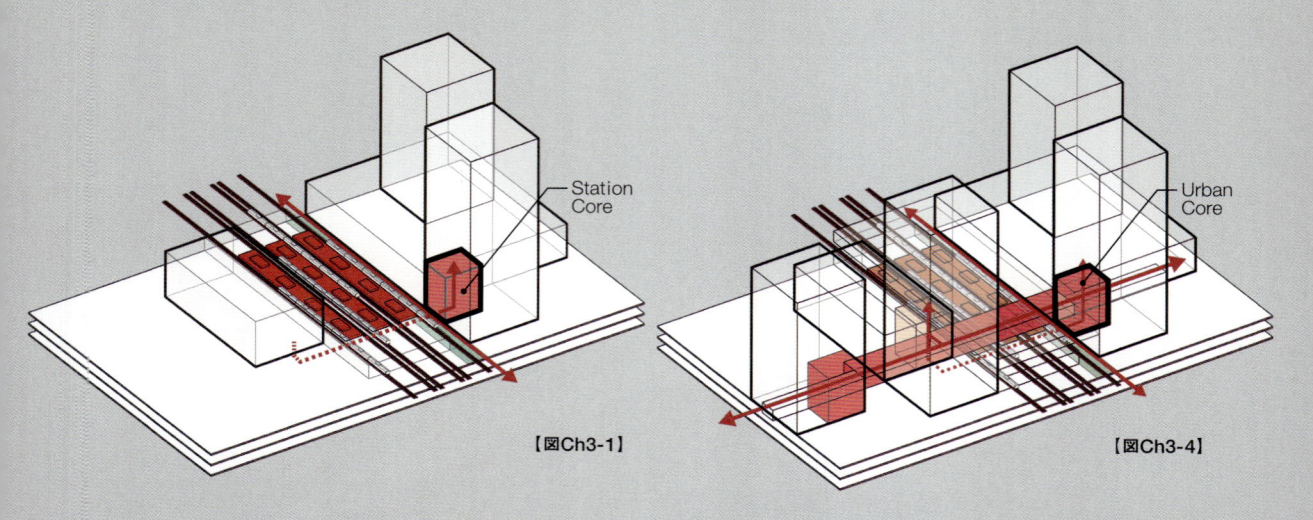

【図Ch3-1】　Station Core

【図Ch3-4】　Urban Core

Type A　ステーションコア

駅と駅ビルを繋ぐTODにおいて基本単位となる縦動線空間。特に地下駅においては地上からの光、風の通り道となり快適な空間づくりにも貢献する。横浜のみなとみらい駅が代表的な事例である。

Type B　アーバンコア

駅、駅ビル、まちを立体的・有機的に繋げる動線空間。特に都心の高密度な大規模複合開発において、複雑な動線を効率よく繋ぐため複数のステーションコアをブリッジ等の明確な水平動線で連結させ周辺のまちへ誘導する。渋谷ヒカリエを含め渋谷駅一帯の開発が代表的な事例である。

【図Ch3-2】みなとみらい駅

【図Ch3-5】渋谷スクランブルスクエア

【図Ch3-3】みなとみらい駅

【図Ch3-6】渋谷ヒカリエ

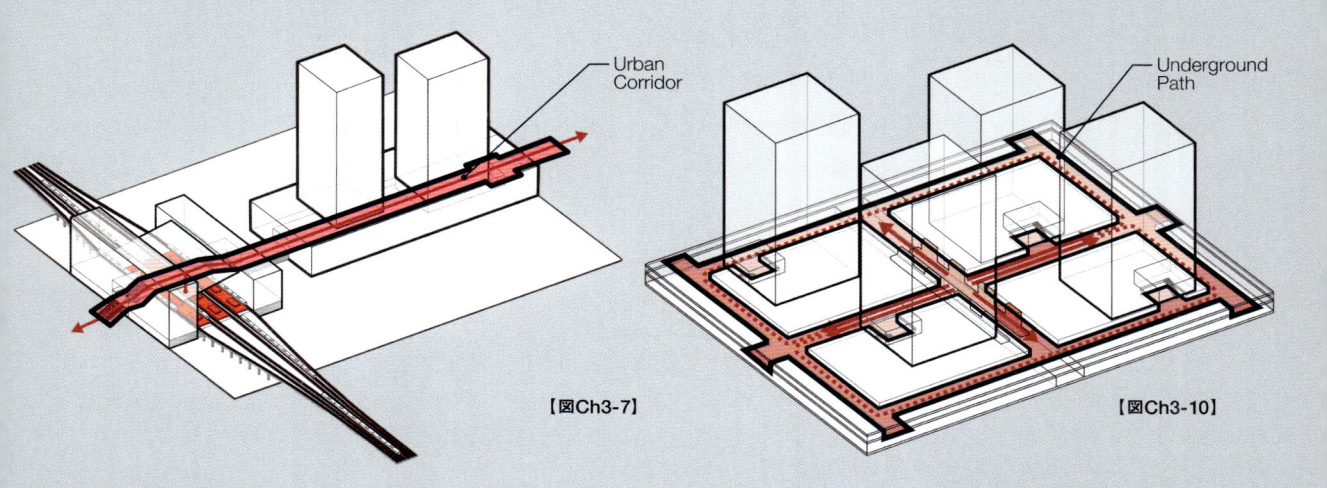

【図Ch3-7】 Urban Corridor

【図Ch3-10】 Underground Path

Type C アーバンコリドー

主に駅とまちを繋ぐ水平動線空間。郊外や副都心等の開発において地上駅からまちへ至る屋外および半屋外のプロムナードとして設けられ、その周りには商業施設をベースに広場、公園等のパブリックスペースが配置され、賑わいを誘発する仕組みになっている。泉ガーデンのアーバンコリドーやグランフロント大阪のコンコースが代表的な事例である。

Type D アンダーグラウンドパス

主に地下駅間の歩行者ネットワークとして形成され、地下で駅と駅ビルを接続させることにより、平面的に広域な範囲へ移動が可能となる。商業店舗やサンクンガーデン等のパブリックスペースを配置することで、そのエリアの名所として認知されるケースも多い。東京駅および大阪駅周辺地下街が代表的な事例である。

【図Ch3-8】六本木一丁目駅 泉ガーデン

【図Ch3-11】東京駅 銀の鈴広場

【図Ch3-9】グランフロント大阪

【図Ch3-12】大阪駅周辺地下街

22

プラットホームまで貫く
ステーションコア

みなとみらい駅 クイーンズスクエア横浜　Type A

[クイーンズスクエア横浜] 設計者：日建設計・三菱地所一級建築士事務所

【図22-1】
ステーションコアからプラットホームを見下ろす。

【図22-2】プラットホームからステーションコアを見上げる。

【図22-3】ステーションコアアトリウム内観

地下6階レベルのみなとみらい駅プラットホームの上部は吹き抜けとなっており、地上2階レベルのクイーンモールまで一体の動線空間＝ステーションコアとなっている。地上レベルはガラスの開放的なアトリウムとなっており、象徴的な赤で彩られたエスカレータが貫通する空間から見下ろすと入線する電車の姿を視認でき、通常は隠れてしまう地下鉄との関係を直感的に理解できる分かりやすい動線空間となっている。

開発当初の駅配置に関する調整により実現された駅とまちを結ぶ空間は、最も初期のステーションコアの例と言える。

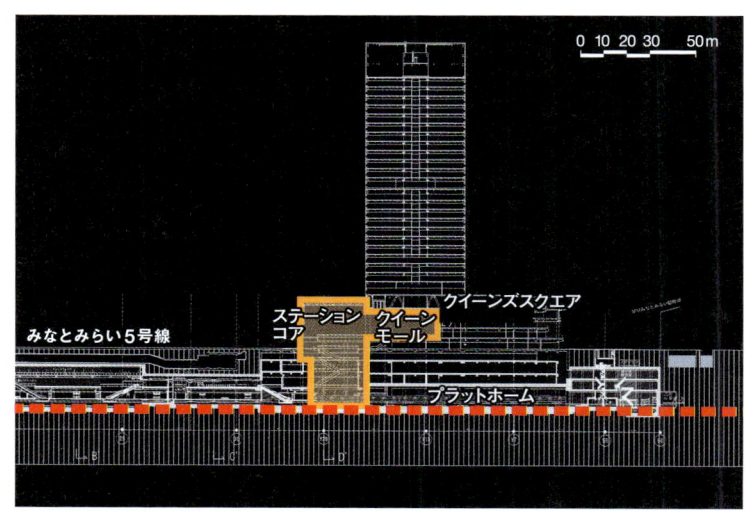

【図22-4】断面図

駅とまちを結ぶ
スペクタクル空間

23

渋谷駅 渋谷ヒカリエ | Type B

［ 渋谷ヒカリエ］ 設計者：日建設計・東急設計コンサルタント共同企業体

東京メトロ副都心線の開通と東急東横線との相互直通運転開始にともない整備された渋谷ヒカリエのアーバン・コアは、地下3階の副都心線改札から地上4階までを縦に結び、明治通り側から青山通り側への2階レベルのコンコースと合わせて駅からまちへの結節空間としての機能を有している。地下駅からまちへの繋がりを一体的に感じることができる空間は、分かりやすい交通動線であると共に、まちに賑わいをもたらす劇的な空間ともなっている。

日本の地下階に設けられる商業施設は通常地下2階までが多いが、渋谷ヒカリエでは副都心線改札からの人の流動を受け止めるべく地下3階まで商業フロアが配置されており、駅からまちへの賑わいの連続にも配慮されている。

また光が降り注ぐ吹き抜け空間は、鉄道の排熱を外部に排出すると共に、鉄道駅と駅ビルの防災上の緩衝帯として機能している。

なお、民間施設内にこのような公共動線を確保することは都市再生特別地区における貢献として容積評価の対象となっている。

【図23-1】2階コンコース

【図23-2】地下3階コンコース

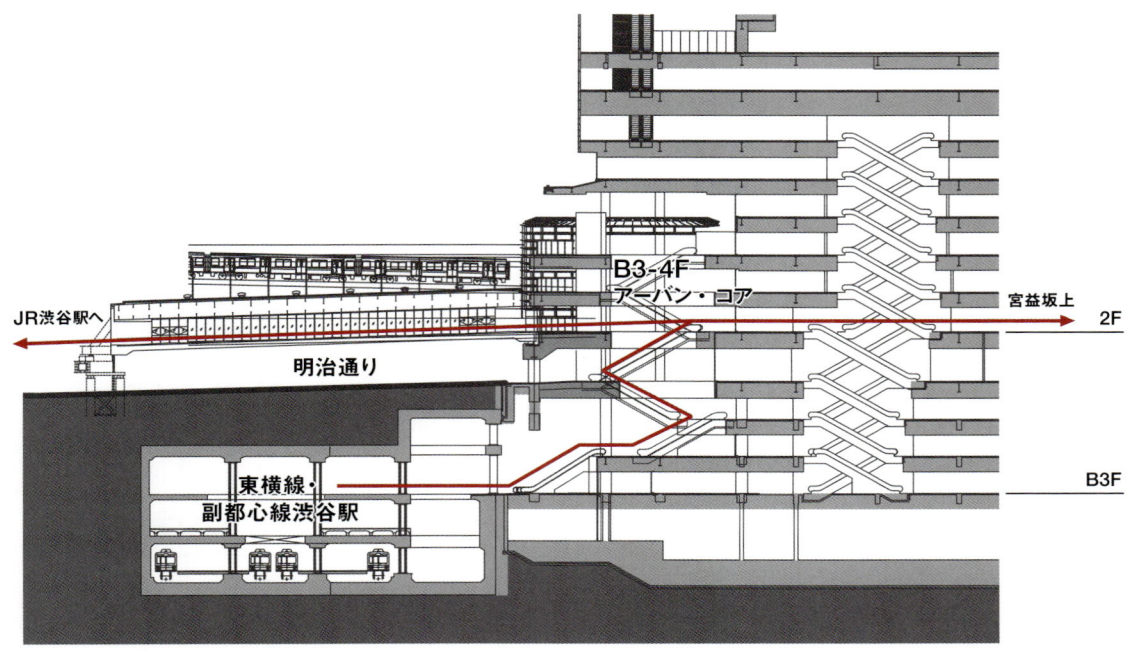

【図23-3】アーバン・コア断面

線路を越える、谷を繋ぐ

渋谷駅 渋谷スクランブルスクエア　Type B

24

［渋谷スクランブルスクエア］設計者：渋谷駅周辺整備共同企業体
（日建設計・東急設計コンサルタント・ジェイアール東日本建築設計事務所・メトロ開発）
デザインアーキテクト：日建設計、隈研吾建築都市設計事務所、SANAA事務所

渋谷駅は、鉄道各社のプラットホームやコンコースが複層にわたることから、乗り換え動線が複雑である。また駅前広場は歩行者の滞留空間が不足し動線が錯綜しており、歩行者の安全性が確保されていないという課題を抱えている。さらに、駅周辺では谷地形や幹線道路、鉄道により地域が分断され、駅と周辺市街地を結ぶネットワークが脆弱であると共に、幹線道路では通過交通と駅アクセス交通が輻輳し慢性的な交通渋滞が発生し、違法駐輪や荷捌き駐車等により、歩行空間も悪化している。

これらの課題解決のため、渋谷駅周辺の開発では、地形の高低差やまちの分断を解消する立体的な歩行者ネットワークの整備により駅周辺の安全で安心な歩行者空間の整備を行うこととしている。渋谷ヒカリエと同様、地上・2階デッキ・地下という多層にわたって、駅からまちへのアクセス向上を図ると共に、多層に分散する公共交通機関を繋ぐアーバン・コアを整備することで、乗り換え空間を集約し、バリアフリー化を図り、来街者の利便性・快適性の向上を目指している。渋谷駅街区 渋谷スクランブルスクエアでは、駅を内包し駅とまちを繋ぐ施設として東西にアーバン・コアが整備される。東口アーバン・コアは地下2階東急東横線、東京メトロ副都心線から1階のJR線改札、3階のJR線、東京メトロ銀座線改札、そして4階レベルを縦に繋ぎ、さらに宮益坂から道玄坂まで谷を越えて東西に接続するデッキネットワークを構築し、周辺の開発と連携し人をまちに繋いでいる。

JR線ホーム

駅街区東口アーバン・コア

渋谷川

【図24-2】アーバン・コア模式図

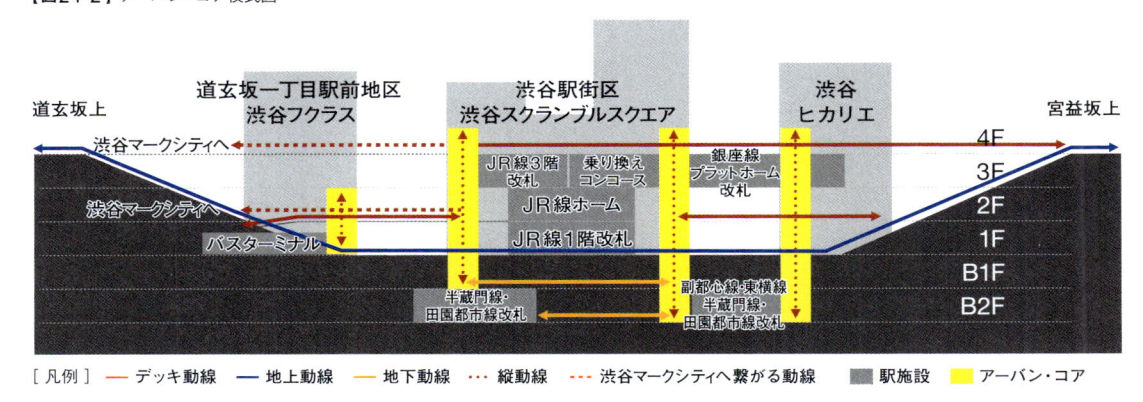

［凡例］ —— デッキ動線 —— 地上動線 —— 地下動線 ‥‥ 縦動線 ‥‥ 渋谷マークシティへ繋がる動線 ▓ 駅施設 ▓ アーバン・コア

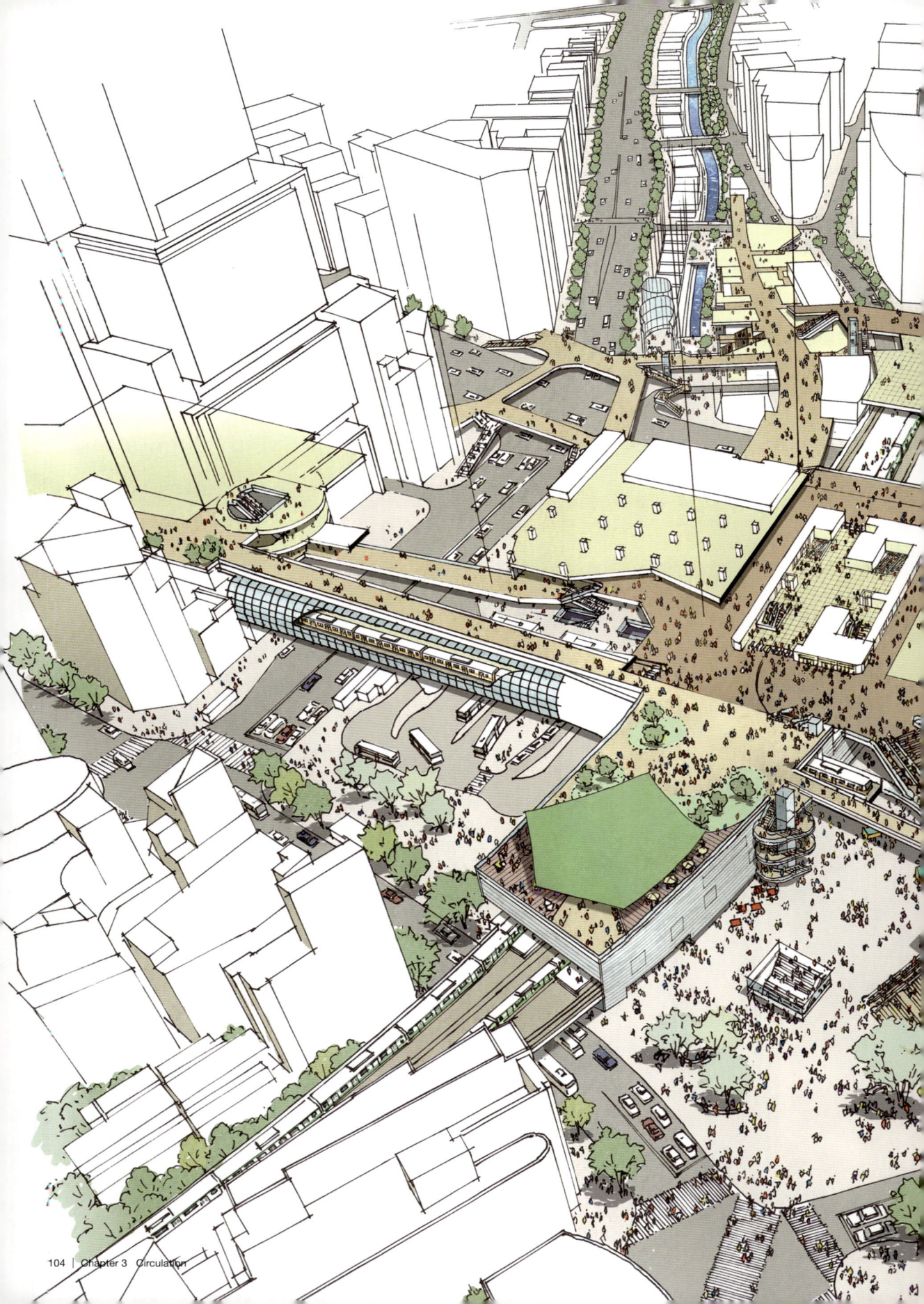

**渋谷駅街区
渋谷スクランブルスクエア低層部の
俯瞰図**

【図24-3】 ©渋谷駅前エリアマネジメント

25

流れをデザインする

広州 新塘駅 凱達爾交通ハブ国際広場 Xin Tang Station Cadre International TOD Center

Type B

［凱達爾交通ハブ国際広場］設計者：日建設計

【図25-1】

【図25-2】

広州〜深圳〜香港を結ぶ都市間鉄道駅と地下鉄2路線等、合わせて7路線の公共交通拠点とオフィス、商業、ホテル等（施設全体延床面積、約36万m²）を一体的に開発する交通ハブを中心とした複合プロジェクト。

中国では2008年から南北方向に4つ、東西方向に4つの旅客鉄道専用線からなる「四縦四横」の高速鉄道ネットワークの建設が始まり、2020年には人口20万人以上の都市の90%がそのネットワークにアクセスできるよう計画が進められている。「四縦四横」の最南端に位置するのが凱達爾交通ハブ国際広場（ITC）であり、国の巨大インフラ構築におけるキーストーンとなる地理的、経済的重要性を持つ開発である。

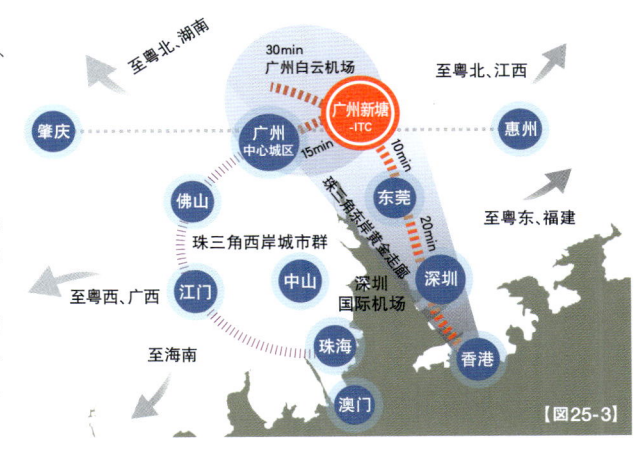

【図25-3】

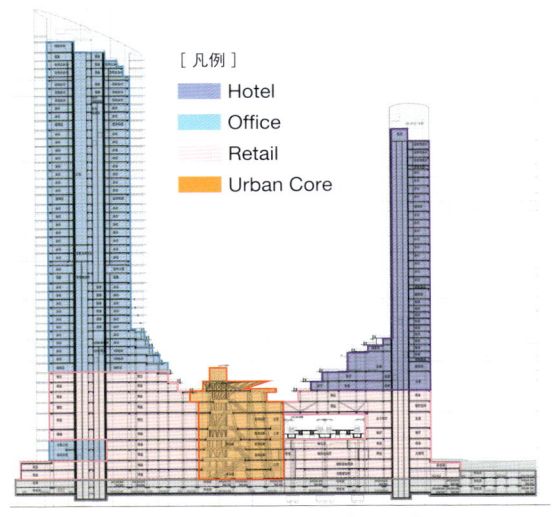

[凡例]
Hotel
Office
Retail
Urban Core

【図25-4】断面ゾーニング

【図25-5】エリアゾーニング図。凱達爾交通ハブ国際広場は中国国内初の立体的なTODプロジェクトであり、敷地周辺から珠江デルタ区域まで広い範囲に影響を与えている。敷地は広州の新CBD（Central Business District：中心業務地区）の入口に位置し、交通インフラの結節点としてまちの成長を支える役割を果たしている。

新塘駅は広深鉄道の最大の駅のひとつであり、1日あたりの利用者は約40万人におよぶ。地下鉄や都市間鉄道、バス・タクシー等が発着する大型の交通ハブであり、一体化して設計された複合施設は、アーバンコアとアーバンコリドーを用いることで動線の集約と分散を容易にしている。分けすぎず、混ぜすぎず、目的動線を明確に整理することを優先しながら、商業や文化的な機能が入る複合施設への人の誘導を図ることが重要である。アーバンコアは

乗り換えと駅上部施設への動線を、アーバンコリドーは周辺街区への動線を主に担い、その分岐点に広場や展望テラス等のパブリックスペースを設けそれぞれの動線との融合を図るよう計画されている。

誰にでも分かりやすい、使いやすいメイン動線を幹として商業等の各施設に至る枝の動線を有機的に絡めていくことがポイントになる。

吹き抜けの大空間を用いることで、人の流れだけではなく、

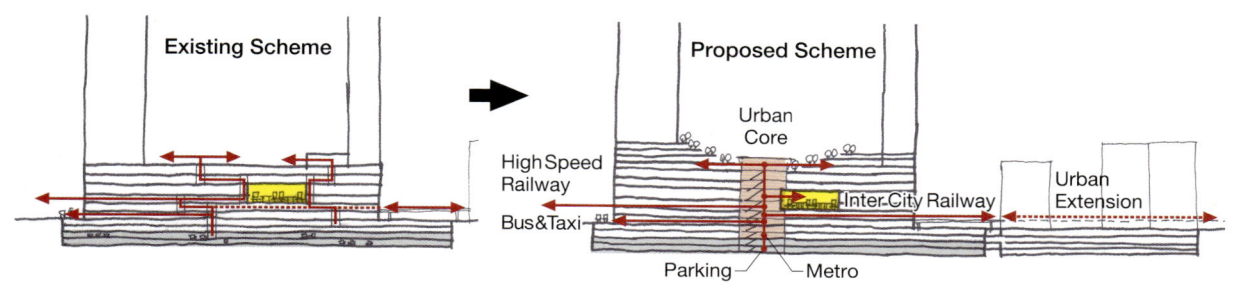

【図25-7】動線改善の概念図。多くの公共交通が混在する時、クランクするような分かりにくい乗り換え動線計画は禁物。明快で誰にでも分かりやすい動線の骨格をつくることが重要となる。

【図25-6】

光や風といった自然の要素も行き来できる通路となる。地下2階から7階まで繋がる、高さ45m、幅20m、長さ120mのアーバンコリドーは夏期には南東風を取り込み平均34℃という暑い外気温を和らげ、快適な外部環境づくりに貢献する。アーバンコアとアーバンコリドーは、乗り換え動線や駅まち間の動線空間にとどまらず、高密度なTODの建築において快適な公共空間を創出するための環境装置となっている。

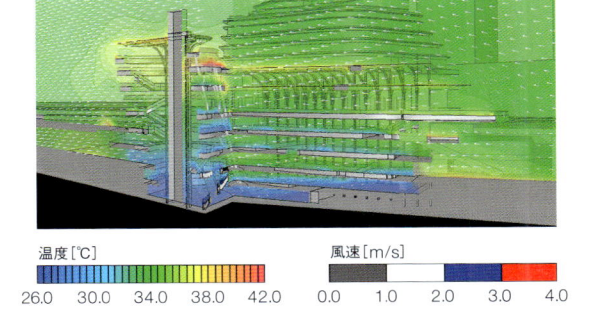

温度[℃]　　　　　　　　風速[m/s]
26.0　30.0　34.0　38.0　42.0　　0.0　1.0　2.0　3.0　4.0

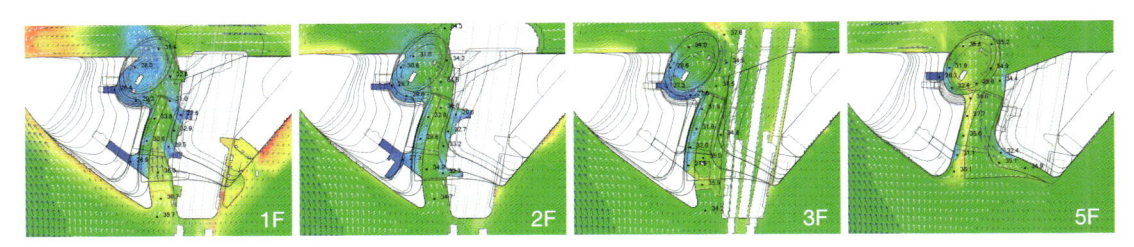

1F　　2F　　3F　　5F

【図25-8】シミュレーションを行い、気流と温度を検証する。

26

ツインコアでまちを結ぶ

重慶 沙坪壩駅 龍湖光年 Sha Ping Ba Station Longfor paradise walk ｜ Type B

［龍湖光年］設計者：日建設計

成都からの高速鉄道が停車し、市内に繋がる地下鉄および
バス等1日40万人が利用する交通ネットワークを持つ沙
坪壩高速鉄道ターミナル複合開発は重慶の西側の玄関口
である。敷地北側の地下7階に既存の地下鉄1号線があり、
本計画と共に新設される地下鉄9号線と環状線が地下7階
と地下8階にある。さらに敷地南側の地下4階に高速鉄道、
地下1、2階にバス・タクシーといった公共交通があり、非
常に複雑に入り組んでいるため、それぞれの乗り換え動線
と敷地内の施設や周辺街区への動線の流れを明確に整理
することが最大の課題であった。特に地下鉄の乗降客が多
いことから、地下鉄と駅ビル、バス・タクシーそして周辺地
区との連携を強化することを意図して計画されている。
まずはすべての公共交通が交差する東西両側にアーバンコ
アを配置する。このコア周辺にはバス・タクシー、周辺へ
の動線を構築する。このコアの周辺には賑わいのある商業
施設を設け、自然と商業施設に入り、通り抜ける動線を形
成することで、乗り換え利用者にも楽しく快適な動線空間
を提供する計画となっている。

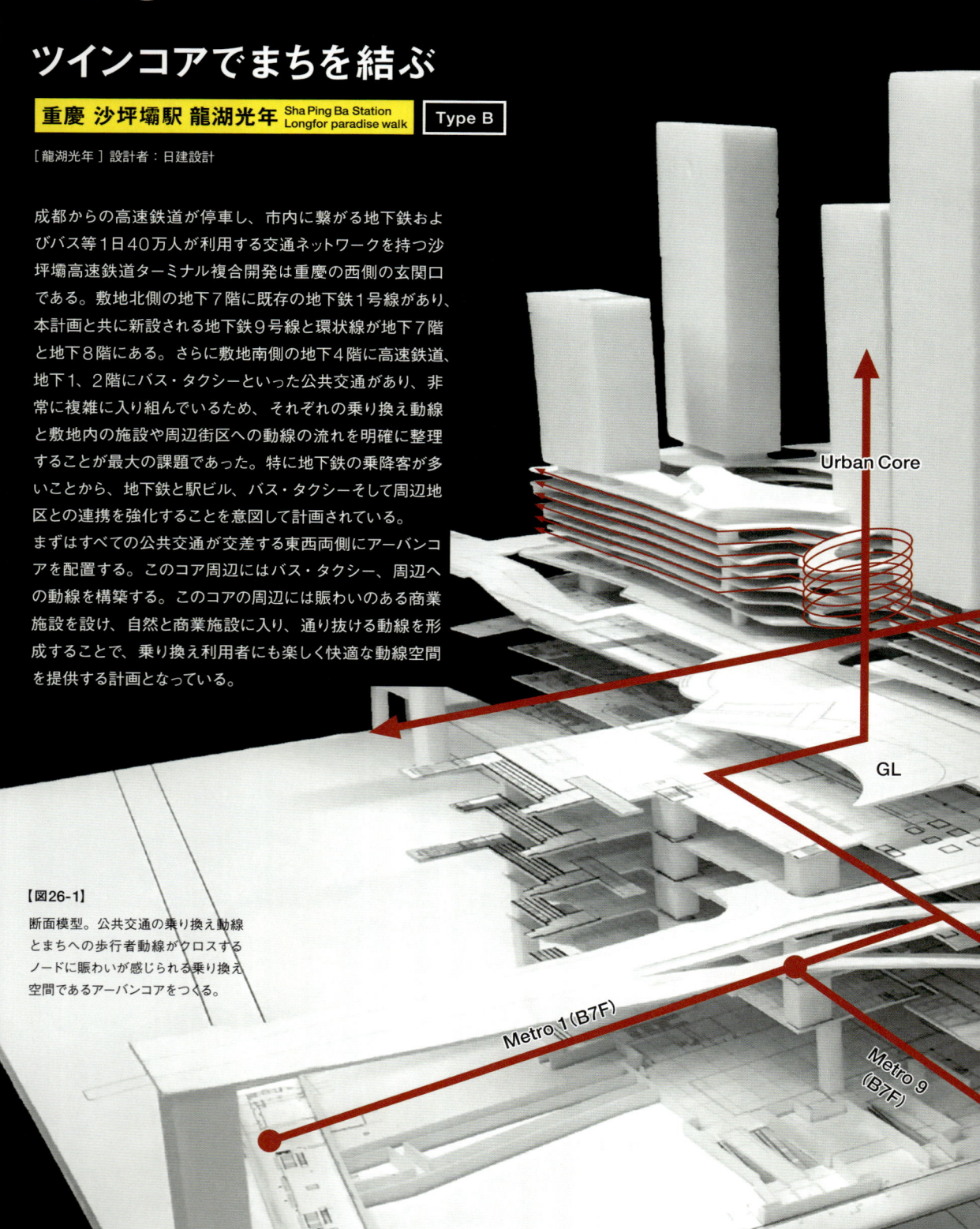

Urban Core

GL

Metro 1 (B7F)

Metro 9 (B7F)

【図26-1】
断面模型。公共交通の乗り換え動線
とまちへの歩行者動線がクロスする
ノードに賑わいが感じられる乗り換え
空間であるアーバンコアをつくる。

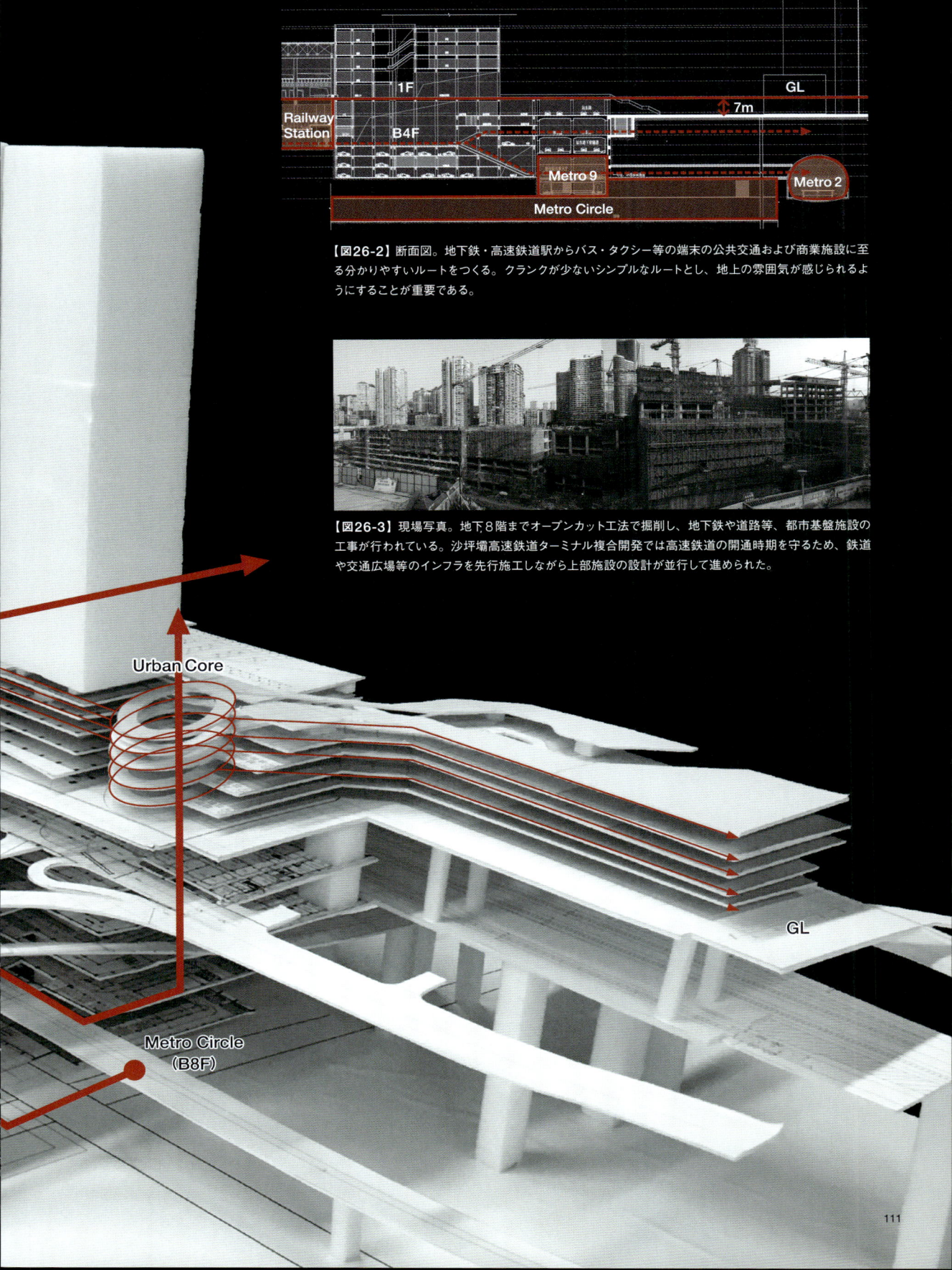

【図26-2】断面図。地下鉄・高速鉄道駅からバス・タクシー等の端末の公共交通および商業施設に至る分かりやすいルートをつくる。クランクが少ないシンプルなルートとし、地上の雰囲気が感じられるようにすることが重要である。

【図26-3】現場写真。地下8階までオープンカット工法で掘削し、地下鉄や道路等、都市基盤施設の工事が行われている。沙坪壩高速鉄道ターミナル複合開発では高速鉄道の開通時期を守るため、鉄道や交通広場等のインフラを先行施工しながら上部施設の設計が並行して進められた。

Metro Plaza

MAX MARA

Urban Core

High Speed Railway

魅力的な乗り換え空間

アーバンコアは、地下7、8階の地下鉄3線のコンコース、地下4階の高速鉄道、地下2階のバスターミナル、地下1階のタクシープールの公共交通の乗り換えの効率化を図る。さらに、駅からまちへの乗り換え動線上に商業施設やオフィスのエントランスをアーバンコアに面して配置し、賑わいが感じられる乗り換え空間をつくることで、地下駅から人が湧き出て、施設を回遊しまちまで流れていく。

【図26-5】

Station Plaza

Metro Plaza

Metro

空中コンコースはキタを開く

27

大阪駅 グランフロント大阪　| Type C |

[グランフロント大阪]
全体統括：日建設計＋三菱地所設計＋NTTファシリティーズ

[大阪ステーションシティ]
大阪駅改良：西日本旅客鉄道 ジェイアール西日本コンサルタンツ
ノースゲートビルディング：西日本旅客鉄道 基本計画 西日本旅客鉄道 日建設計(建築)三菱地所設計(地域冷暖房)
サウスゲートビルディング：安井・ジェイアール西日本コンサルタンツ設計共同企業体

改札から乗り場へ向かう、電車を降りて乗り換える、電車を降りて改札に向かう。 駅内移動においてこの3つのポイントで人は迷い、流れが滞る。

迷路のようだった大阪駅にできた空中コンコースが、線路で分断されていた駅の南と北を明快に繋ぎ、滞りを解消した。 さらにコンコースは2階レベルでグランフロント大阪を貫通し、賑わいを北側に延伸させ大阪の繁華街エリアであるキタを大きく広げることに成功した。

今後開発される、たっぷりと緑地を確保した「うめきた2期」とも連動し、利便性と豊かな自然による潤いを兼ね備えたエリアとして、さらなるグレードアップが見込まれる。

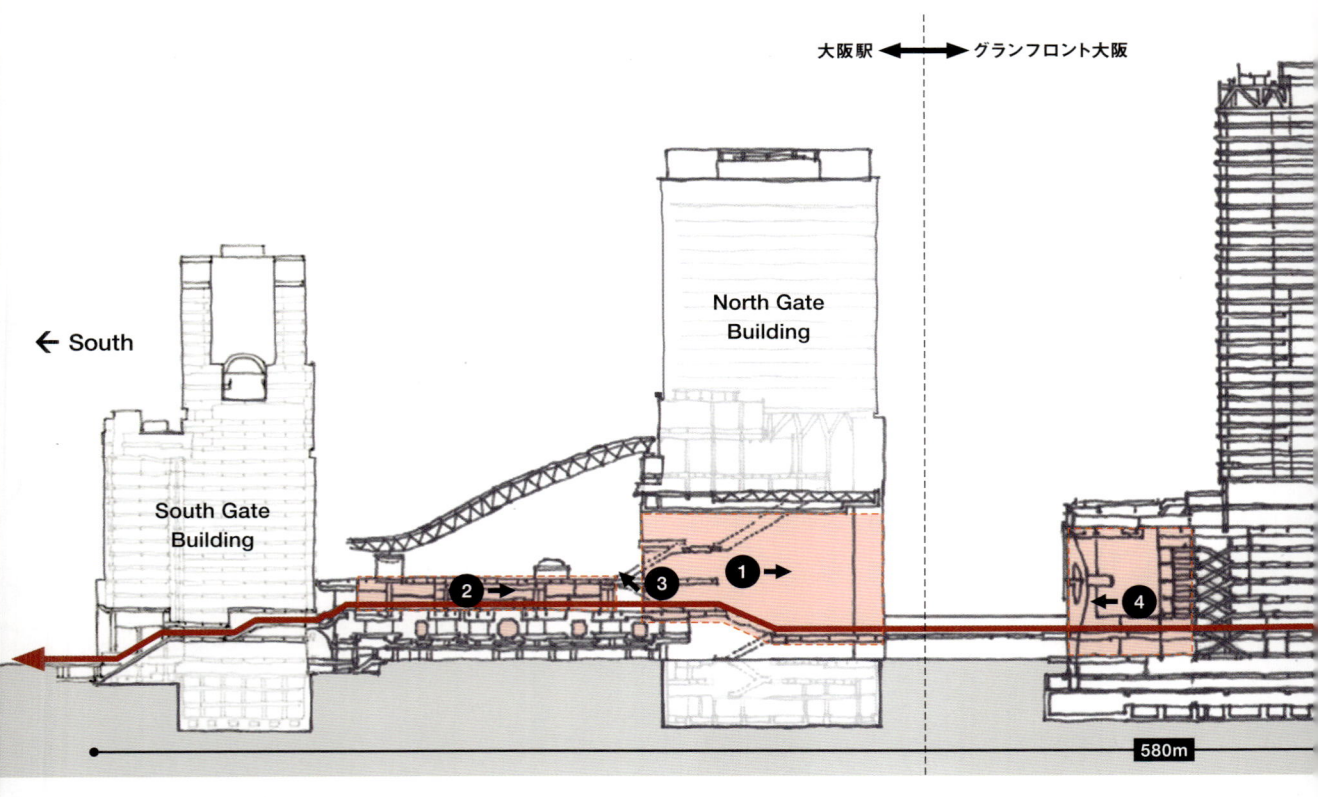

大阪駅 ←→ グランフロント大阪

← South

North Gate Building

South Gate Building

580m

【図27-3】
鉄道全線を上空で横切る空中コンコース。

【図27-4】
空中コンコースと連続する開放的なデッキスペース。

【図27-5】
ウィッシュボーンのある半屋外の吹き抜け商業ゲート。

【図27-2】大阪のキタエリアを開くダイナミックなゲート空間。

Tower A: Office　　　Tower B: Office

Tower C: Hotel,
Residence, Office

Residence

North →

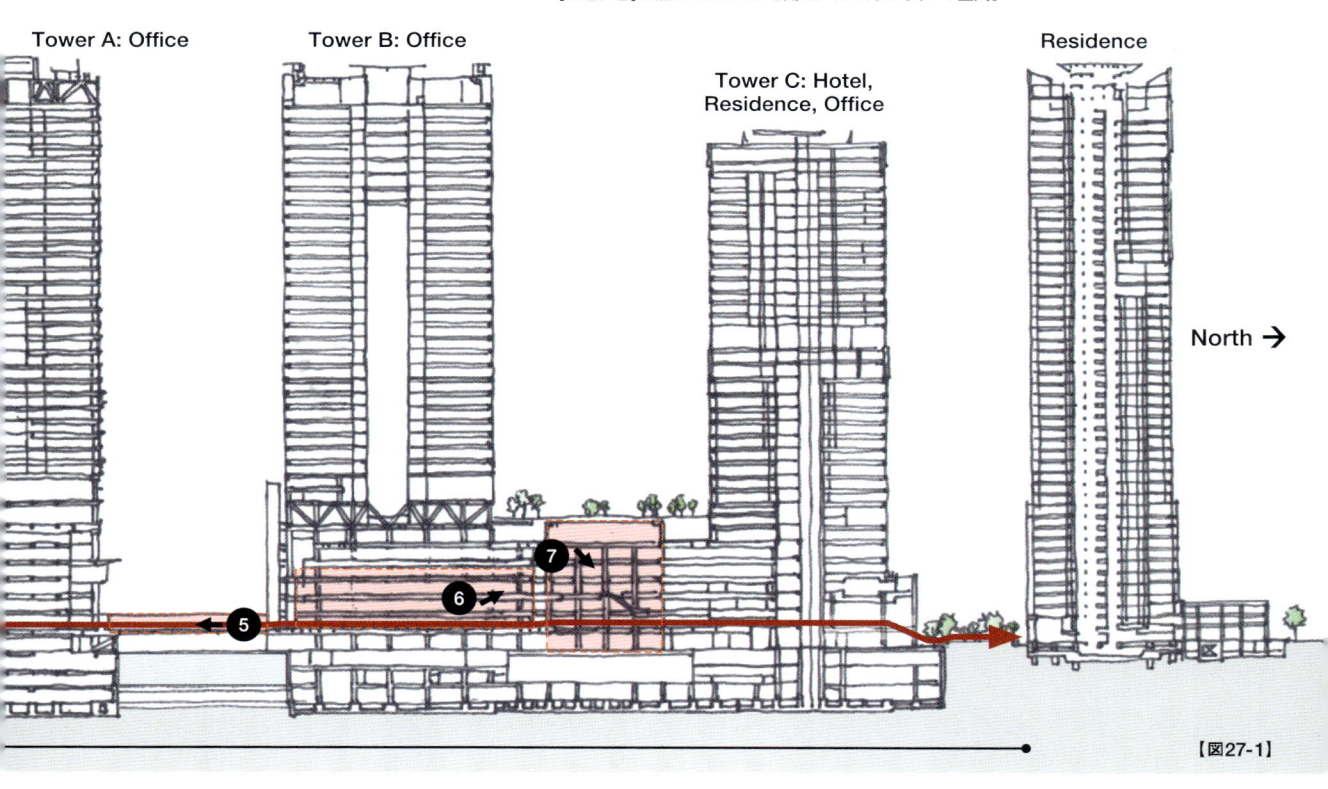

【図27-1】

【図27-6】
タワーを繋ぐガラス屋根のブリッジ。

【図27-7】
吹き抜けのある立体商業空間。

【図27-8】
7層吹き抜けのナレッジプラザ。

ビルを持ち上げて道を通す

28

京橋駅 京橋エドグラン | Type C |

［再開発棟］設計者：日建設計、［歴史的建築物棟］設計者：U.A建築研究室＋清水建設設計企業共同体

京橋エドグランでは、ビルを持ち上げて駅とまちを繋ぐ通路を設け、超高層ビル直下のオープンスペース中央部に、駅改札のある地下1階からのエスカレータをシンボリックに配置している。垂直動線の可視化は施設動線を分かりやすくするだけでなく、さまざまな高さの視点からの見る・見られる関係をつくり出し、オープンスペース全体に心地のよい緊張感を生み出している。オープンスペースの各所に家具を配置し、日常的なくつろぎ空間として活用することで、外気に開放されている大空間でありながらも人の温かさが感じられるヒューマンスペースを創出している。

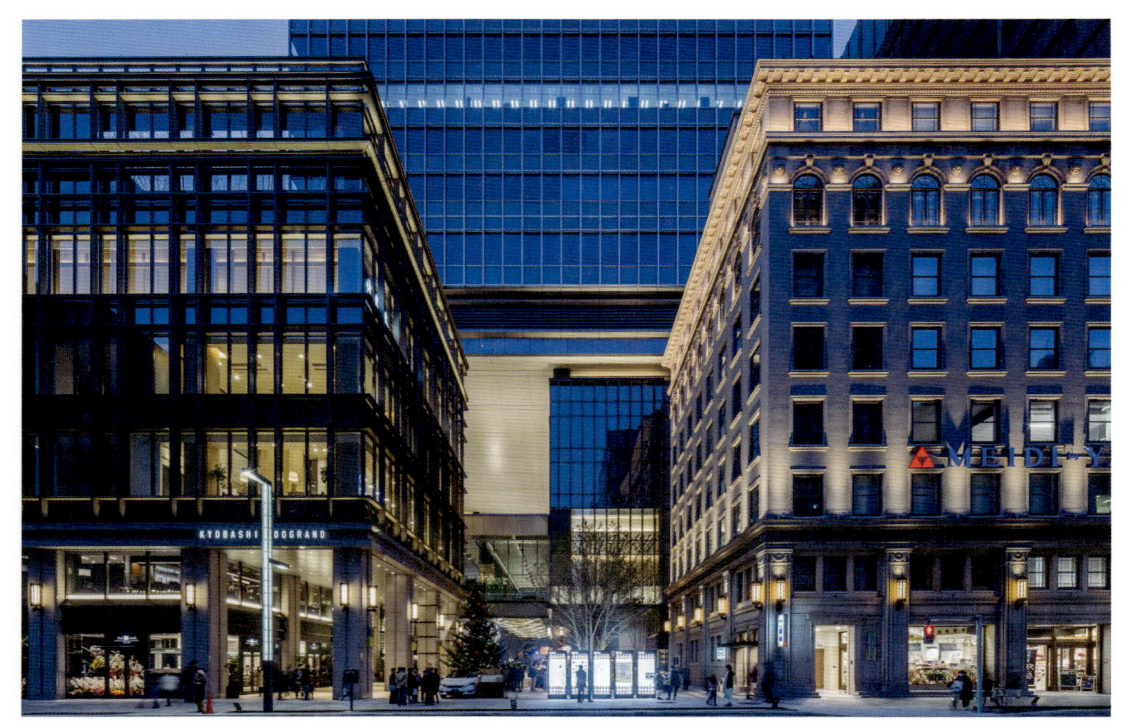

【図28-1】再開発低層部（左側）と明治屋京橋ビル（右側）の対比を示す外観。

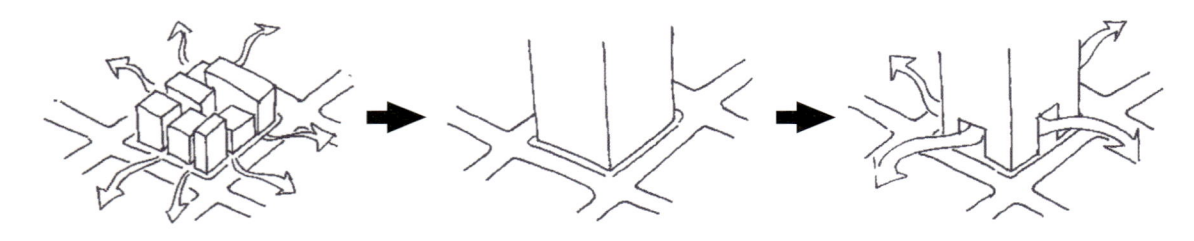

【図28-2】 街区を繋ぐ

京橋エリアは東京駅に近いものの区画が細分化されており、今まで街区単位での開発は進んでいなかった。
京橋エドグランでは、「共創型再開発」という理念の下、低層部に最大高さ31mの吹き抜けを持つ多様なオープンスペースを確保して
隣接街区へ開放的な空間を繋いでおり、安全で魅力的なまちに生まれ変わった。

京橋エドグランは、保存・再生した歴史的建築物棟である明治屋京橋ビルと、新築する再開発棟の2棟で構成されている。両建物の高さを揃えることでまちなみ景観への配慮を行うと共に、再開発棟低層部はガラスファサードを採用し、明治屋京橋ビルの歴史的価値やデザインとの対比を強調しながらも、互いの存在を引き立てあう外観となっている。また、地下1階では東京メトロ銀座線京橋駅に直結しており、地下広場の吹き抜けに設けたエスカレータの周りには座って寛げるような多様なオープンスペースが配されている。

【図28-3】京橋エドグラン全景

【図28-4】地上貫通通路

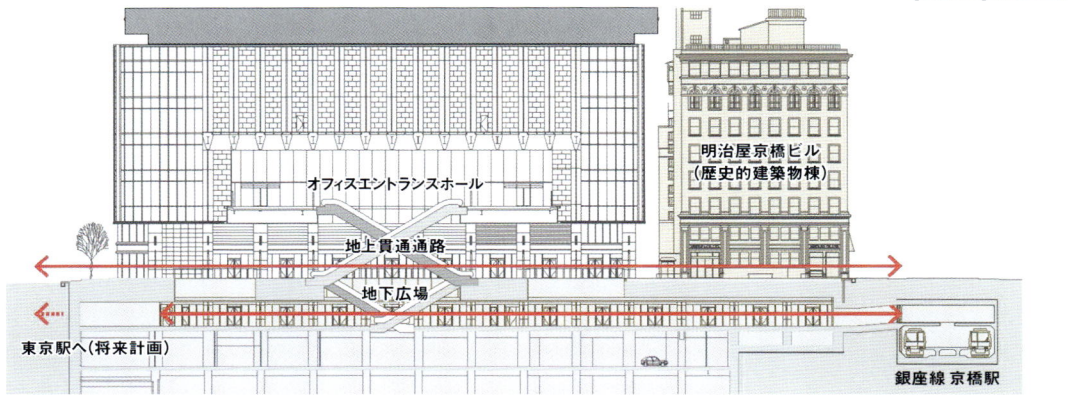

【図28-5】京橋駅に直結した地下広場にある吹き抜け空間を示す。将来、東京駅八重洲エリアにある街区と地下通路で接続する予定である。

谷を掘り下げてまちを結ぶ

六本木一丁目駅 泉ガーデン・六本木グランドタワー   Type C

29

［泉ガーデン］総合監修：住友不動産　設計者：日建設計
［六本木グランドタワー］総合監修：住友不動産　設計者：日建設計

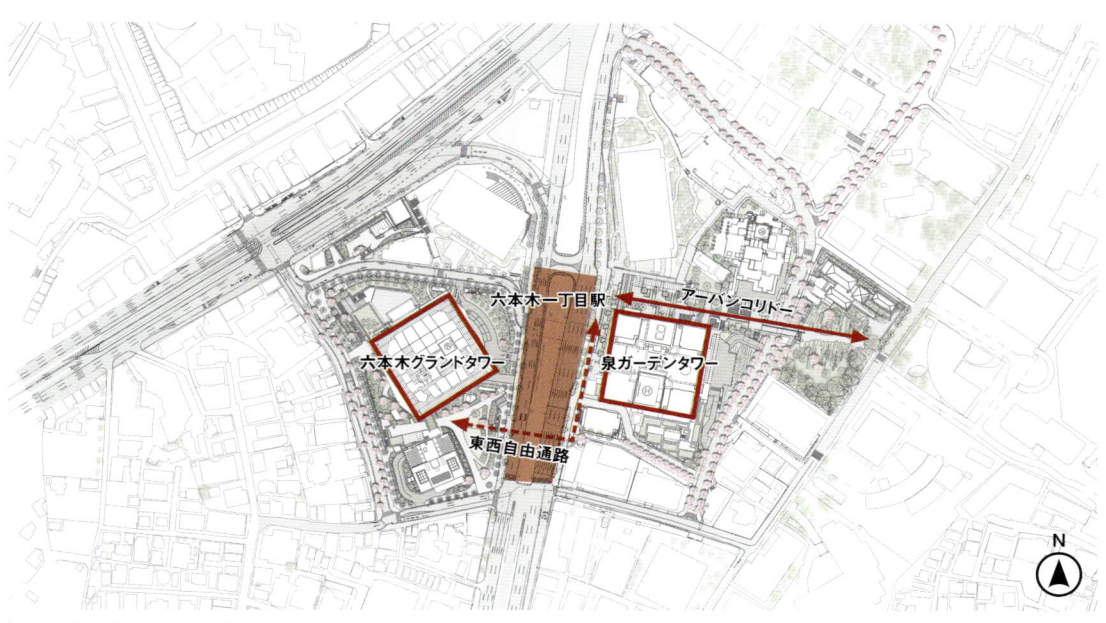

【図29-2】 六本木一丁目駅の東西にある開発エリアを示す。

【図29-1】

麻布通り直下にある東京メトロ六本木一丁目駅を介して東に泉ガーデンタワー、西に六本木グランドタワー・レジデンス・プラザが配置されている。地下鉄駅には東西2カ所の改札口があり、東口改札を出ると泉ガーデンの外光降り注ぐ空間があり、西口改札を出ると地下鉄駅前広場へと繋がる。今まで麻布通りで分断されていたまちは、地下鉄広場を経由しふたつの開発に直結する東西自由通路により地域の歩行者ネットワークが形成されている。

【図29-3】地下鉄駅前広場に通じる地上出入口。

【図29-4】西側から地下鉄駅前広場に接続するサンクンガーデンを見下ろす。

【図29-5】六本木一丁目駅東口改札を出ると外光が降り注ぐ階段状に伸びるテラスに出迎えられる。テラスを上りきると美術館や大使館方面へ行くことができる。

◀ 美術館方面

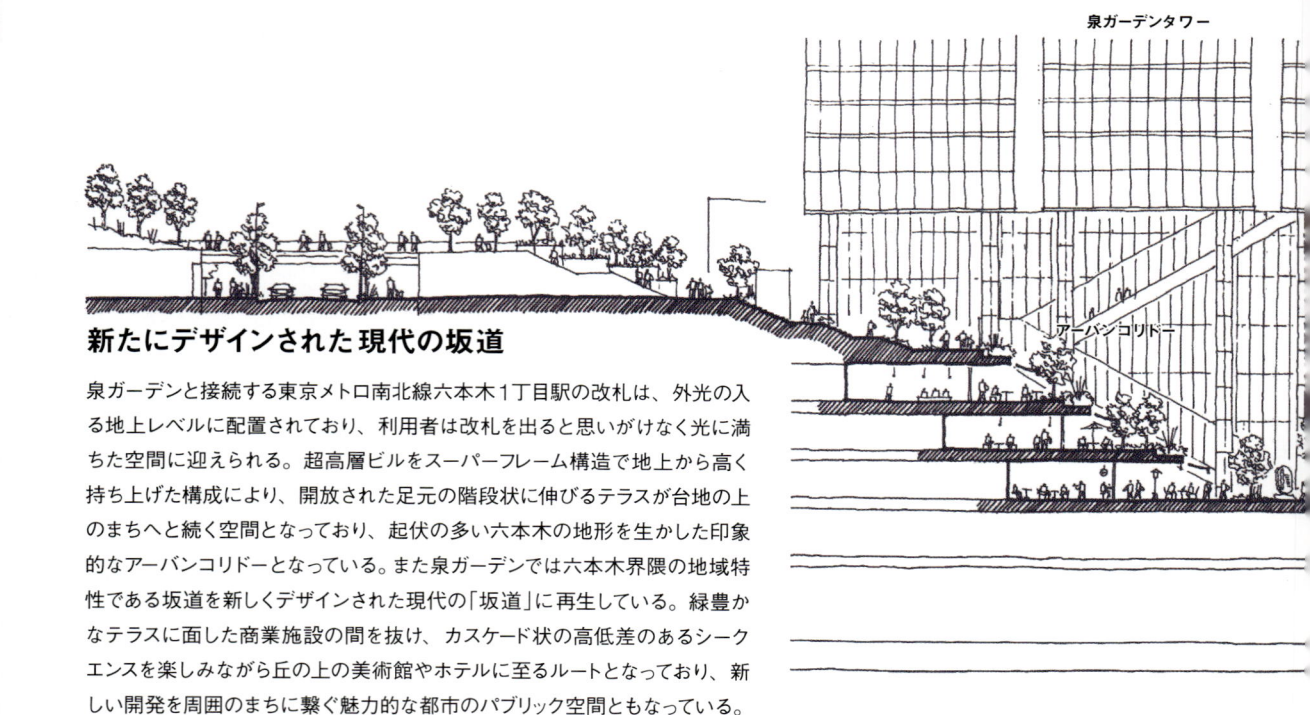

泉ガーデンタワー

アーバンコリドー

新たにデザインされた現代の坂道

泉ガーデンと接続する東京メトロ南北線六本木1丁目駅の改札は、外光の入る地上レベルに配置されており、利用者は改札を出ると思いがけなく光に満ちた空間に迎えられる。超高層ビルをスーパーフレーム構造で地上から高く持ち上げた構成により、開放された足元の階段状に伸びるテラスが台地の上のまちへと続く空間となっており、起伏の多い六本木の地形を生かした印象的なアーバンコリドーとなっている。また泉ガーデンでは六本木界隈の地域特性である坂道を新しくデザインされた現代の「坂道」に再生している。緑豊かなテラスに面した商業施設の間を抜け、カスケード状の高低差のあるシークエンスを楽しみながら丘の上の美術館やホテルに至るルートとなっており、新しい開発を周囲のまちに繋ぐ魅力的な都市のパブリック空間ともなっている。

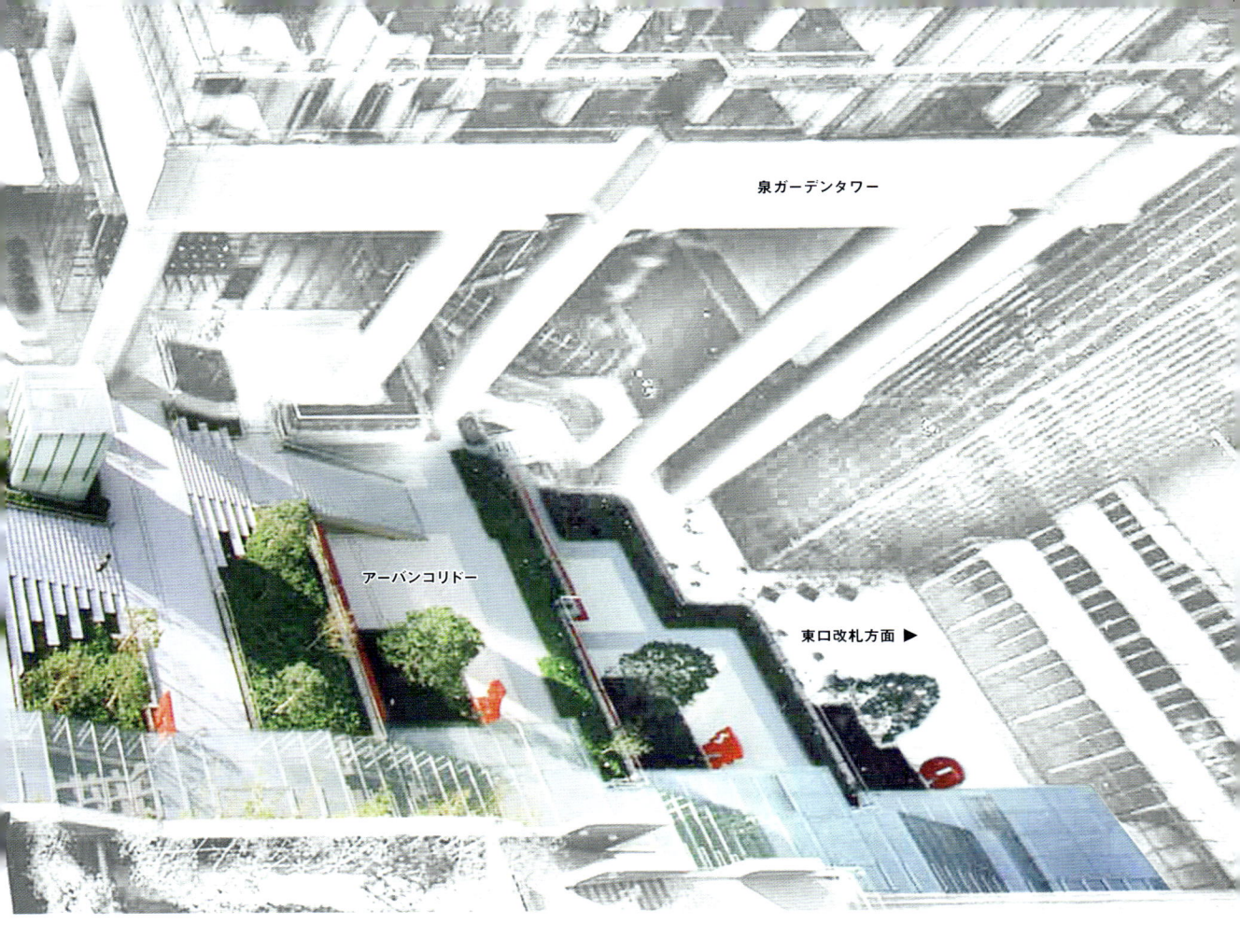

泉ガーデンタワー

アーバンコリドー

東口改札方面 ▶

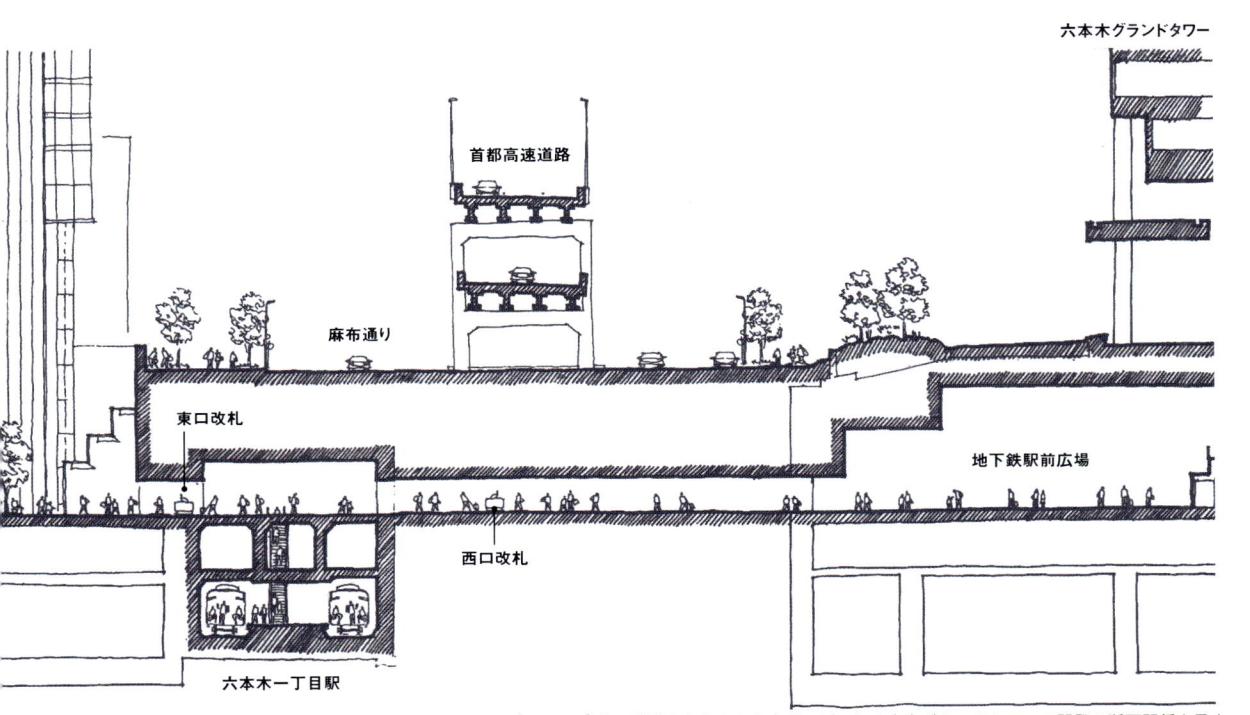

六本木グランドタワー

首都高速道路

麻布通り

東口改札

西口改札

地下鉄駅前広場

六本木一丁目駅

【図29-6】地下鉄駅を中心とした泉ガーデンと六本木グランドタワーの開発の断面関係を示す。

張りめぐらされたまちの根っこ

30

東京駅周辺地下街 Type D

東京駅の商業施設は、実は地上よりも地下に集中している。東京駅八重洲方面の改札と直結している東京駅一番街と八重洲地下街は地上に勝る商業街を形成し、駅の玄関口として周辺のビルとの接続ルートであると共に京橋方面にも繋がるルートとなっている。また、東京駅の地下には丸の内と八重洲を結ぶ北地下自由通路があり、東京駅の広大なホームで分断されている東西の街区を結ぶ経路となっている。丸の内側のビルとも地下で繋がっており、東京駅を中心とする一大地下ネットワークを形成し広域エリアへの移動空間を提供している。丸の内エリアのビル内通路を含むと、東京駅の地下街はまさに張りめぐらされたまちの根っこのように広がっている。

【図30-1】東京駅を中心に西側に有楽町・丸の内・大手町エリア、東側に八重洲・日本橋エリアと、東西に跨り一大地下ネットワークが形成されている。

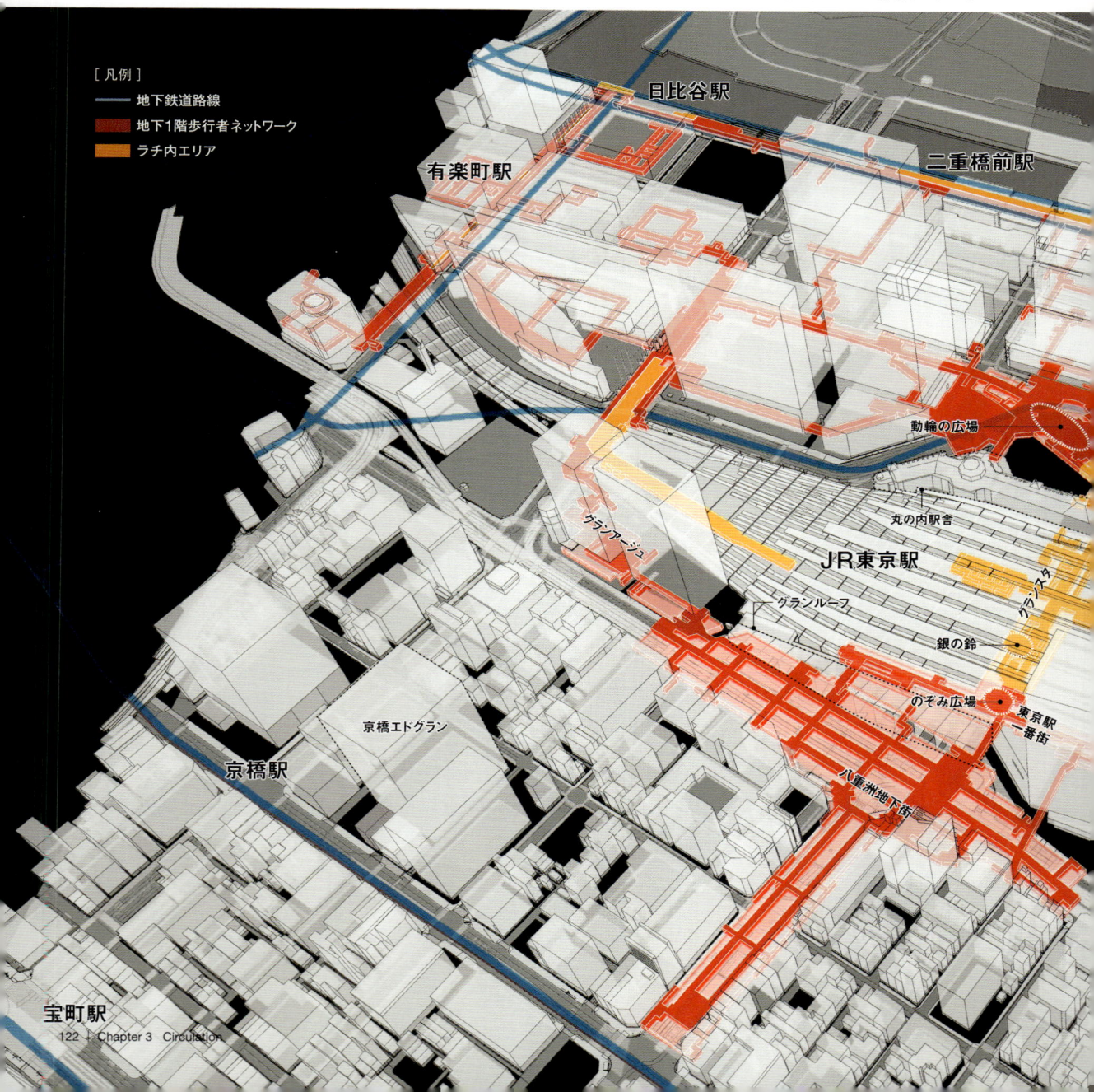

[凡例]
— 地下鉄道路線
■ 地下1階歩行者ネットワーク
■ ラチ内エリア

日比谷駅
二重橋前駅
有楽町駅
動輪の広場
丸の内駅舎
グランアージュ
JR東京駅
グランスタ
グランルーフ
銀の鈴
のぞみ広場
東京駅一番街
京橋エドグラン
京橋駅
八重洲地下街
宝町駅

【図30-2】東京駅一番街

【図30-3】八重洲地下街

【図30-4】北地下自由通路

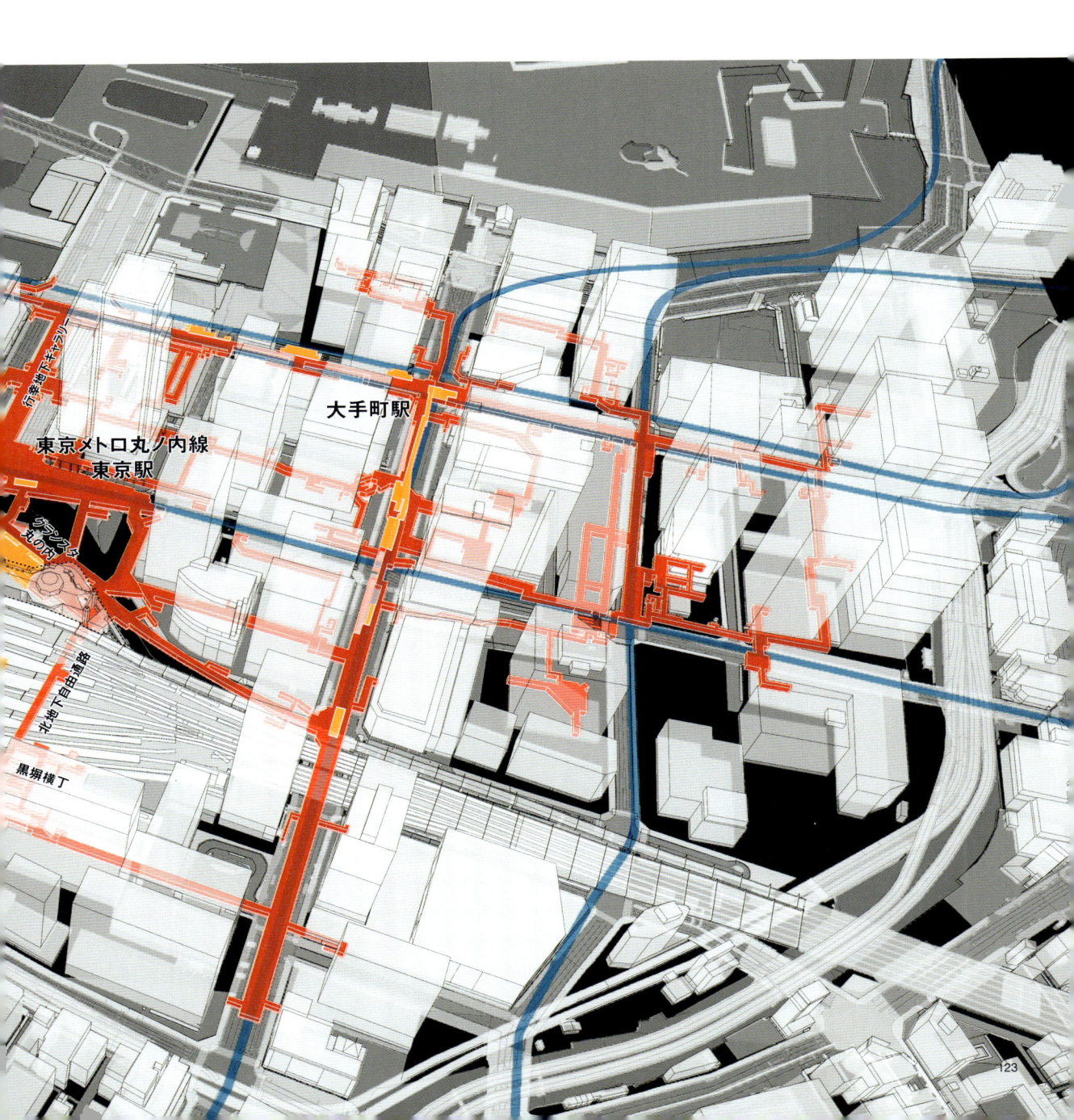

[凡例]

— 地下鉄道路線
■ 地下1階歩行者ネットワーク
■ ラチ内エリア
■ ドージマ地下センター・ディアモール大阪・ホワイティ梅田

願いの広場
地下鉄四つ橋線 西梅田駅
ドージマ地下センター
阪神電鉄梅田駅
円形広場
ディアモール大阪
JR北新地駅

雨にも負けぬチカミチ

大阪駅周辺地下街 Type D

31

交通渋滞を解決し、さらに暗くなりがちな地下道を一新してショッピングゾーンをともなった「ナンバ地下センター(現NAMBAなんなん)」は、1957年に日本初の本格的な地下街として大阪に誕生した。その後1970年の「虹のまち(現なんばウォーク)」建設へと繋がった。このように好評を得た地下街開発は大阪駅南側でも行われ1963年「ウメダ地下センター(現ホワイティうめだ)」の開発を皮切りに、新路線の乗り入れや街区の開発と共に1966年「ドージマ地下セン

ター(ドーチカ)」、1995年「大阪ダイアモンド地下街(現ディアモール大阪)」と、40年もの間に次々と建設され、蜘蛛の巣のように広がった地下ネットワークとなり、梅田の地下街は今や世界で稀に見る規模の地下空間へと成長した。
都市の成長と共に拡張したこの地下街を自由に歩けるようになって初めて一人前の大阪人、と言われる梅田地下ネットワーク。使い慣れれば雨に濡れず各駅に接続でき、必要なものはだいたい揃うとても便利な地下都市だ。

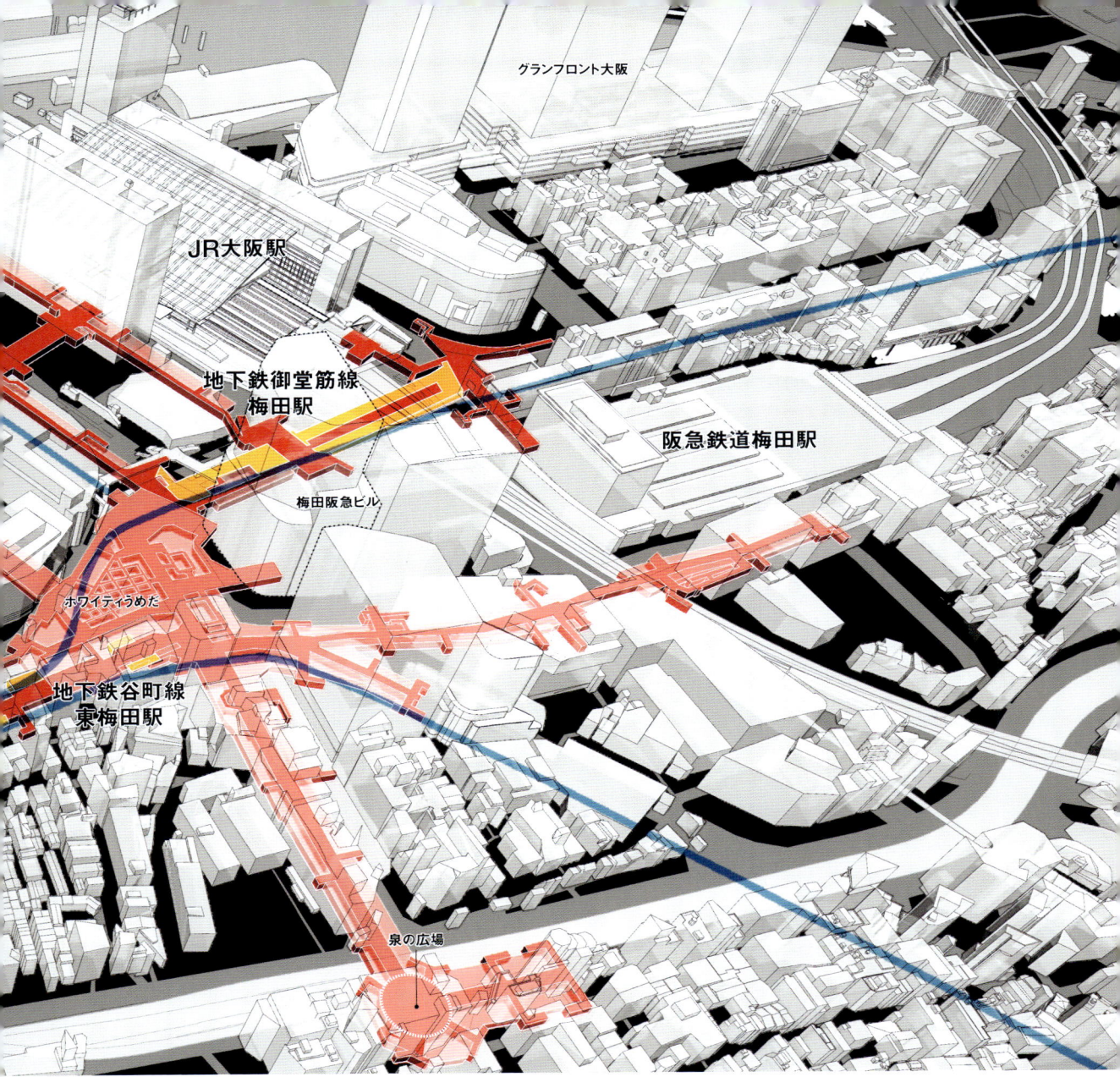

グランフロント大阪

JR大阪駅

地下鉄御堂筋線
梅田駅

阪急鉄道梅田駅

梅田阪急ビル

ホワイティうめだ

地下鉄谷町線
東梅田駅

泉の広場

【図31-1】 ホワイティうめだ、ドージマ地下センター、ディアモール大阪の順に地下街開発が行われ、地下道で繋がりながら地下ネットワークは成長してきた。

【図31-2】 ホワイティうめだ 泉の広場

【図31-3】 ドージマ地下センター 願いの広場

【図31-4】 ディアモール大阪 円形広場

Berlin Hauptbahnhof

ベルリン中央駅

東西冷戦下で政治的に分裂していたドイツ・ベルリンでは、長距離列車のターミナル駅も東西に分散されていたが、乗客の利便性を高めるため新たにベルリン中央駅の建設を進め、2006年にドイツで開催された2006FIFAワールドカップの開幕に合わせて開業された。インターシティ等の長距離列車や都市内・都市近郊鉄道のプラットホームが地下2階の南北方向と地上3階の東西方向にクロスして配置されており、その上を軽やかなガラス張りの無柱鉄骨アーチで覆った駅舎となっている。地下から地上にかけて約26mの吹き抜けには改札ゲート等のバリアがなく、開放感のある乗り換え動線と商業施設の賑わいが見える。駅とまちがひとつに融け込んだ空間となっている。

出典：https://www.bahnhof.de/bahnhof-de

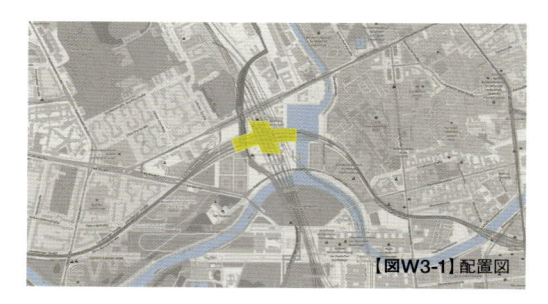

【図W3-1】配置図

【図W3-2】駅外観

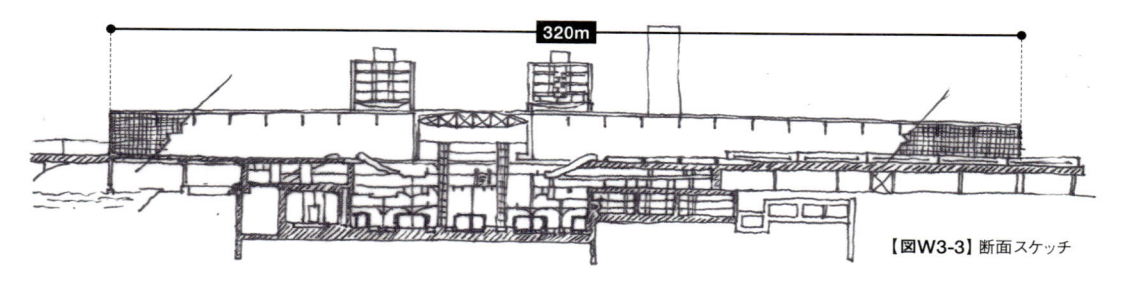

320m

【図W3-3】断面スケッチ

38m

26m

【図W3-4】入口コンコース内観

【図W3-5】3階プラットホーム

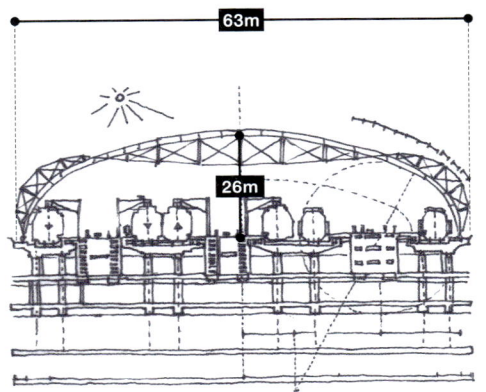

63m

26m

【図W3-6】断面スケッチ

【図W3-7】2階商業コンコースからの見下げ。

12.5m

32m

10m（柱間）

16m（柱間）

【図W3-8】地下プラットホーム

人の流れをデザインする ～TODの流動計算

1日に何百万人もの人が利用する鉄道のコンコースの幅はどのようにして決定しているのか。

群衆の挙動を研究したジョン・J・フルーインが『歩行者の空間―理論とデザイン』(1974年、鹿島出版会)という著書の中で提案した歩行者流動のサービス水準の考え方が現在でも用いられている。

例えばピーク時に1分あたり1,000人が歩行するコンコースでサービス水準B(やや制約のある歩行状況)を確保する場合には、1mあたりの通過人数を51人以下とする必要があるので、1,000人/分÷51人/分・m＝19.6mの通路幅が必要となる。

この際、壁際や柱際は人が歩けないので、さらに1m控除して確保する必要があることを忘れてはいけない。

【図E3-1】

通路のサービス水準
出典:「大規模開発地区関連交通計画マニュアル改訂版」
(2014年 国土交通省)※

サービス水準	流動係数(人/分・m)	歩行状況	イメージ
A	～27	自由歩行	
B	27～51	やや制約	
C	51～71	やや困難	
D	71～87	困難	
E	87～100	ほとんど不可能	

※イメージ図は『歩行者の空間―理論とデザイン』より引用

階段のサービス水準
出典:「歩行者の空間―理論とデザイン」
(1974年 鹿島出版会 ジョン・J・フルーイン)

サービス水準	流動係数(人/分・m)	歩行状況	イメージ
A	～15	登行速度の選択や、遅い人の追い越しが自由にできる。	
B	15～20	すべての歩行者は自由に登行速度を選択できる。しかし、この水準の下限値に近いと、追い越しには若干の困難が伴い、対向流は多少の混乱を引き起こす	
C	20～30	遅い人を追い越すことが困難となるため登行速度は制約されてくる。	
D	30～40	前後間隔にゆとりがないことや、他人を追い越せないため、ほとんどの人が登行速度の制約を受ける。	
E	40～55	階段の登行動作としては可能な最低限値である。前後間隔のゆとりがほとんどなく、人を追い抜くこともまったくできないため、すべての人が速度を落とさねばならなくなる。	
F	55～80	流れはしばしば停止し、交通はほとんどマヒ状態となる。	

【図E3-2】

吉祥寺駅ビルでの解析事例

【図E3-3】吉祥寺駅におけるJR線公園口改札口を起点とする歩行者の速度分布シミュレーション
（2階 コンコース）

出典：「K駅改修計画案に対する群集流動解析報告書（株）ピーディーシステム、清水建設（株）」

既存旅客流動実測値に基づき、朝のラッシュ時を想定して設計段階においてシミュレーションした2階の歩行速度の分布図。動線が交錯する2階コンコース中央部分で歩行速度が大きく低下しており、こうした範囲で通行しにくい状況が生じていることが予測される。

■ 1.0～1.5m/s
■ 0.5～1.0m/s

平均歩行速度：0.97m/s

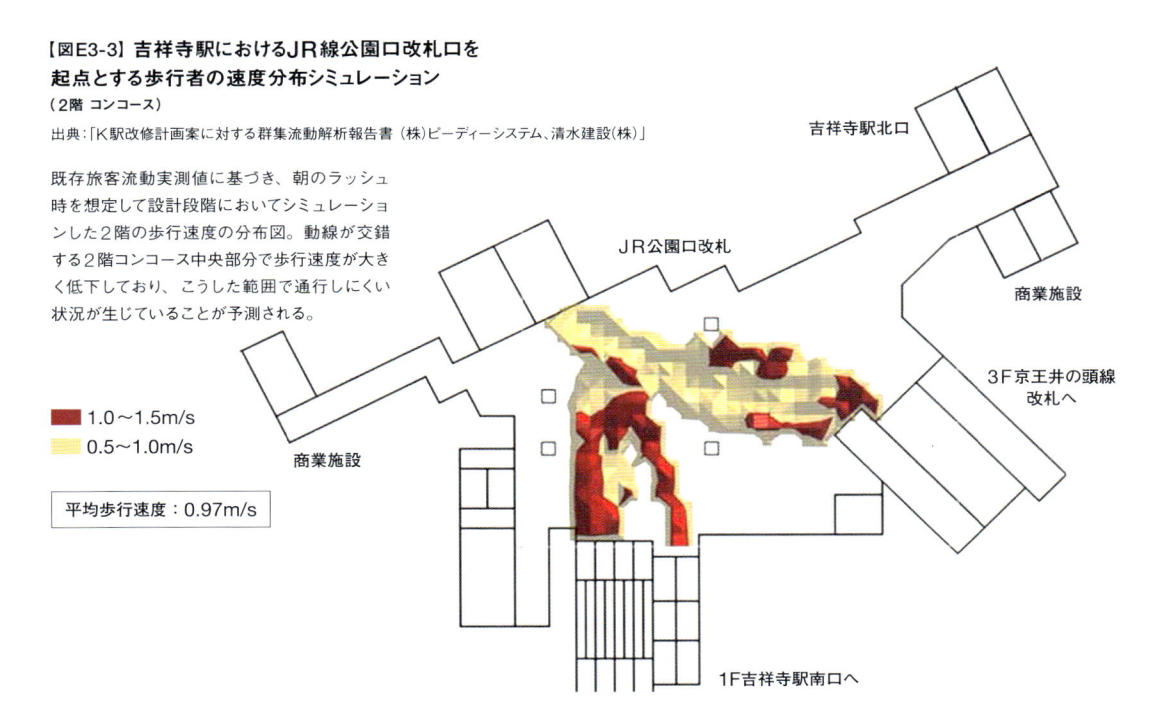

【図E3-4】同上2階コンコースにおける通行者の歩行軌跡

出典：「K駅改修計画案に対する群集流動解析報告書（株）ピーディーシステム、清水建設（株）」

既存旅客流動実測値に基づき、設計段階で朝のラッシュ時を想定してシミュレーションした2階コンコースでの通行者の動線の軌跡を示している。2階コンコースでは、JR線公園口改札口から3階京王井の頭線改札口に向かう通行者（赤色）と3階京王井の頭線改札口からJR線公園口改札口に向かう通行者（青色）の動線が交錯しており、こうした範囲で通行しにくい状況が生じていることが予測される。こうしたシミュレーションはエスカレータの運用計画に利用されている。

[歩行者の起点]
― JR公園口改札口（2F）
― 京王井の頭線改札（3F）
― 吉祥寺駅南口（1F）
― 吉祥寺駅北口（1・2F）

Symbol

32 — 39 シンボル

駅はいつもまちの顔となり、人びとの記憶に残る場所となってきた。
まちの中心である駅を内包するTODにおいても、日常利用する人びとやまちを
訪れる人びと等すべての利用客の印象に残る「シンボル」として、印象的な外観や
駅の空間体験をデザインすることが重要である。
東京駅に代表されるような駅の佇まいはシンボルのひとつの要素だろう。
高輪ゲートウェイ駅のように鉄道が発着する大屋根の空間も人びとの心に残る風
景かもしれない。
梅田阪急ビルのように、昔からのクラシカルなビルのデザインを踏襲して、永く
人びとに親しまれる新たなビルの印象をつくることもあるかもしれない。
はたまた、渋谷ヒカリエのように、躍動感に満ちたまちのダイナミズムを感じさせ
るデザインかもしれない。
この章では、50年、100年と使われ続ける駅を内包するTODだからこそ見
られる、人びとの印象に残るデザインの工夫を見ていこう。

Symbol Matrix

Facade

駅のファサード

駅のファサードが、
まちの顔や目印となり、
人びとに親しまれる
シンボルとなる。

Icon

【図Ch4-1】

Station ←

【図Ch4-3】

Space

駅での空間体験

駅の印象的な空間や、
その場所でしか味わえない出来事は、
体験的なシンボルとなる。

TODの顔となり、人びとを引き付けるシンボルにはさまざまなものが見られる。
アイコンとしての建築の姿、電車の動きと共に感動を与える空間、その場所に引き継がれている歴史等、
駅そのものや、あるいは何か別のものとして表現される。
すなわち、シンボルのデザインや考え方に明快な区分けはなく、TODを構成するどんな要素でもシンボルになり得るが、
場所性やプログラム、時間軸等によって形や表情を変え、常に人びとを魅了している。

Mixed-use

都市機能の積層

人が集まる用途を積層した、
まちの中の複合用途の建築は、
都市のシンボルとなる。

【図Ch4-2】

→ Integration

【図Ch4-4】

History

まちや人に馴染んだ歴史

その場所にあったものを変えない、
もしくは現在に引き継ぐことで、
時を超えるシンボルとなる。

Experience

BEFORE

【図32-1】

AFTER

【図32-2】

歴史と革新の玄関口

32

東京駅 丸の内駅舎・八重洲口開発 グランルーフ

［東京駅丸の内駅舎］
プロジェクト統括・監理：東日本旅客鉄道東京工事事務所・東京電気システム開発工事事務所
設計・監理：東京駅丸の内駅舎保存復原設計共同企業体
（建築設計：ジェイアール東日本建築設計事務所／土木設計：ジェイアール東日本コンサルタンツ）

［東京駅八重洲口開発］
設計者：東京駅八重洲開発設計共同企業体（日建設計・ジェイアール東日本建築設計事務所）

保存・復原工事により100年前の姿を取り戻した東京駅丸の内駅舎は南北276m、高さ45mの威容を誇っており、皇居に向かって伸びる行幸通りの起点として東京駅の歴史的な象徴となっている。

これに対して八重洲側は南北約240mのグランルーフにより東京駅の新しいランドマークを形成しており、あえて建物ではなく大屋根と広場の空間とすることで、丸の内駅舎の存在感のある建築物との対比により首都の玄関口としての印象的な景観を形づくっている。

東京駅の新しいランドマーク

東京駅丸の内駅舎の歴史や重厚さに対して、東京駅の新しい玄関口として多様な交通機関が集積する八重洲口のダイナミズムを、躍動感ある特徴的な大屋根「グランルーフ」の架構形態で表現している。

グランルーフを支えている柱はエッジのない丸みを帯びた部材で構成され、それにより膜屋根の柔らかな印象とあいまって、南北のグラントウキョウ ツインタワーの整形でシャープな外観と対比して独特な雰囲気をつくり出している。

膜屋根は、大規模な屋根では珍しい、支持骨組みの下面に吊り下げられた骨組み膜構造である。東西外縁を梁部材ではなく、エッジケーブルで膜面に張力を与えており、エッジケーブルは18mスパンの中間2カ所のストラットビームで反対側のケーブル張力とバランスさせ、駅前広場前面と背面エッジをほぼ真直に見せる工夫を加えて、大屋根の浮遊感を一層高めている。

【図32-3】

【図32-4】

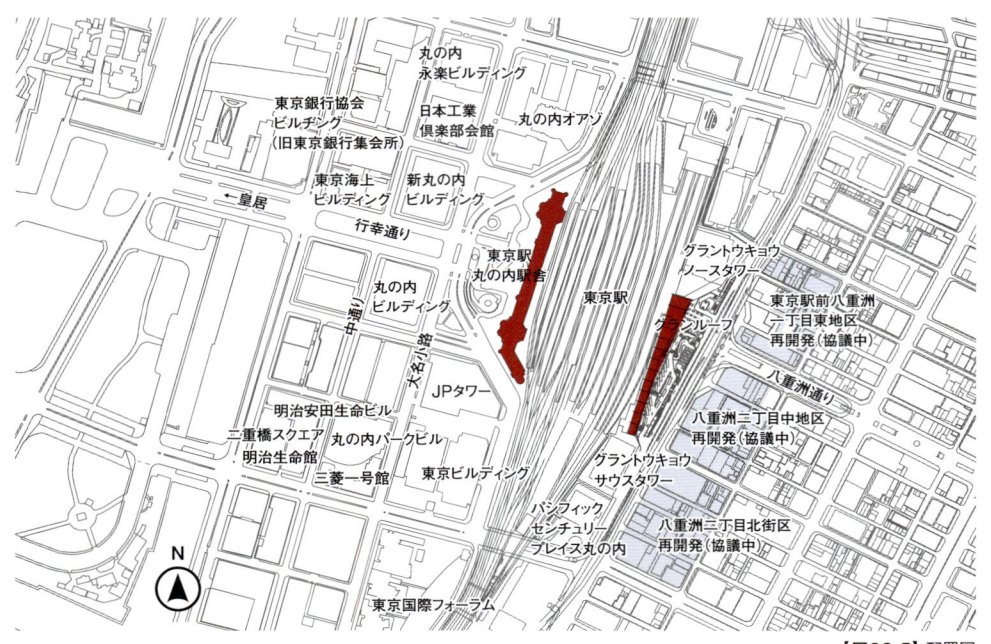

【図32-5】配置図

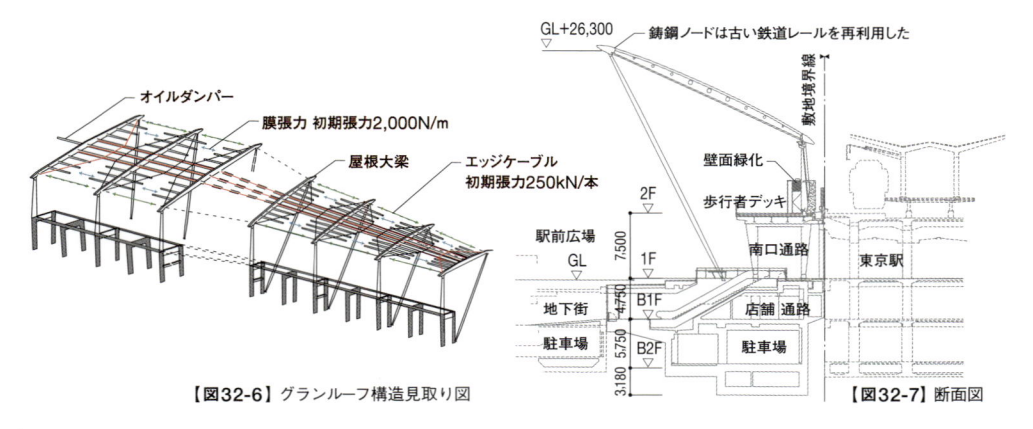

【図32-6】グランルーフ構造見取り図

【図32-7】断面図

【図32-8】

【図32-9】

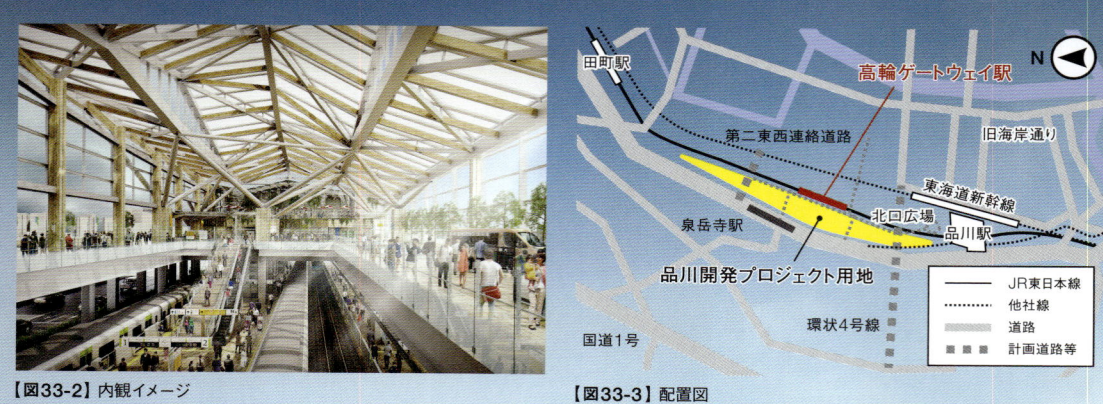

【図33-2】内観イメージ

【図33-3】配置図

高輪ゲートウェイ駅は、港区港南にある約13haのJR品川車両基地跡地の田町駅から約1.3km、品川駅から約0.9kmに位置する。
駅の整備と同時に周辺のまちづくりの計画も段階的に進められており、中心街区と高輪ゲートウェイ駅とのデッキ接続も計画されている。

まちに開く大屋根

33

高輪ゲートウェイ駅（品川新駅）

[高輪ゲートウェイ駅] 設計者：東日本旅客鉄道・品川新駅設計共同企業体（JR東日本コンサルタンツ ジェイアール東日本建築設計事務所）
デザインアーキテクト：隈研吾建築都市設計事務所

高輪ゲートウェイ駅では、駅空間とまちが一体となった象徴的な空間の創出を行っている。駅舎東西面に大きなガラス面を設けると共に、コンコース階に約1,000m²の大きな吹き抜けを設けることにより、「えき」から「まち」、「まち」から「えき」を見通せる一体的な空間がつくられている。また、「えき」と「まち」が連携したイベントを行うために、駅の改札内に約300m²のパブリックスペースを設けている。駅の大屋根は折り紙形状に合わせた架構をそのまま見せるシンプルなデザインとし、屋根材には膜を用いているため駅空間には柔らかい光が満ちている。加えて、各所には木材を仕上げとして用いており、木を感じることができる日本らしいデザインとしている。JR山手線最後の駅と新たなまちづくりにふさわしいダイナミックなシンボルとなる。

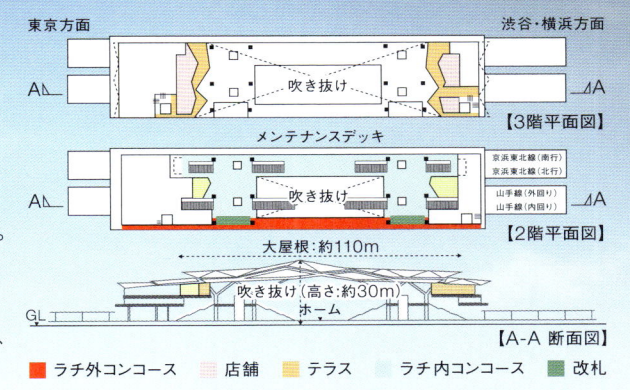

東京方面　渋谷・横浜方面
【3階平面図】
吹き抜け

メンテナンスデッキ
【2階平面図】
吹き抜け
京浜東北線（南行）
京浜東北線（北行）
山手線（外回り）
山手線（内回り）

大屋根：約110m
吹き抜け（高さ：約30m）
ホーム
GL
【A-A 断面図】

■ ラチ外コンコース　　□ 店舗　　■ テラス　　□ ラチ内コンコース　　■ 改札

【図33-4】平面および断面イメージ
吹き抜けに面して、3階にはギザギザした平面のテラスと店舗を配置し、下階への採光を確保しながらも賑わいのある空間となっている。

【図34-1】西側外観

34

機能を積み重ねた垂直都市

<mark>渋谷駅 渋谷ヒカリエ</mark>

［渋谷ヒカリエ］設計者：日建設計・東急設計コンサルタント共同企業体

渋谷ヒカリエは、多様性に富み賑わいあふれる渋谷のまちが、縦に積み上がったものと捉えて計画されている。「街路」をエレベータやエスカレータに置き換え、内部の機能はブロックを積み上げたようなファサードとして表現され、ブロックの間は共用のロビー空間「交差点」や屋上庭園「広場」とすることで、さまざまな人びとが交流し、シナジーを生み出し、それを外に向かって発信する場となるよう配慮されている。

特に11階のスカイロビーは、駅とシャトルエレベータで直結され、オフィスや劇場、イベントホールを訪れた人びとがクロスする空間となっており、透明なファサードと中空に浮かぶ球体の劇場が、垂直都市を象徴する空間となっている。

【図34-3】

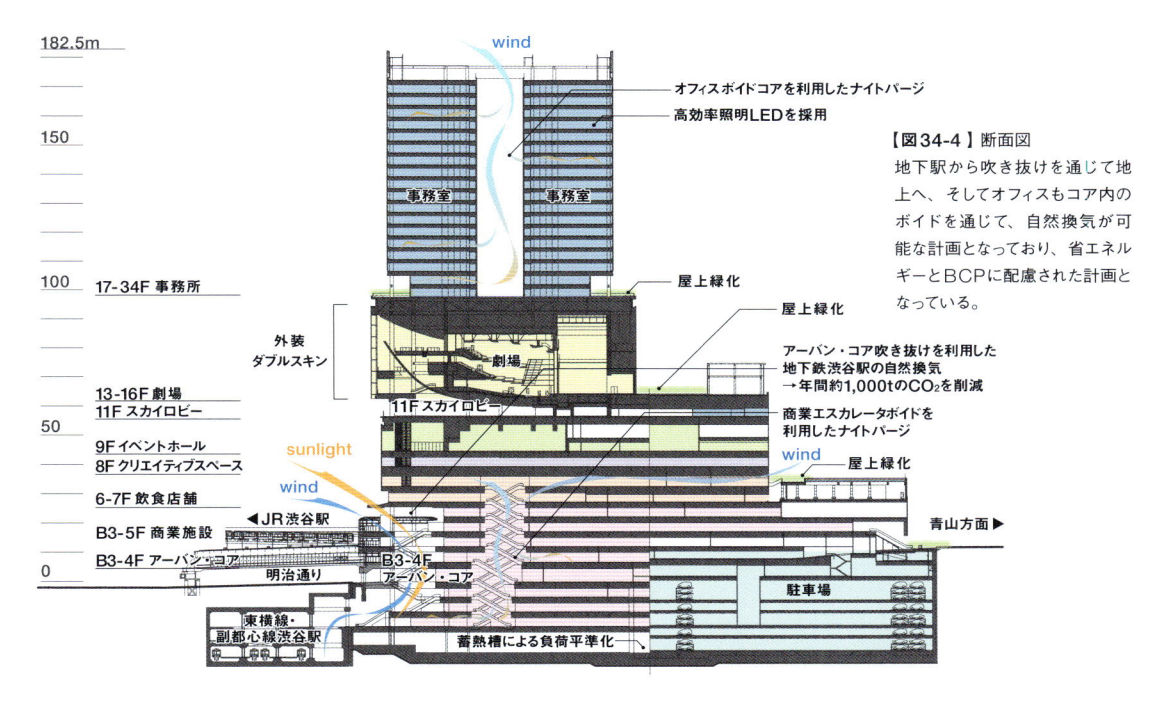

182.5m

wind

オフィスボイドコアを利用したナイトパージ
高効率照明LEDを採用

150

事務室　事務室

【図34-4】断面図
地下駅から吹き抜けを通じて地上へ、そしてオフィスもコア内のボイドを通じて、自然換気が可能な計画となっており、省エネルギーとBCPに配慮された計画となっている。

100　17-34F 事務所

屋上緑化

外装
ダブルスキン

劇場

屋上緑化

アーバン・コア吹き抜けを利用した
地下鉄渋谷駅の自然換気
→年間約1,000tのCO2を削減

13-16F 劇場
11F スカイロビー

11F スカイロビー

50

9F イベントホール
8F クリエイティブスペース

sunlight

wind

商業エスカレータボイドを
利用したナイトパージ

wind　屋上緑化

6-7F 飲食店舗

◀JR渋谷駅

青山方面▶

B3-5F 商業施設
B3-4F アーバン・コア

0

明治通り

B3-4F
アーバン・コア

駐車場

東横線・
副都心線渋谷駅

蓄熱槽による負荷平準化

【図34-5】17〜34階 オフィス

【図34-6】13〜16階 ミュージカル劇場

【図34-7】6〜7階 飲食フロア

新たなまちのシンボル

渋谷ヒカリエは、低層部の商業施設と高層部のオフィス、その間の9〜16階のイベントホールと劇場で構成されている。商業施設は地下3階まで設けられており、東急東横線・東京メトロ副都心線の改札階と直通すると共に、谷の地形を生かして1階、2階でまちと繋がり、将来的には4階レベルで宮益坂上と繋がる計画となっている。
地下3階の東京メトロ副都心線改札階からシャトルエレベータで11階のスカイロビーと劇場とオフィスのロビーに直通しており、ここでも目的性の高い施設を動線の端に配置する鉄則が貫かれている。

大空間を必要とする劇場を間に挟むことは高さ180m超の高層建築物において構造的な課題となり、ここではスーパーフレームと呼ばれる特殊な架構により耐震性を確保しつつ2,000席規模のミュージカル専用劇場の空間を確保している。劇場が間に入ることで施設内の回遊を促すと共に、箱が積み重なったような特徴的な外観により新たなまちのシンボルとなっている。

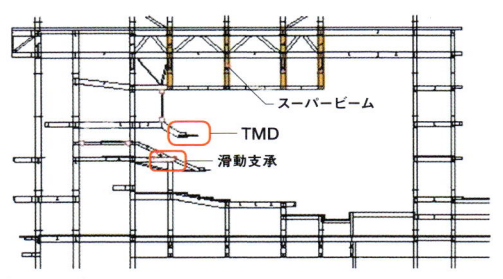

スーパービーム
TMD
滑動支承

【図34-8】劇場階断面図

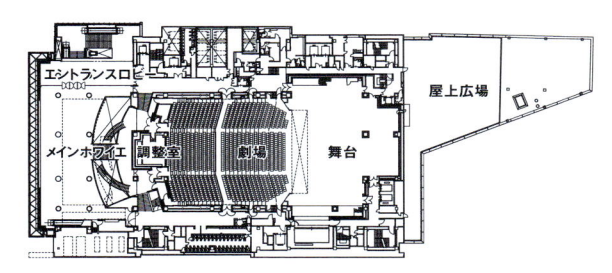

エントランスロビー
屋上広場
メインホワイエ　調整室　劇場　舞台

【図34-9】劇場階平面図

35

丘の上の宇宙船

重慶 沙坪壩駅 龍湖光年 Sha Ping Ba Station
Longfor paradise walk

［龍湖光年］設計：者：日建設計

重慶と成都を結ぶ沙坪壩高速鉄道駅と地下鉄3線、バス・タクシー等公共交通の拠点と商業施設、オフィス、ホテル・サービスアパートメント（施設全体延床面積、約48万m²）を一体的に開発する交通ハブを中心とした複合プロジェクト。敷地の周りには病院、学校、商業施設、高層マンション等さまざまな用途の建物が建ち並ぶ無秩序な景観が広がる中、まちからの動線と視線が集まるこの場所にまちのシンボルが計画された。地下7階の地下鉄駅から地上へ向かうとアーバンコアの上部には、最大長さ80m×幅37mの宇宙船のような楕円形のボリュームが設けられ、人びとを迎えてくれる。人びとのアクティビティを支える大屋根であり、北側の駅前広場や周辺に向けて情報発信するスクリーンにもなる。

将来1日40万人が利用する地下鉄、高速鉄道の公共交通ネットワークのゲートとして、また、30万人の流動人口を持つ三峡商業街の起点として、さらには24万m²の商業施設の動線空間として、アーバンコアは複合的な役割を果たす計画となっている。

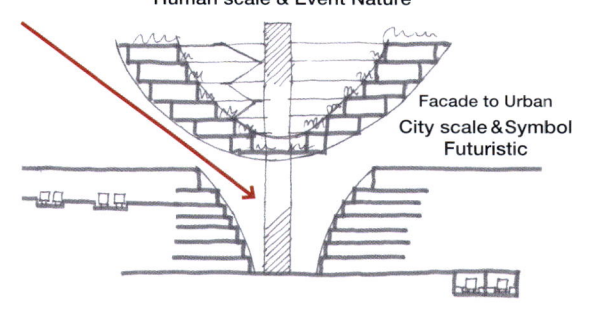

【図35-2】 断面コンセプトスケッチ。魅力的な乗り換え空間はまちのシンボルにもなる。地下深い空間にもかかわらず、自然光が入り、風が通り、人の賑わいが見える快適な空間を目指して計画された。

【図35-3】 施設全体外観パース。駅と低層の商業施設、中央のツインタワーが一体に繋がった印象的な外観は沙坪壩地域全体の新たなアイコンになることを目指している。

プラットホームは緑の谷

広州 新塘駅凱達爾交通ハブ国際広場 Xin Tang Station Cadre International TOD Center

[凱達爾交通ハブ国際広場] 設計者：日建設計

'36

広州とその周辺地域が持つ独特な自然景観は、「羊城八景」のひとつとして広く認知されており、特に林立する奇岩の柱や美しい山の稜線は、広州の自然のアイコンとして知られている。

凱達爾交通ハブ国際広場（ITC）は、駅と自然が調和したヒューマンスケールのパブリックスペースを実現することを目標としている。新駅の両サイドに山の稜線のような曲線のテラスを重ねた巨大な人工の谷を形成し、植物や水盤と

いった自然的な要素を各レベルに配置して、都心の空中に浮かぶオアシスのような憩いの場として計画されている。また広州の温暖な気候に合う快適な屋外テラス空間には、商業およびアメニティ施設が配置され、賑わいが感じられる空間となる。レベルによって、緑の散策路や展望デッキ、イベントホール等異なるテーマを持つパブリック空間が設けられ、豊かな自然要素と共に新たな「羊城八景」のひとつになることを目指している。

[図36-1]

【図36-2】高速鉄道、都市間鉄道、地下鉄等の公共交通拠点の上に建つ、商業施設、オフィス、ホテルで構成された高さ260mのツインタワー。

【図36-3】地下2階から地上7階まで高さ約55mの吹き抜けを持つアーバンコア。

【図36-4】広州の「羊城八景」のひとつと言われている美しい自然景観。

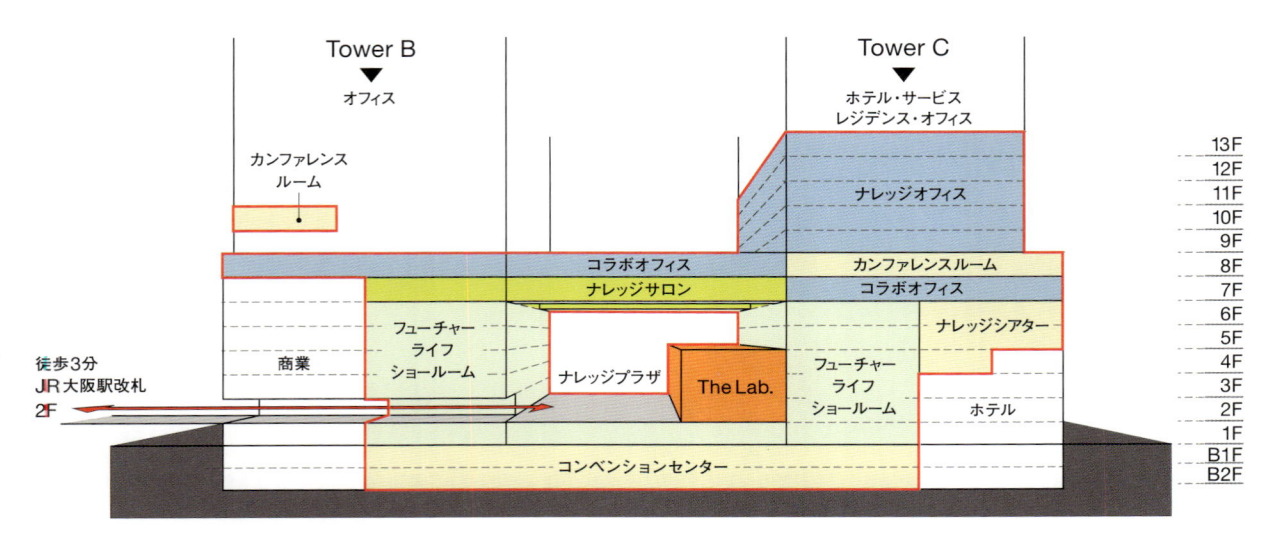

【図37-2】ナレッジキャピタルの構成

37

活力みなぎる
アトリウム

大阪駅 グランフロント大阪

[グランフロント大阪]
全体統括：日建設計＋三菱地所設計＋NTTファシリティーズ

さまざまな時代の変化にすばやく反応し対応していくために、グランフロント大阪では単なる商業モールではなく、産官学が交流できる知的創造拠点「ナレッジキャピタル」という新しい試みが展開されている。

ナレッジキャピタルは施設の中核として大阪駅から徒歩3分の距離に配置され、ごはんを食べに来た人、オフィスワーカー、ホテルの利用客、散歩をしに来た人等、いろいろな目的を持った人びとが混じり合う光あふれるアトリウム空間を構成している。日々仕掛けられるアクティビティが産業創出×文化発信×国際交流×人材育成の相乗効果を生み、ますます人びとを巻き込み引き寄せるグランフロント大阪のシンボルとなっている。

誰でも気軽に最先端技術に触れ、常に社会のトレンドを知ることのできる場所として、国内外旅行者の観光スポットとしてもその知名度を上げている。

【図37-1】ナレッジプラザ

【図37-3】
ナレッジキャピタルができること

ナレッジキャピタルは、施設の名前であり、運営組織の名前であり、活動自体も表している。KMO（運営組織）と協力・連携して運営が行われ、主に場所と運営機能を提供している。人と人、人とモノ、人と情報の交流により、感性と技術を融合した新しい価値を創出する場となっている。

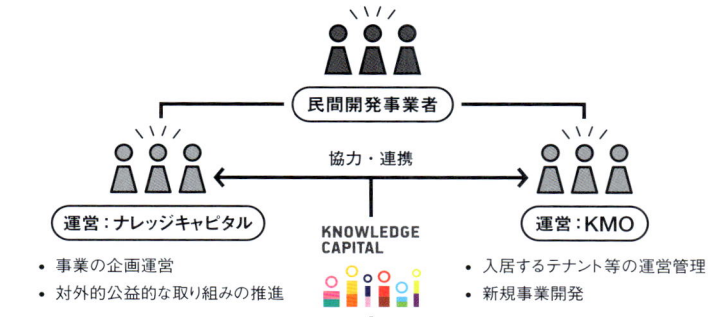

① ナレッジサロン
交流と出会いの場の創出。

② The Lab.
日本の先端技術を体感。

③ コミュニケーター
コミュニケーションを促進。

④ 海外連携
海外との積極的な連携を推進。

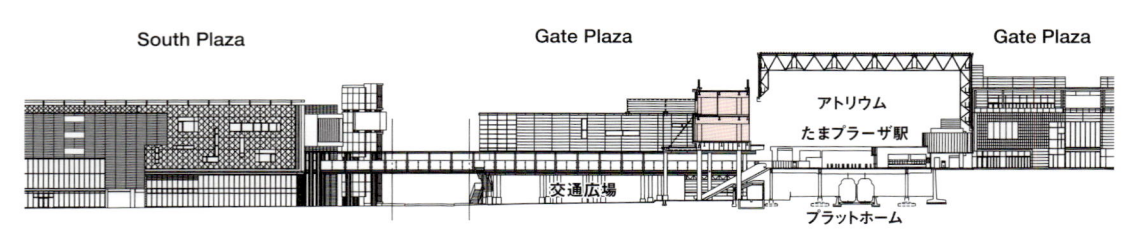

South Plaza　　　Gate Plaza　　　Gate Plaza

アトリウム
たまプラーザ駅
交通広場
プラットホーム

【図38-2】南北断面図。周辺の住宅街への圧迫感を軽減するため、高さを30m以下程度に抑えた計画としている。

【図38-1】アトリウム

38

駅 in Mall

たまプラーザ駅 たまプラーザ テラス

［ たまプラーザ テラス ］設計者：東急設計コンサルタント

たまプラーザ駅は、「駅」という機能が限りなくコンパクトに
計画されており、もはや駅は商業施設の中に融け込んでい
るとも言える。商業施設からはアトリウム空間を通して乗降
する人びとや動き出す電車の姿を見ることができる。まるで、
駅や電車、駅を利用する人までもが商業施設の空間演出
の一部のようであり、商業施設と一体となった空間体験は、
周辺地域のシンボルと言える。
駅を跨ぐように架けられた約4,000m^{2}の大屋根は、駅とし
てありがちな閉塞感や圧迫感を軽減し、商業施設の一体
感を創出し、駅コンコースの円形サインは中心性を生み出
し、回遊可能な商業施設を象徴している。

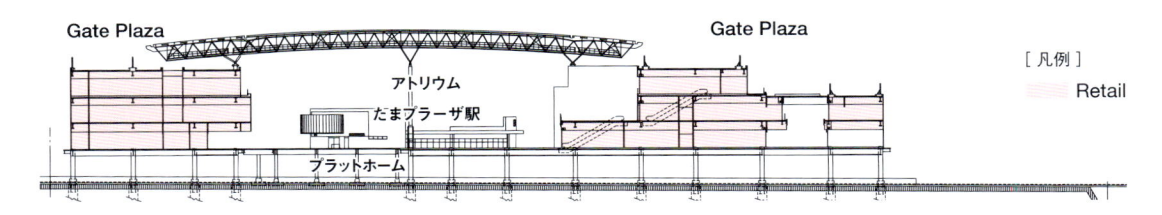

【図38-3】東西断面図。両サイドのゲートプラザにオーバーラップする形でトラス屋根を架け、駅コンコースと商業施設の一体感を生み出している。

"エレガント"は人を呼ぶ

39

阪急梅田駅 梅田阪急ビル

[梅田阪急ビル] 設計者：日建設計

阪急梅田駅のコンコースに面して阪急百貨店が誕生したのは1929年。この頃、電車に乗ることは贅沢であり、その「贅沢」をうまく乗客獲得へと結び付けたのが阪急電鉄であった。阪急百貨店は、開業当時より1階が阪急梅田駅のコンコースに面していたため、その外観には駅のエントランスにふさわしい鉄道特有のアーチと、百貨店の品格が漂うデザインが施された。以降阪急梅田駅の開発と共に改築を繰り返しながらも、この独特の外観はひとつのデザインオーダーとして引き継がれている。今やこのクラシカルな雰囲気は阪急梅田駅周辺のシンボルとなり、多くの人びとを魅了している。

【図39-1】1932年頃 阪急ビル1階コンコース

【図39-2】1929年頃 外観

【図39-3】1936年頃 外観

またコンコースは、開通当初から美しいドーム天井に伊東忠太による壮麗な装飾が施され、阪急電鉄のコンコースといえば人びとの憧れの空間だった。80年もの間人びとに愛されたコンコースは、建て替え工事を経て2012年秋にグランドオープンした阪急百貨店最上階レストランの内装として生まれ変わった。電車に乗ることが日常となった今、阪急梅田駅での新しい「贅沢」は、阪急百貨店の最上階で、歴史と文化を感じる佇まいの旧コンコースを頭上に仰ぎ、食事をすることなのだ。改装工事後の新コンコースもまた、阪急電鉄の上品なイメージとモダンな雰囲気を融合したデザインで、新しい「贅沢」を感じさせる空間である。

人びとを憧れで動かす戦略は、駅のコンコースから商業動線へと活用されて、今も阪急電鉄を中心とする阪急梅田駅周辺TOD開発に引き継がれている。

【図39-4】2012年頃 梅田阪急ビル1階コンコース

【図39-5】2012年頃 外観

Since 2012
歴史香る贅沢なレストランへ

0m — 50m
A-A′ SECTION

Hankyu Department Store

Since 2012
レストラン

阪急百貨店の
建替に伴い
コンコースの
デザインを移設

From 1932 to 2005
阪急百貨店1F コンコース

【図39-7】旧阪急梅田駅コンコースの移設説明図。

From 1932 to 2005
関西屈指の贅沢なコンコース

London Bridge Station

ロンドン・ブリッジ駅

ロンドン南東部、テムズ川沿いに位置するロンドン・ブリッジ駅は1836年に開業した世界でいちばん古い駅のひとつである。180年を超える歴史を誇る駅舎を改修すると共に線路とプラットホームを増設し、年間約4,200万人の乗客を約7,500万人まで拡大するための計画が実行されている。また、2000年代初期から始まったロンドン・ブリッジ・クオーター再開発のターミナル駅でもあり、駅とまちを連結し土地の高度利用を図るため、地上87階、高さ310mの商業とオフィスの超高層複合ビル、ザ・シャードが2012年に駅直上に建設された。いちばん古い歴史を持ちながら最先端のTODとして進化し続けているロンドン・ブリッジ駅は新たなロンドンのランドマークとして認知されている。

出典：https://www.the-shard.com/
https://www.railway-technology.com/projects/london-bridge-station-redevelopment/

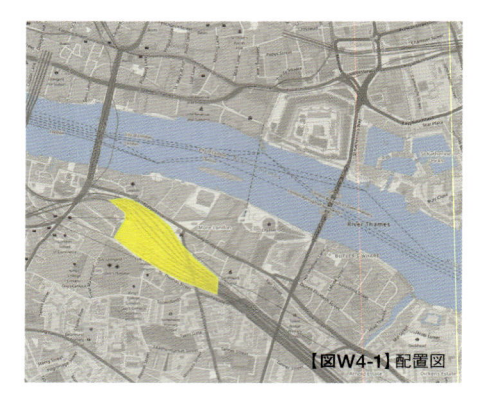
【図W4-1】配置図

【図W4-2】駅入口外観

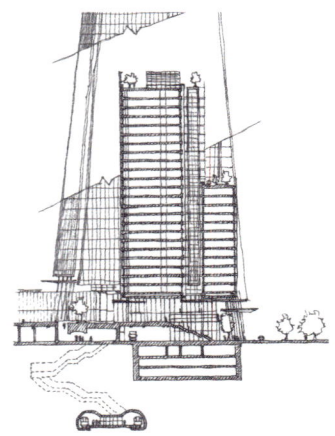
【図W4-3】断面スケッチ

【図W4-4】駅とザ・シャードの外観。

Antwerpen Central Station

アントウェルペン中央駅

「大聖堂のような駅」と呼ばれ「世界でもっとも美しい駅」の
ランキングの常連であるベルギーのアントウェルペン中央
駅は1895年に開業し、木造だった駅舎が1905年に建
て替えられた。駅は石で覆われたネオバロック様式の駅
舎と、高さ44m、長さ185mのガラス張りの巨大鉄骨アー
チに覆われたプラットホームで構成されている。時代の変
化と共に機能と規模の拡充が求められ、1998～2007
年にかけて改修され、頭端式の高架のプラットホームの
下に貫通型のプラットホームが4線設けられると同時に、
120の商業施設が配置された。乗客の利便性を高めるた
め駅ナカは生まれ変わったが、ファサードは伝統あるクラ
シックな顔のまま、まちの象徴となっている。新旧のハー
モニーが美しい、進化する都市のランドマークである。

出典：https://www.b-europe.com/NL/Stations/Antwerpen-Centraal
『鉄道ジャーナル』2007年9月号、136頁、Overseas Railway Topics

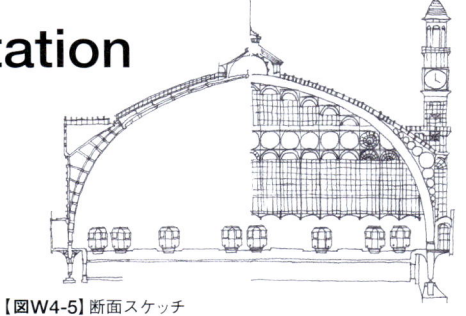

【図W4-5】断面スケッチ

【図W4-6】配置図

【図W4-7】駅正面外観

【図W4-8】駅南側内観

【図W4-9】駅北側内観

鉄道の構造、駅ビルの構造
～TODの構造計画①

駅ビルの構造は建築基準法の対象となり建築確認申請において構造安全性の審査を受ける必要がある。それでは鉄道駅の構造はどうか。

鉄道の高架等のいわゆる土木工作物の構造は、避難計画同様、鉄道事業法において免許を受けた鉄道事業者が安全性を確認し、事業認可手続きにおいて国土交通省が許可することとなっており、建築基準法の対象外なのだ。

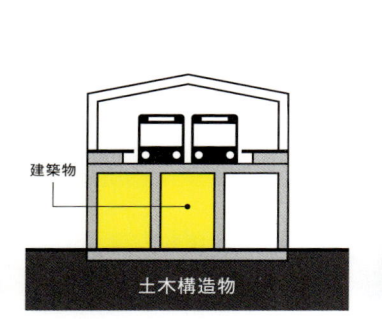

[高架駅]　　　　　　　　【図E4-1】

土木工作物である高架躯体下空間に設ける内装設備は建築物として建築確認申請対象となる。(黄色の範囲)

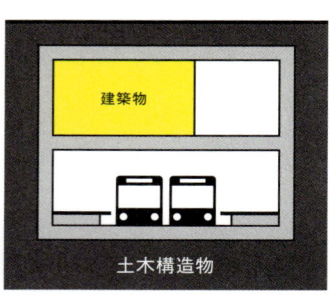

[地下駅]　　　　　　　　【図E4-2】

土木工作物である地下躯体内の空間に設ける内装設備は建築物として建築確認申請対象となる。(黄色の範囲)

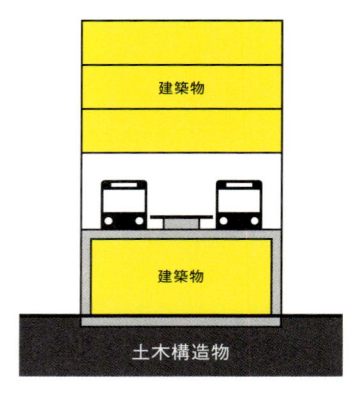

[複合構造物]　　　　　　【図E4-3】

土木工作物である高架躯体下空間に設ける内装設備と、高架躯体を土台としたプラットホーム上の躯体外装および内装設備は建築物として建築確認申請対象となる。(黄色の範囲)

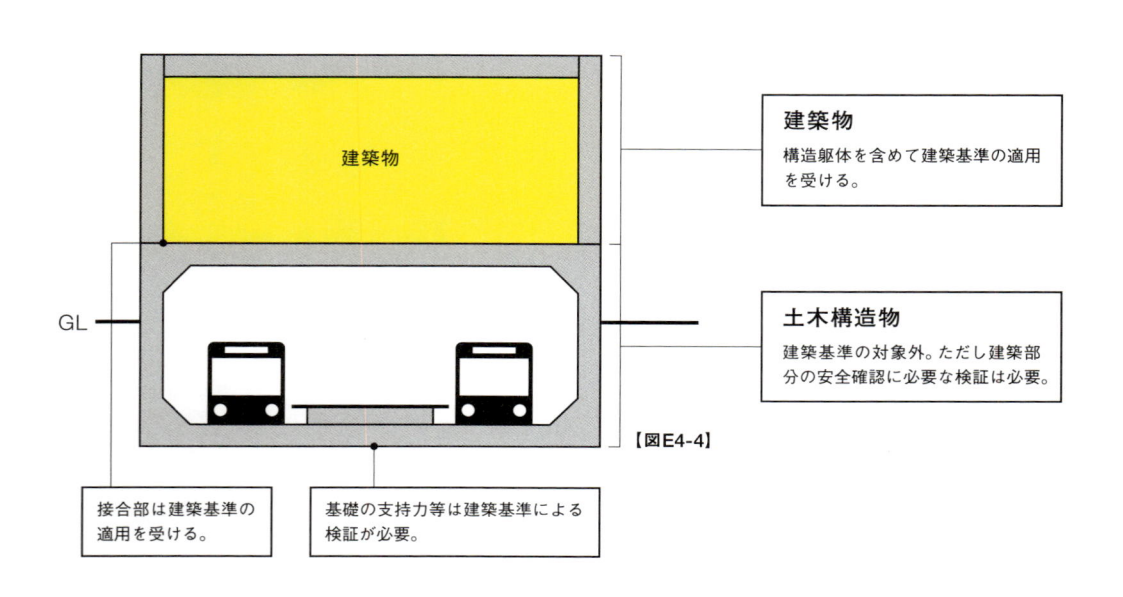

建築物
構造躯体を含めて建築基準の適用を受ける。

土木構造物
建築基準の対象外。ただし建築部分の安全確認に必要な検証は必要。

GL

【図E4-4】

接合部は建築基準の適用を受ける。

基礎の支持力等は建築基準による検証が必要。

駅の上に建物を載せる
～TODの構造計画②

建築基準法対象外である鉄道の構造の上に建築物を載せる場合には、建築基準法上どのような手続きが必要なのだろうか。

このような建築・土木複合構造物については、鉄道構造と建築構造を合わせた架構全体をモデル化し、鉄道事業認可手続き上は土木構造としての検討を行い、建築確認申請においては建築基準法の規定に基づいた構造検討を行う、すなわちダブルチェックが必要となる。

【図E4-5】
京王線調布駅における構造計画の考え方

京王線調布駅では、先行して構築された地下駅の構造は地上部の荷重を想定して計画されており、地上部はその想定の範囲内で計画されている。

地上部の設計時には、地上部の荷重を地下構造モデルに加えて何度も確認・検討し、許容範囲内に納まっているかを確認した上で、確認申請時には地下部の構造計算書も参考添付して安全性の確認が行われている。

【図E4-6】トリエ京王調布 A館 鳥瞰

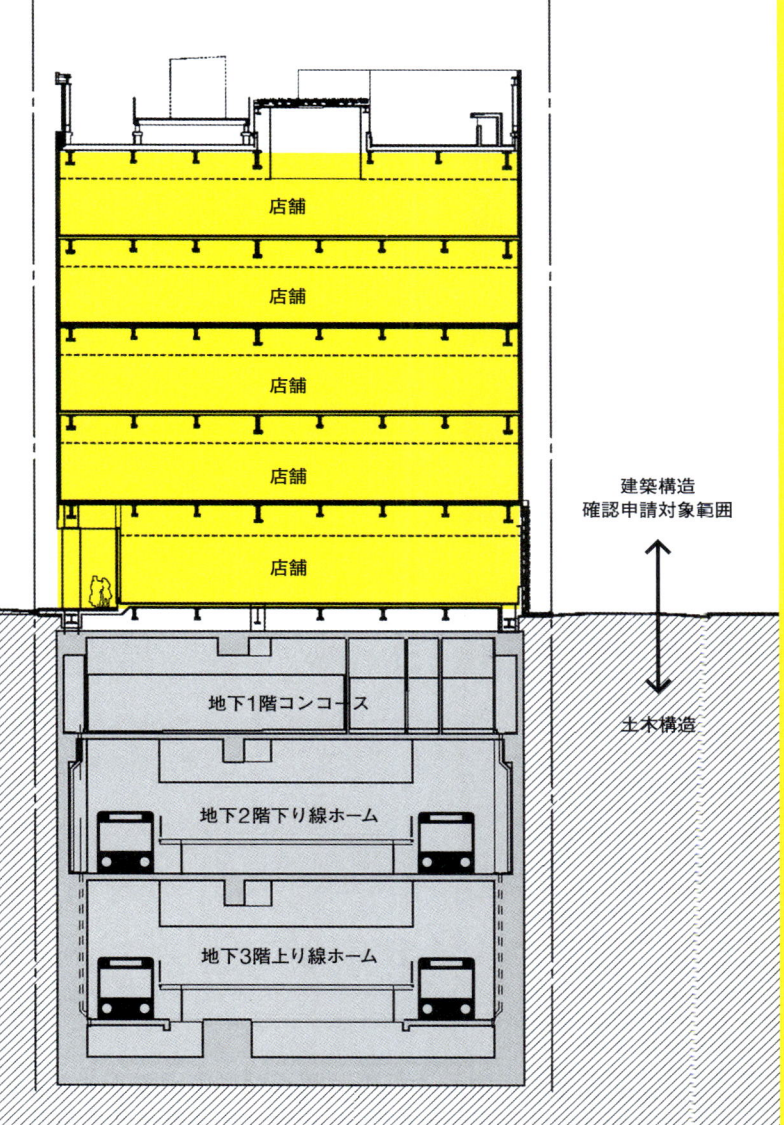

店舗

店舗

店舗

店舗

店舗

建築構造
確認申請対象範囲

土木構造

地下1階コンコース

地下2階下り線ホーム

地下3階上り線ホーム

TODの工事は安全第一
～TODの施工計画

TODでは新しく鉄道をつくる場合でない限り、ほぼすべてのケースで既存の鉄道を活かしながら工事を行うことになる。鉄道事業上、常に休むことのない鉄道運行上の安全確保が第一条件であり、しかも終電後から始発までの2～3時間しか工事ができないことも多い。線路を活かしながら下に新たな構造物を構築するために、仮設の構造体でレールを仮受することもよく行われる。TODの工事は時間もコストも通常の建物の何倍もかかるのだ。

【図E5-1】

2010.08

既存駅コンコース使用

2012.12

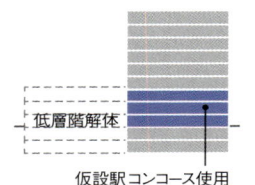

低層階解体

仮設駅コンコース使用

2011.04

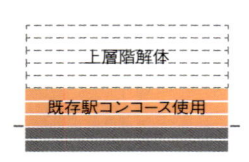

上層階解体

既存駅コンコース使用

2013.09

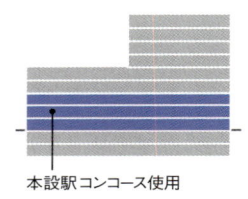

本設駅コンコース使用

2011.10

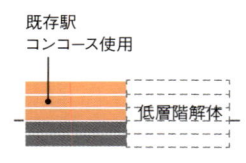

既存駅
コンコース使用

低層階解体

2014.03

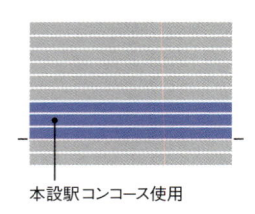

本設駅コンコース使用

2012.09

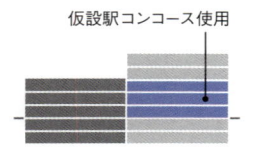

仮設駅コンコース使用

- ▦ 既存ビル
- ┈ 解体工事中
- ▦ 既存駅コンコース使用
- ▦ 仮設駅コンコース使用
- ▦ 新築工事中

【図E5-2】キラリナ京王吉祥寺の施工計画概略図

吉祥寺駅では、京王井の頭線とJR中央線の改札および乗り換え動線を維持したまま、キラリナ京王吉祥寺への建て替え工事が行われている。大きくはまず東工区を先行撤去・新築して仮駅を構築し、その後西工区を建て替えるという2段階のステップで実施された。それぞれのステップで仮設の乗り換え動線を確保すると共に、京王井の頭線、JR線に近接する施工という厳しい施工条件をクリアしながら、1日14万人の乗客の安全確保を最優先として工事が行われ、4年の長期にわたる工事が無事故無災害で完成した。

鉄道振動は難しい
～TODの振動・騒音対策

TODの計画にあたって、ホテル・住宅・オフィス等の用途が入る場合には、鉄道の振動・騒音への配慮が必要となる。まず鉄道の躯体と駅ビルの躯体の縁を切ることが最低条件となるが、それでも地盤を経由して振動が伝達する。振動および振動が内装材を揺らして発生する固体振動音の影響を事前にシミュレーションし、プラスアルファの対策を行うことが重要だ。免震構造による解決の可能性もあるが、免震ゴムの性能によっては鉄道振動を増幅させてしまう可能性もあり慎重な検討が必要である。

鉄道振動は難しいのだ。

【図E5-3】ホテル近鉄京都駅の例

新設された4号線の高架上部に建設されたホテル近鉄京都駅は、直下にある鉄道からの振動を軽減するため高架躯体とは縁切りしたホテル用の独立した柱を立てている。また、地盤経由での鉄道の伝搬を防ぐと共に地震力の低減を図るため、JR東海道新幹線とほぼ同じレベルに中間免震層を設けて、ホテル部の構造を独立させている。

→5

Character

40 — 46 | キャラクター

駅には多くの人びとが集まり喧騒と猥雑さに満ちているが、その中にも人びとの心にゆとりや癒しを与える「キャラクター」が存在してきた。例えば渋谷駅のハチ公や東京駅の銀の鈴といったアイコンは待ち合わせの目印となり、出会いや別れの記憶と共に人びとの心に強く刻まれてきた。TODにおいてはそのようなキャラクターと共に、光や映像による演出、アートや特徴的なサインが無味乾燥な空間となりがちな駅に潤いをもたらしている。また鉄道自体も駅のキャラクターとなり得る。電車が見えることの楽しさがTODならではの魅力となるのだ。
この章では、TODのあらゆる場所を、人びとを惹きつける空間とするための工夫を見ていこう。

まちを見下ろす
明日の神話

40

渋谷駅 渋谷マークシティ

［渋谷マークシティ］
設計者：日本設計・東急設計コンサルタント設計共同企業体

「明日の神話」は 1968〜1969 年の間に、メキシコで制作された岡本太郎氏の絵画。ホテルオーナーである依頼主の経営状況の悪化により行方不明になっていたが、2003 年にメキシコシティ郊外の資材置き場で突如発見される。3 カ所の誘致候補の中から、渋谷の誘致委員会の熱意とたくさんの人に見てもらえる設置場所の特性が決め手となり誘致が決まった。京王井の頭線と JR 線および東京メトロ銀座線渋谷駅を結ぶ跨道橋（神宮通り上空連絡通路）は渋谷マークシティと一体的に整備された壁に見事ぴたりと収まった。人が行き交う背景として岡本太郎の大壁画が設置された空間は、スクランブル交差点を見下ろすことのできる観光スポットとなっており、ハチ公前広場と並ぶ渋谷のアイコンともなっている。

【図40-1】

【図40-2】
渋谷マークシティ 跨道橋 断面

渋谷マークシティに設けられた跨道橋は神宮通りを跨いで東急百貨店東横店西館と接続しており、東急東横店西館側のJR線、東京メトロ銀座線と渋谷マークシティ側の京王井の頭線の乗り換え動線となっている。壁画は跨道橋の南側の壁面に設置されており、トップライトからの北側採光により柔らかく照らし出されるよう配慮されている。また壁画の背後には渋谷マークシティ内の東京メトロ銀座線車両整備基地への引き込み線が通過している。

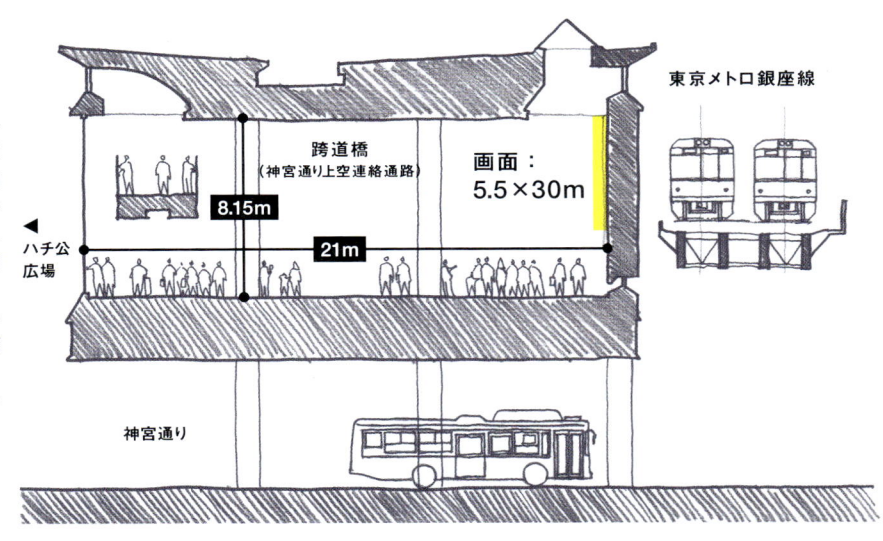

東京メトロ銀座線

跨道橋
（神宮通り上空連絡通路）

画面：
5.5×30m

8.15m

21m

◀ ハチ公広場

神宮通り

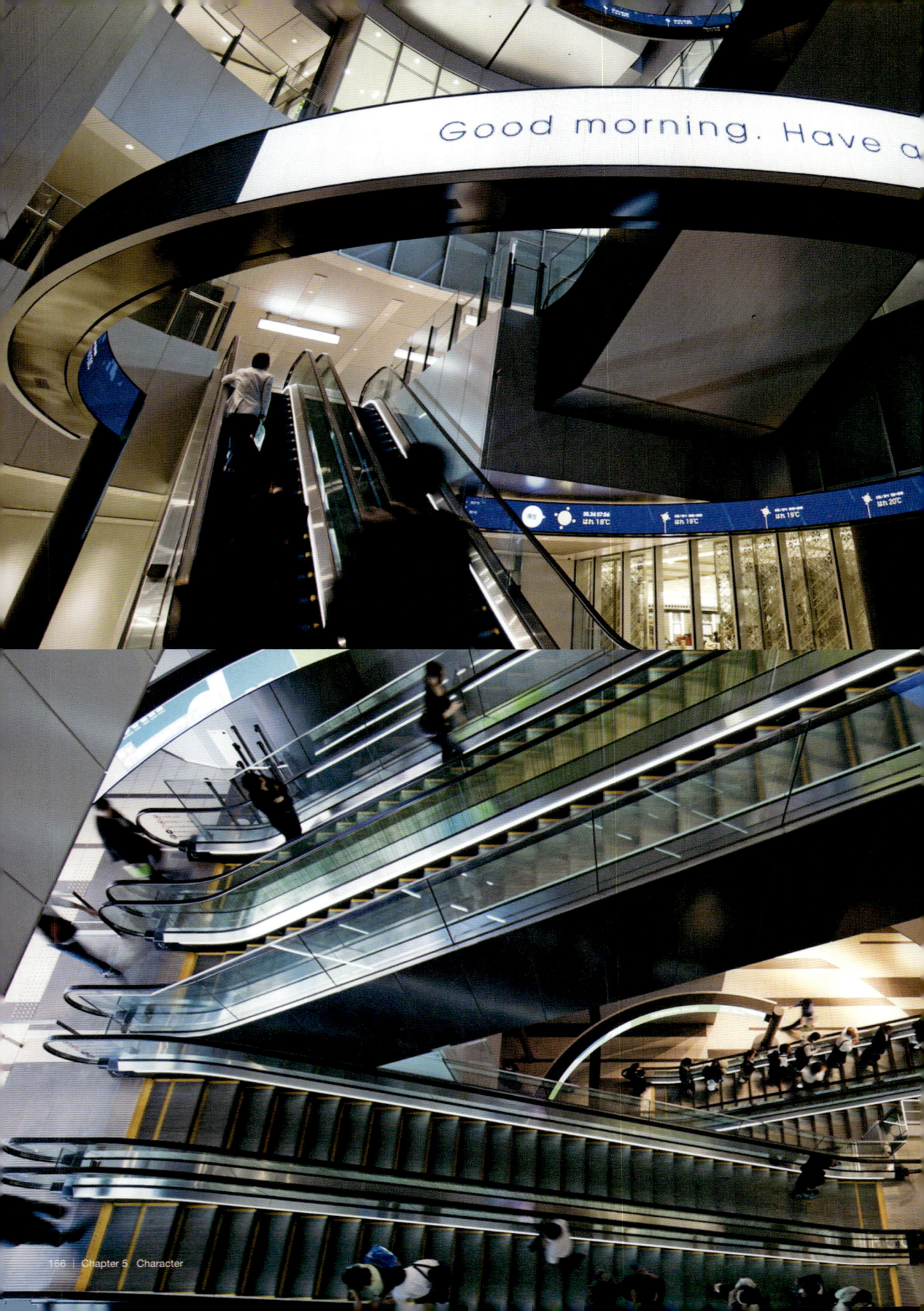

【図41-1】

【図41-2】

駅まちめぐる
情報のリング

<mark>渋谷駅 渋谷ヒカリエ</mark>

［渋谷ヒカリエ］設計者：日建設計・東急設計コンサルタント共同企業体

デジタルサイネージはさまざまな情報を流す装置としてTODとは切っても切れない関係である。渋谷ヒカリエでは、デジタルサイネージを空間と一体化させる工夫により、人びとの記憶に残る新しいキャラクターとなるよう計画されている。渋谷ヒカリエのアーバン・コアに設置されているデジタルサイネージは、平面形状と同じ円形をモチーフとしながら、吹き抜け空間の中に微妙に平面とずらしながら配置され、時刻や方角、四季折々の画像を流すことにより、駅からまちに繋がる空間を彩るリングとなっている。

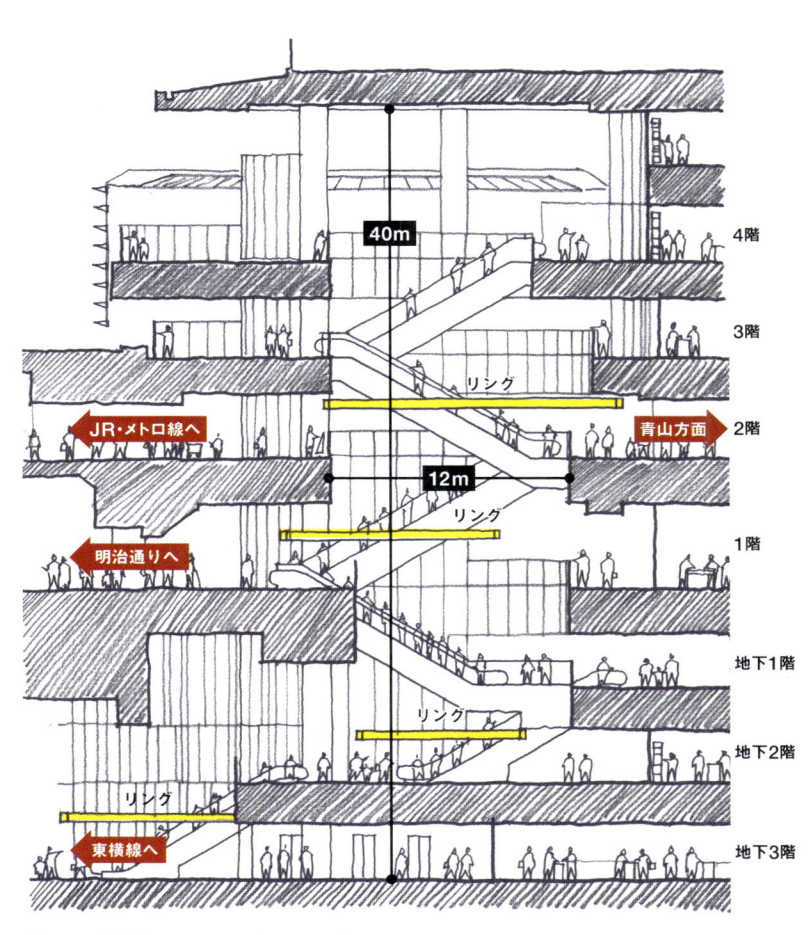

【図41-3】渋谷ヒカリエアーバン・コア断面イメージ図

銀座の○△□

42

銀座駅

［銀座駅］設計者：日建設計・交建設計・日建設計シビル

銀座駅は東京メトロ銀座線・丸ノ内線・日比谷線の3路線が乗り入れる総合駅である。今回の改修計画では改札近傍の独立柱を各路線カラーにならって光らせる計画であり、光の色を頼りに乗りたい路線に行くことができる。また、各路線のホーム上の独立柱も同様に土木躯体を見せながら路線カラーに光らせている。ホームから改札階に上がった主要な改札階の平面形状を○△□に整理し天井にも○△□のデザイン天井を設置している。地下駅特有の迷路性を光の演出により迷うことなく自分が行くべき方向へ導く仕掛けを建築計画と共に行い乗客のスムーズな移動を促す仕掛けとなっている。

【図42-1】
銀座線ホーム階の光柱は銀座イエローに光る。

【図42-2】
日比谷線ホーム階の光柱は日比谷シルバーに光る。

【図42-3】
丸ノ内線ホーム階の光柱は丸ノ内ピンクに光る。

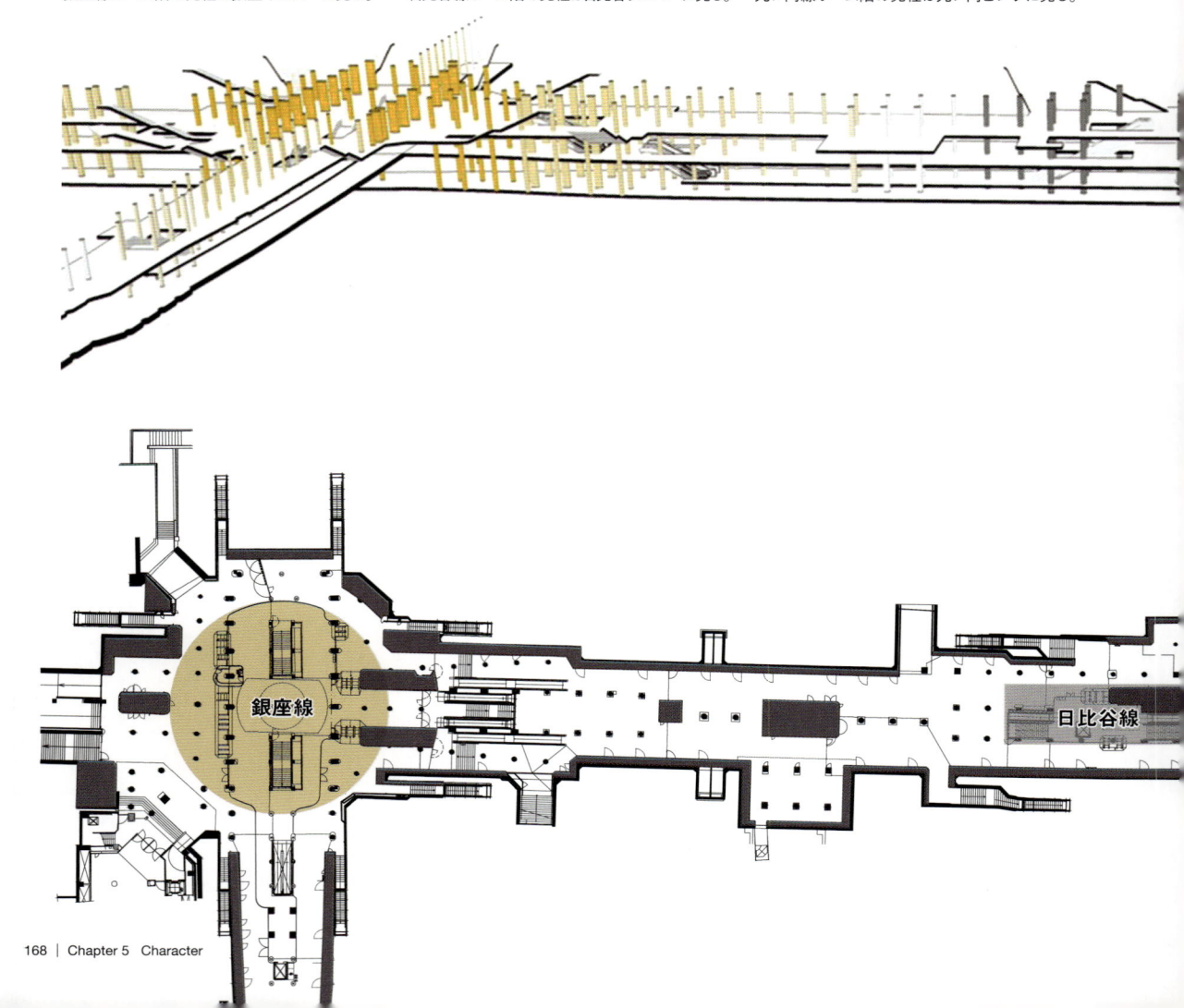

【図42-4】 銀座四丁目交差点直下にある銀座線改札口。

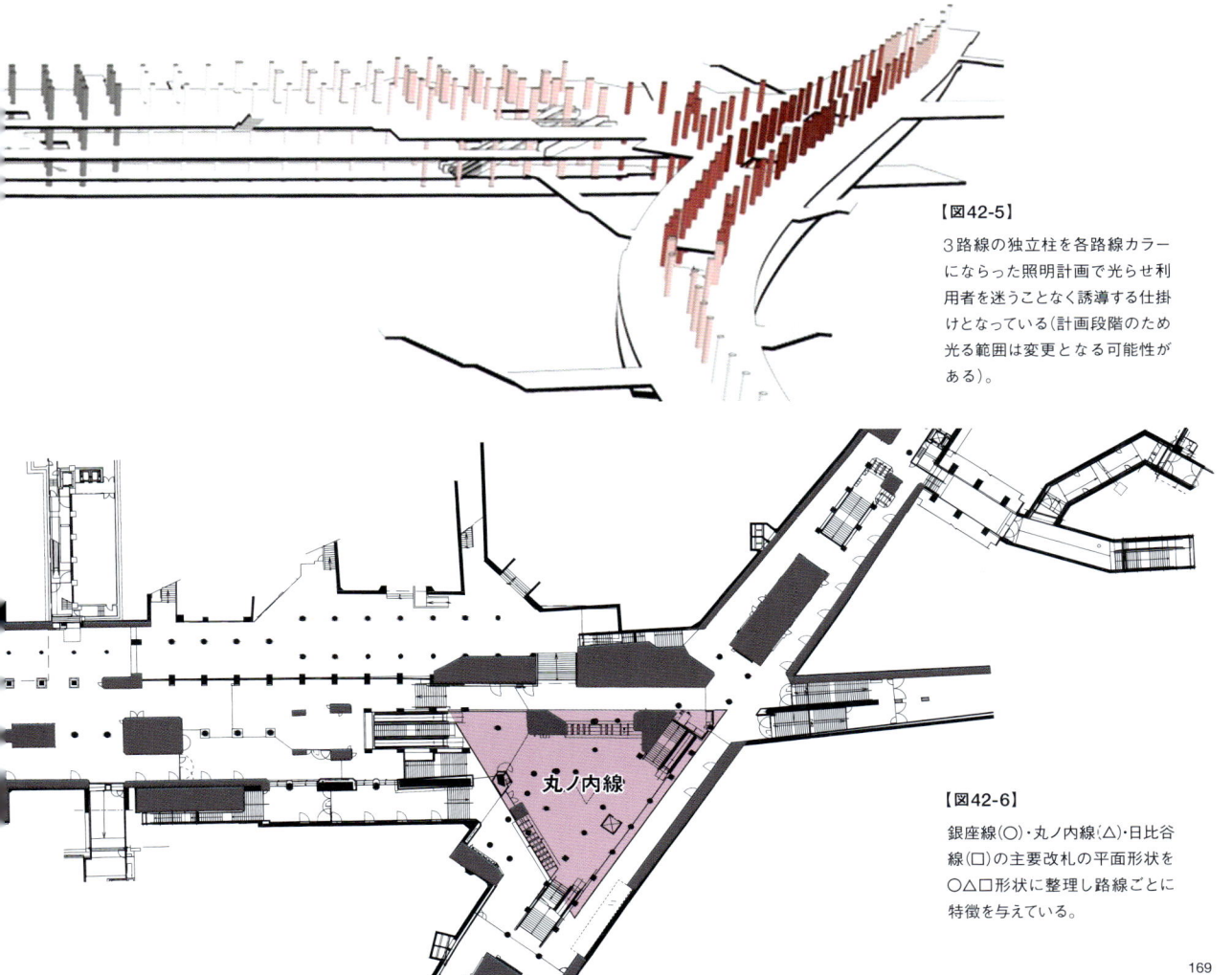

【図42-5】

3路線の独立柱を各路線カラーにならった照明計画で光らせ利用者を迷うことなく誘導する仕掛けとなっている（計画段階のため光る範囲は変更となる可能性がある）。

【図42-6】

銀座線（○）・丸ノ内線（△）・日比谷線（□）の主要改札の平面形状を○△□形状に整理し路線ごとに特徴を与えている。

丸ノ内線

43

時を告げる光

吉祥寺駅 キラリナ京王吉祥寺

［キラリナ京王吉祥寺］設計者：日建設計

駅はまちの中心を示す灯台のような役割も果たす。キラリナ京王吉祥寺の外観のガラスルーバーは、ランダムな配置により吉祥寺の名所となっているハーモニカ横丁を連想させる。この外観は、昼は乳白に光輝き空の景色を映し出し、夜はライトアップされ、冬は暖色、夏は寒色と季節が感じられる色でビルを彩ると共に、宵から夜更けの時間の経過に応じて呼吸するように光量を変化させ時間の移ろいも感じられる演出となっている。まちの各所から認識できるキラリナ京王吉祥寺駅ビルはまさにまちの灯台とも言えるだろう。

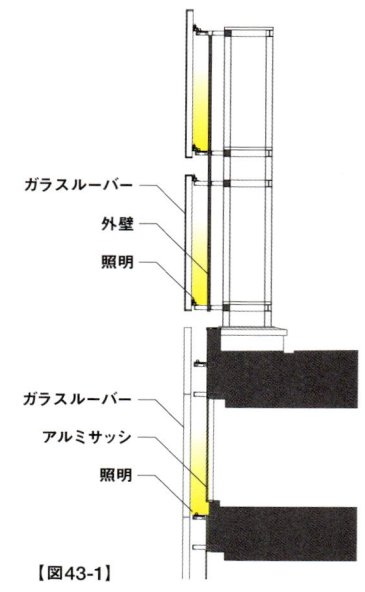

【図43-1】

外装のガラスルーバーには、下部に照明を設け、ルーバー奥にある壁面を反射板として利用し夜間にライトアップしている。

【図43-2】 冬の寒い時期は暖色系の優しい光でライトアップしている。

【図43-3】 夏の暑い時期は寒色系の清涼感のある光でライトアップしている。

【図43-4】 朝、昼、夜の時間帯で色温度を変化させ、時の移ろいを感じさせる光の演出としている。

【図43-5】 季節の節目には24節気をイメージさせる光で演出を行っている。

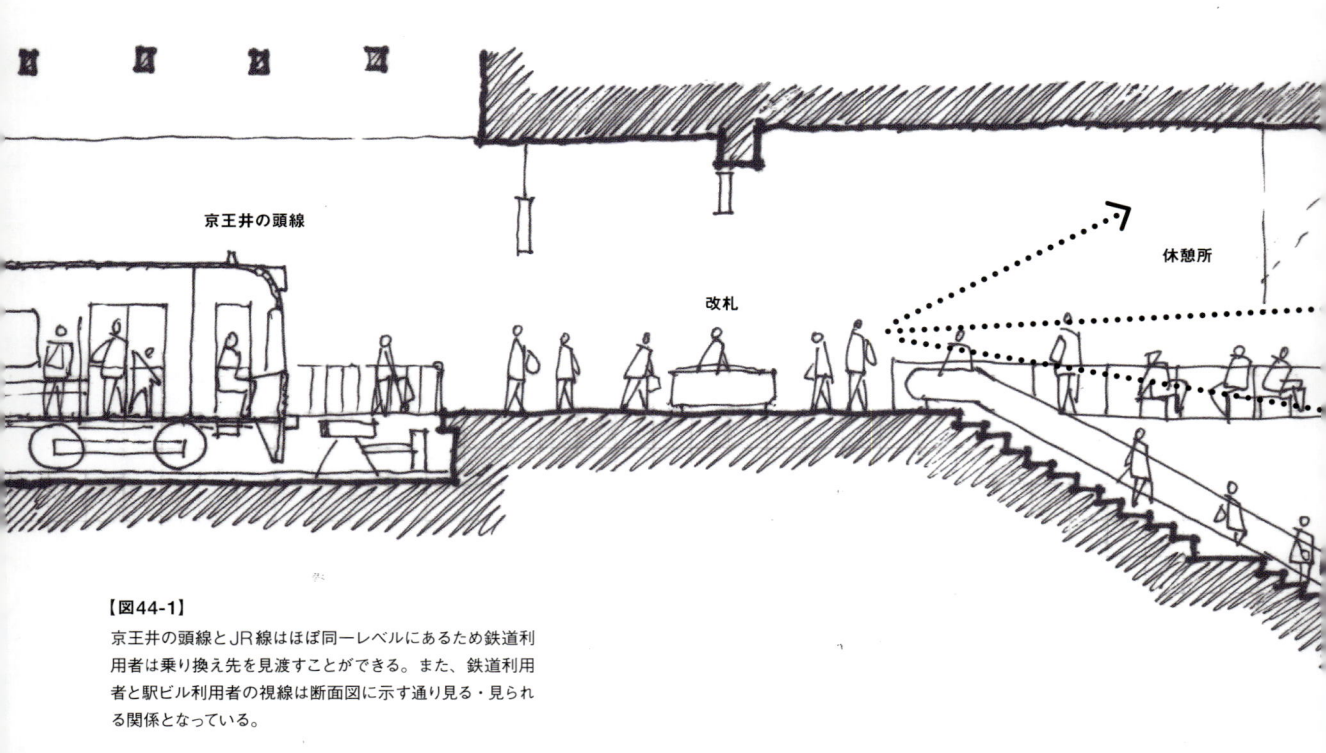

京王井の頭線

改札

休憩所

【図44-1】
京王井の頭線とJR線はほぼ同一レベルにあるため鉄道利
用者は乗り換え先を見渡すことができる。また、鉄道利用
者と駅ビル利用者の視線は断面図に示す通り見る・見られ
る関係となっている。

駅と駅のアイコンタクト

吉祥寺駅 キラリナ京王吉祥寺

［ キラリナ京王吉祥寺 ］ 設計者：日建設計

吉祥寺駅は京王井の頭線、JR中央・総武線共に3階レ
ベルにプラットホームがあり、以前は壁に隔てられていたが、
キラリナ京王吉祥寺の開発により双方の存在が視認できる
ようになった。
京王井の頭線吉祥寺駅の改札を出ると正面にJR中央・総
武線の電車が横断するのが見え、JR中央・総武線のプラッ

トホームからも京王井の頭線吉祥寺駅の車両を正面に見る
ことができ、乗り換え動線を直感的に理解できる移動空間
となっている。また、吹き抜けの一体空間は商業施設にも
面しており、他路線の乗客同士や施設利用客と乗客の見る・
見られる関係が生まれる賑わいのある空間を利用者に提供
している。

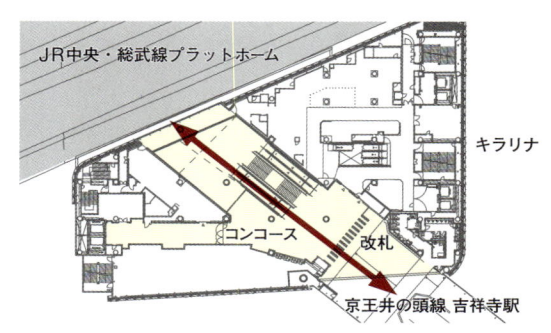

【図44-2】 京王井の頭線吉祥寺駅はターミナル駅であり、この駅で折り
返し運転をしている。

JR中央・総武線プラットホーム

キラリナ

コンコース
改札

京王井の頭線, 吉祥寺駅

【図44-3】 京王井の頭線吉祥寺駅とJR吉祥寺駅の3階レベルでの平面
的な接続形態を示す。

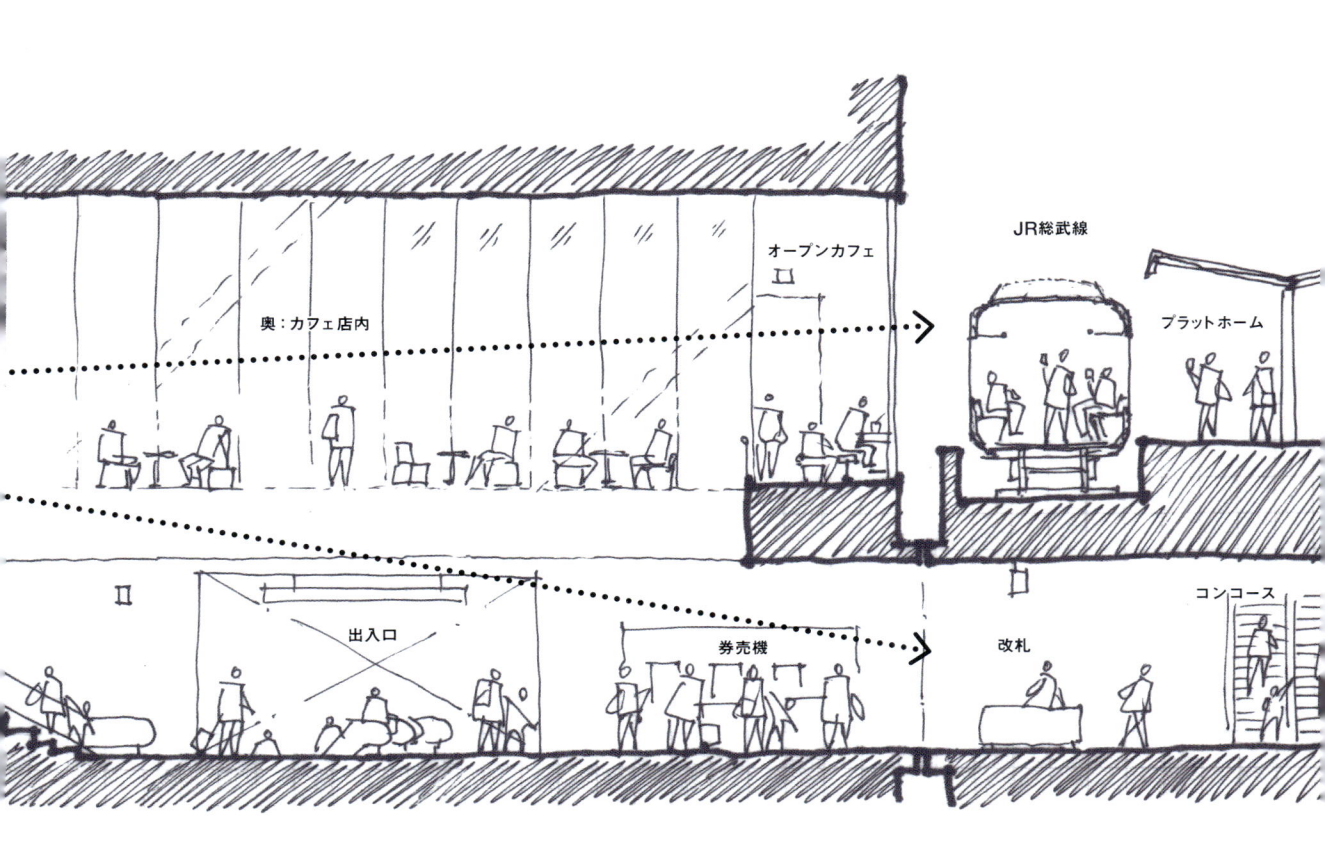

奥：カフェ店内

オープンカフェ

JR総武線

プラットホーム

出入口

券売機

改札

コンコース

【図44-4】コンコース内観 正面にJR総武線の電車が見える。

45

電車が主役

新宿駅 バスタ新宿・JR新宿ミライナタワー

[JR新宿ミライナタワー]
設計者：東日本旅客鉄道 ジェイアール東日本建築設計事務所

新宿駅は日本でも有数のターミナル駅であり、16線のプラットホームへと電車が次々と入ってくる。新南改札側の「Suicaのペンギン広場」は、その動きを一望でき、電車の躍動感やスピード感を目の当たりにすることができる。このような場所は世界を見ても例が少ない。子どもたちだけでなく、多くの人が電車を目当てに集まり、写真を撮るひとつの観光地となっている。また、長さが120m近くある人工地盤であるため、スケール感のつくり込みにも配慮している。さまざまなイベントに対応できる大きなスペースから、ひとりで電車を見るためのベンチ、数人で集まれる場所等、多彩な場所がつくられており、訪れる人を飽きさせない。

【図45-1】写真撮影：BLUE STYLE COM 中谷幸司

46

散りばめた鉄道の記憶

調布駅 トリエ京王調布

[トリエ京王調布] 設計者：日建設計

一体的に開発されたトリエ京王調布の3棟のうち、西端のC館北側にオープンスペースが設けられ、敷地西側への歩行者ネットワークの起点となると共に地域に開かれた憩いのスペースとなっている。その整備にあたって、近隣住民や事業者を交えたワークショップにより利用形態について検討を重ね、さまざまなアクティビティを誘発する家具や仕掛けを備えた新たなパブリックスペース「てつみち」として実現した。

【図46-1】

みんなの食卓
大勢で長いテーブルを囲むことで、まるで食卓を囲む大きな家族のように、みんなの笑顔があふれる舞台となる。

サイクルポート
自転車で出かける発着点として、さまざまな魅力が点在している調布のまちをもっと気軽にめぐることができる。

止まり木ファニチャー
ちょっとの時間を過ごす止まり木のような存在が、ちょっとの豊かさを生み出す。

◀ 西調布駅

調布駅 ▶

自由に描けるキャンバスロード
自由に描ける床がイベント等の舞台に変わり、みんなのキャンバスとなる。

トリエ京王調布 C館

プレイヒル
視線が変わり、さまざまな過ごし方を楽しめることで、子どもも大人も一緒に集まれる場となる。

【図46-2】使い方を押し付けるのではなく、利用者が発見的に過ごせるように意図した場の道具。

【図46-4】

【図46-5】

37 A ⑤ 1955 ⅢⅢⅢ OH

【図46-3】

3棟の建物の足元の歩行空間には廃レールを利用した「レールユニット」を共通で設けて、レールのフレームの中に壁面緑化やポスター板、グラフィック等をはめ込み、潤いが感じられ歩いて楽しい空間をつくる装置としている。またC棟北側のパブリックスペース「てつみち」の床にはレールを埋め込み、外周フェンスには線路柵をそのまま再利用する等、以前鉄道がそこを走っていた記憶を残す工夫がなされている。

【図46-6】みんなの食卓
心地よい自然な相席。

【図46-7】木チップ広場
創造性を掻き立てる積み木。

【図46-8】止まり木ファニチャ
セミプライベートな場。

【図46-9】人工芝広場
自宅のようにくつろぐ広場。

【図46-10】キャンバスロード
想いを描くキャンバス。

【図46-11】可動式ファニチャ
使い方を考える家具。

TODと誘導

鉄道とサインは切っても切り離せない。
駅では瞬時に大量の旅客をプラットホームや出口に誘導する必要があるが、ターミナル駅を内包し商業やオフィス等との複合施設であるTODにおいては、駅から出口だけではなく、複数の乗り継ぎや隣接街区、ビルの施設へもスムーズに誘導する必要があり、さらに難易度が高くなる。
一般的にはサインにより誘導することとなるが、鉄道毎にサインルールを定めているため、複数の駅の乗り継ぎが発生するTODでは異なる表示が混在することになってしまう。新宿や渋谷等のターミナル駅では、乗り継ぎ動線と

なるラチ外コンコースやアーバンコアのサイン表示を統一する取り組みがなされている。
これらの取り組みは、行政と鉄道事業者が協調して行う必要があるが、渋谷駅ではエリアマネジメント協議会が主体となってサインガイドラインを制定している。
TODにおけるサイン計画においては以下の点に留意する必要がある。

・表示（使用する名称、ピクトグラム、情報の一貫性）
・表現（文字、色、レイアウトの一貫性）
・配置（動線に対する適切な配置、広告との差別化）

エリア・ゾーンは色背景で強調

広場・公共施設は黄色帯で強調

施設名は上段明色背景範囲に記載

結節広場は中段淡色背景範囲に記載

【図C2-2】 渋谷駅の事例
（渋谷ストリーム）

交通機関は下段濃色背景範囲に記載

【図C2-1】 新宿駅の事例。（新宿南口。）

しかしながら、そもそも動線が複雑で分かりにくい空間では、サインによる誘導には限界があるため、その際に重要となるのは空間により直感的に方向が分かるデザインとすることである。

最も分かりやすいのは光による誘導であるが、乗り継ぎ駅においては目的となる鉄道そのものを見せることも有効な手段となり得るのである。

【図C2-3】 光による誘導の事例。（ロンドン地下鉄キャナリーワーフ駅。）

京王井の頭線吉祥寺駅では、ビルの建て替えに際してラチ外コンコースのJR中央線側に開口を設けて、京王井の頭線と乗り換え先のJR中央線の双方から車両が見えるようにし、初めての利用客でも直感的に進む方向が分かる計画となっている。

【図C2-4】 建て替え前の京王井の頭線吉祥寺駅ラチ外コンコース。

【図C2-5】 建て替え後の京王井の頭線吉祥寺駅ラチ外コンコース。

ゆる系アートの力

渋谷駅の待ち合わせといえばハチ公前。駅からの出口を探し回り、スクランブル交差点に圧倒されながら初めてハチ公を見つけた時の安心感と幸福感には、誰しも覚えがあるだろう。

都市の駅は複雑な動線と、雑踏と喧騒に満ちている。ゆとりと癒しを求めて、駅には決まってパブリックアートが設置される。癒しは求心力を持ち、人を集め、いつしか「待ち合わせ場所」になる。

駅のアートは駅をキャラクター化する上でとても重要な役割を担っている。そして彼らには「特別なストーリー」がある。

そのいくつかを紹介したい。

TOKYO

【図C3-1】

忠犬ハチ公像

東京都渋谷区 渋谷駅
設置年：1934年（現在の像 1948年）
作者：安藤照（現在の像 安藤士）

飼い主が急死した後も毎日渋谷駅で帰りを待ち続けた忠犬ハチ公。その一途な姿が共感を呼び、銅像が建立され、現在に至るまで渋谷駅のシンボルとなっている。

【図C3-2】

モヤイ像

東京都渋谷区 渋谷駅西口
設置年：1980年
作者：大後友市

新島の東京都移管100年を記念して、新島から渋谷駅へ寄贈された。表と裏で異なる顔を持つ。新島で採掘されるコーガ石が使われている。

【図C3-3】

ホープくん

東京都渋谷区 渋谷駅東口
設置年：2001年11月
作者：佐藤賢太郎

渋谷宮益商店街振興組合が宮益坂下交差点の一角にある三本のケヤキを憩いのスポット「パティオ宮益」と名付け、その繁栄を願って建立された。

【図C3-4】

Suicaのペンギン

東京都渋谷区 新宿駅
設置年：2016年
作者(原画)：坂崎千春／さかざきちはる

JR新宿駅新南改札を出てすぐの「Suicaのペンギン広場」に設置された。2001年11月、Suica導入の記念セレモニーが開催されたのも新宿駅だった。

【図C3-5】

ママン

東京都港区 六本木駅 66プラザ
設置年：2002年
作者：ルイーズ・ブルジョア

世界9カ所にある巨大蜘蛛ママンシリーズのひとつ。母親への憧憬が込められている。世界中から人が集まり、新たな情報を紡ぐ場になってほしいという思いで設置された。

【図C3-6】

ECHO

東京都墨田区 錦糸町駅北口
設置年：1997年
作者：ローレン・マドソン

「音楽都市すみだ」を象徴するモニュメントとして、錦糸町駅北口の交通広場に設置された。曲玉は楽譜のヘ音記号、左右各5本のワイヤーは五線譜を表している。

YOKOHAMA

【図C3-7】

よこはまの詩

神奈川県横浜市西区 横浜駅
設置年：1981年
作者：井手宣通

横浜駅東口地区総合開発計画の一環で東口地下街ポルタがオープンした記念に、「日本の文明の夜明け」をモチーフとした陶板レリーフが設置された。

【図C3-8】

モクモクワクワクヨコハマヨーヨー

神奈川県横浜市西区 みなとみらい駅
設置年：1994年
作者：最上壽之

風の流れを意識し、「たなびく雲」をイメージしてつくられた。ビル風を緩和する役割もある。夜間はライトアップされ、ダイナミックな空間を演出している。

【図C3-9】

桜木町 ON THE WALL

神奈川県横浜市中区 桜木町駅
設置年：2004年頃～2007年
作者：ロコサトシほか多数

旧東急東横線高架下の落書きが市民アートとして公認され、横浜市の実験的アート事業の一環として発展。補修・補強工事にともない現在は取り壊され存在しない。

NAGOYA

【図C3-10】

飛翔

愛知県名古屋市中村区 名古屋駅桜通口
設置年：1989年
作者：伊井伸

市制100周年を記念して設置された。縄文土器の縄をイメージしており、市民が大輪となって新しいまちづくりを行い、世界へ情報発信していく未来を象徴している。

【図C3-11】

ナナちゃん

愛知県名古屋市中村区 名古屋駅
設置年：1973年
作者：シュレッピー社（スイス）

名鉄百貨店のシンボルとして誕生した巨大マネキン人形。企業とのコラボ等も積極的に行い、年間40回もスタイルを変える。最新トレンドの発信源としても活躍している。

【図C3-12】

GOLD FISH

愛知県名古屋市中村区 名古屋駅
設置年：2016年
作者：祐成政徳

JPタワー名古屋内の座れる彫刻。名古屋城の金鯱をモチーフとし高さは市章"ハ"に因んで8.88m。桃山文化の躍動する絢爛を未来へ繋げたいという思いが込められている。

OSAKA

【図C3-13】

金時計

大阪府 大阪駅構内5階 時空の広場
設置年：2011年
作者：水戸岡鋭治

発着する列車をプラットホームの上空から見下ろせる時空の広場に設置された時計のモニュメント。「まちの結節点」を象徴し、新たな憩いの場の中心となっている。

【図C3-14】

保存動輪

大阪府大阪市淀川区 新大阪駅
設置年：1984年
作者：不明

蒸気機関車C57155号機の第1動輪の実物。「東海道新幹線20周年記念」で設置された。鋼鉄製で重量は2,660kg、31年間走り続けた歴史を刻む芸術品と言える。

【図C3-15】

OSAKA VICKI

大阪府大阪市中央区 心斎橋駅
設置年：1998年
作者：ロイ・リキテンスタイン

心斎橋の地下街が開業する際、殺風景だった空気冷却塔の壁面に描かれた。ロイ・リキテンスタインが1964年に製作した"ヴィッキー"シリーズが元となっている。

鉄道の電気、駅ビルの電気
～TODの設備計画①

鉄道電源は電気事業者の送電線から電気の供給を受け、それを鉄道用受変電所において電車運転用、駅構内用に変換して、き電線^{（※）}に送り出す。

これに対して駅ビルの電源は鉄道電源とは別契約で一般商用電源として受電している。これは、電気事業法上の「一敷地一引き込み」の原則に抵触してしまうが、TODでは特例的に異種電源の共存が認められている。そのため、混線しないよう一般商用電源と鉄道電源の供給範囲を明確に区分することが求められるのだ。

（※）き電線…電車に直接接する架線（電車線）に電力を供給する電線のこと。

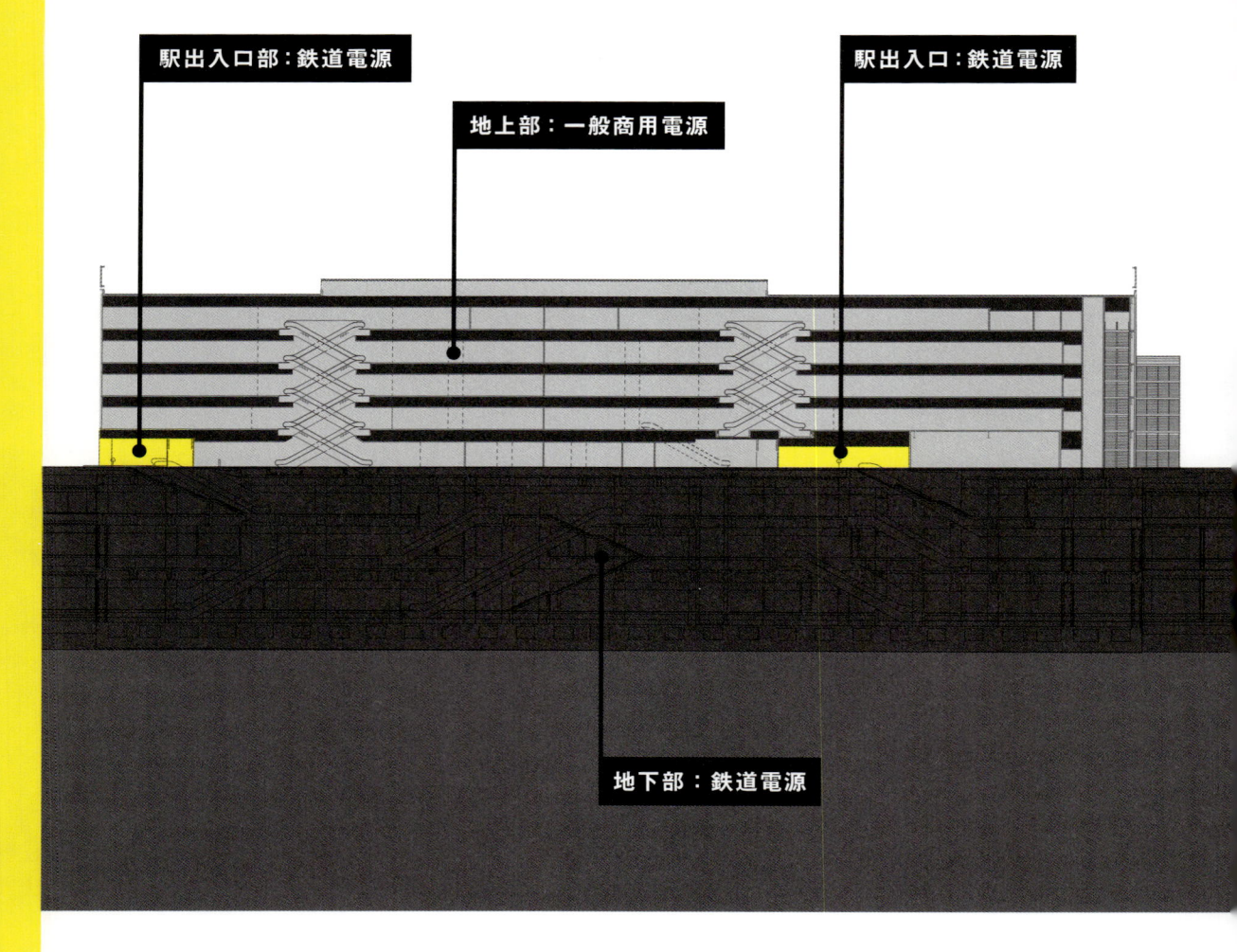

【図E6-1】トリエ京王調布の例

地上駅ビル部分は一般商用電源であるが、地下部分は駅施設のため鉄道電源となっている。ただし、地下駅のため乗客の地上出入口が駅ビルに取り込まれており、駅ビル部分と明確に区画した地上部エリア（黄色で示すエリア）は鉄道電源としている。

ひとつの建物に防災センターはひとつ。
さて駅と駅ビル、どちらにつくる?
~TODの設備計画②

消防法上、大規模な建築物には総合操作盤を設置する中央管理室(以下「防災センター」)を設ける必要があり、ひとつの建物に防災センターを複数設けることは防災指揮管理上混乱をきたす恐れがあるため、原則として防災センターはひとつと定められている。駅と駅ビルが複合するTODの場合、鉄道事業上の安全確保の責務上は駅に設けることが望ましいものの、鉄道事業が商業施設の管理にまで関与することが難しい面もあり、駅と駅ビルのどちらに防災センターを設けるかはケースバイケースとなっている。商業エリアでの火災により電車が止まると利用客に多大な影響が出るため、ここでも切りつつ全体を繋ぐ工夫が必要となるのである。

【図E6-2】防災センターについて

消防法上1棟の建築物には総合操作盤を設置する防災センターを1カ所設置する必要がある。
防災センターは消防隊の消火活動拠点としての機能を担い、一元的に防災設備の状況を把握できる機能を有する必要がある。

	A案	B案	C案	D案
防災の形式	ビル:防災センター 駅:監視盤置場	ビル:主防災センター 駅:副防災センター	ビル:防災センター 駅:防災センター	ビルの防災センターの中に駅の防災監視もまとめて設置する。
模式図	駅ビル／鉄道駅／防災センター／駅務室	駅ビル／鉄道駅／防災センター／副防災センター	駅ビル／鉄道駅／防災センター／防災センター	駅ビル／鉄道駅／防災センター(総合操作盤)／駅務室
総務大臣認定取得の要否	不要	不要	必要 一建物に複数の総合操作盤があるため、消防設備の設置に関する総務大臣認定を取得する必要がある。	不要
防災センター評価	所轄消防の指導による	所轄消防の指導による	所轄消防の指導によるが、総務大臣認定取得にあたり性能評価を受けるため不要と判断される可能性あり。	所轄消防の指導による

Future of TOD

未来のTODを考える

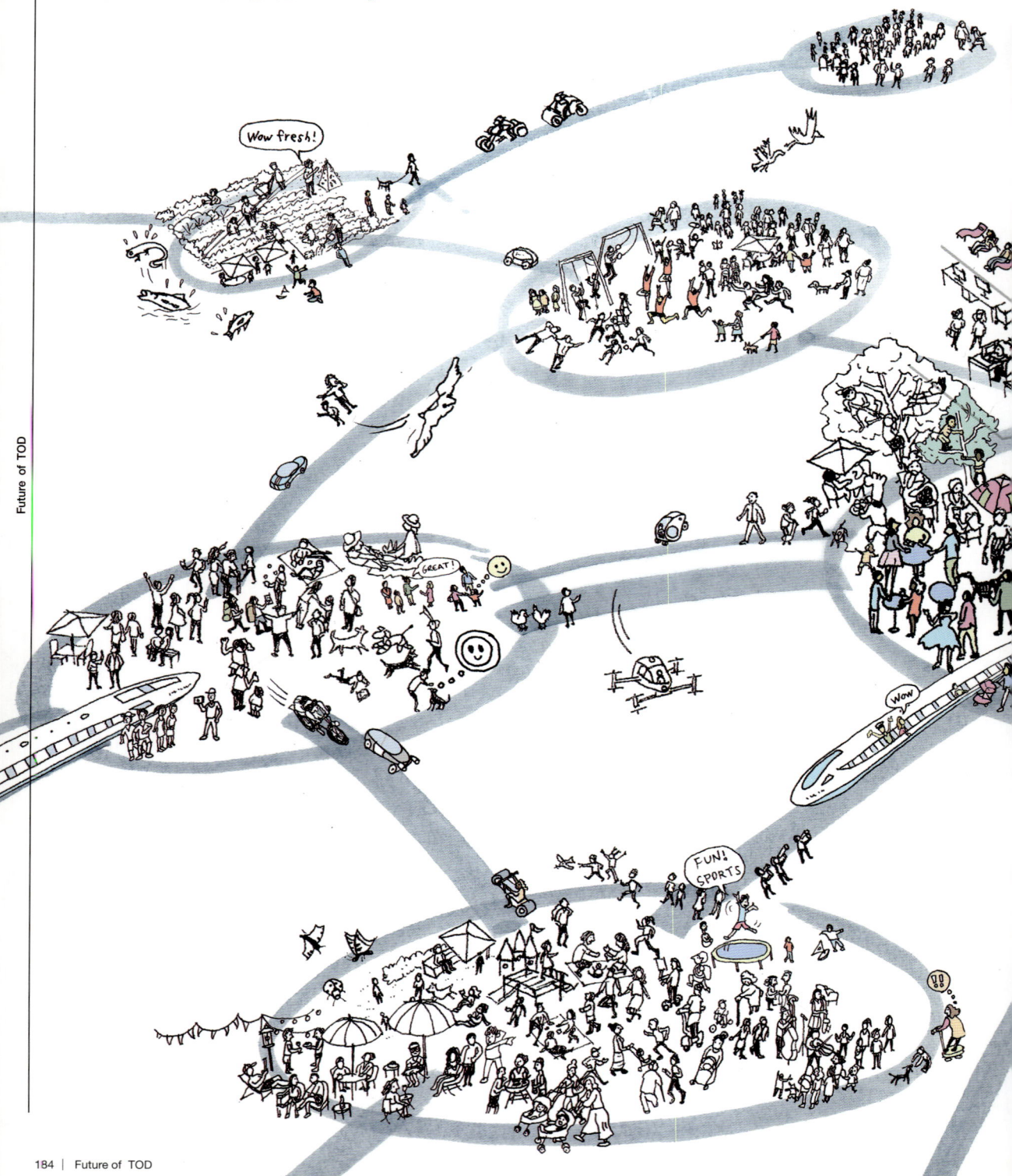

バブル期以降の東京をはじめとする日本の大都市の開発推進力を担ってきたTOD。これらの公共交通を前提とした都市のあり方は日本固有のものとも言える。メガシティ東京においては、ことさら「中心性」が都市発展において重要となり、中心と外縁を結ぶ「交通」が都市構造の中心であることは必然であった。しかし、今後は情報技術やモビリティそのものの技術革新により、より多様な「移動」のあり方や、それにともなう都市の形態が展開されていくだろう。特に、

シェアを基軸とした新しい社会像は、交通だけでなく各所に既に現れ始めている。「中心性」から「分散」。それが社会の向かう方向性だとすれば、TODの持つ価値とは何であったのかを、今一度見つめなおし、TODそのもののあり方やマインドセットを再考する段階にきているだろう。TODの魅力について語ってきたこの本の結びとして、急速に変わっていく社会の中で、将来TODがどのような価値を発揮するのか、その仮説を考えていく。

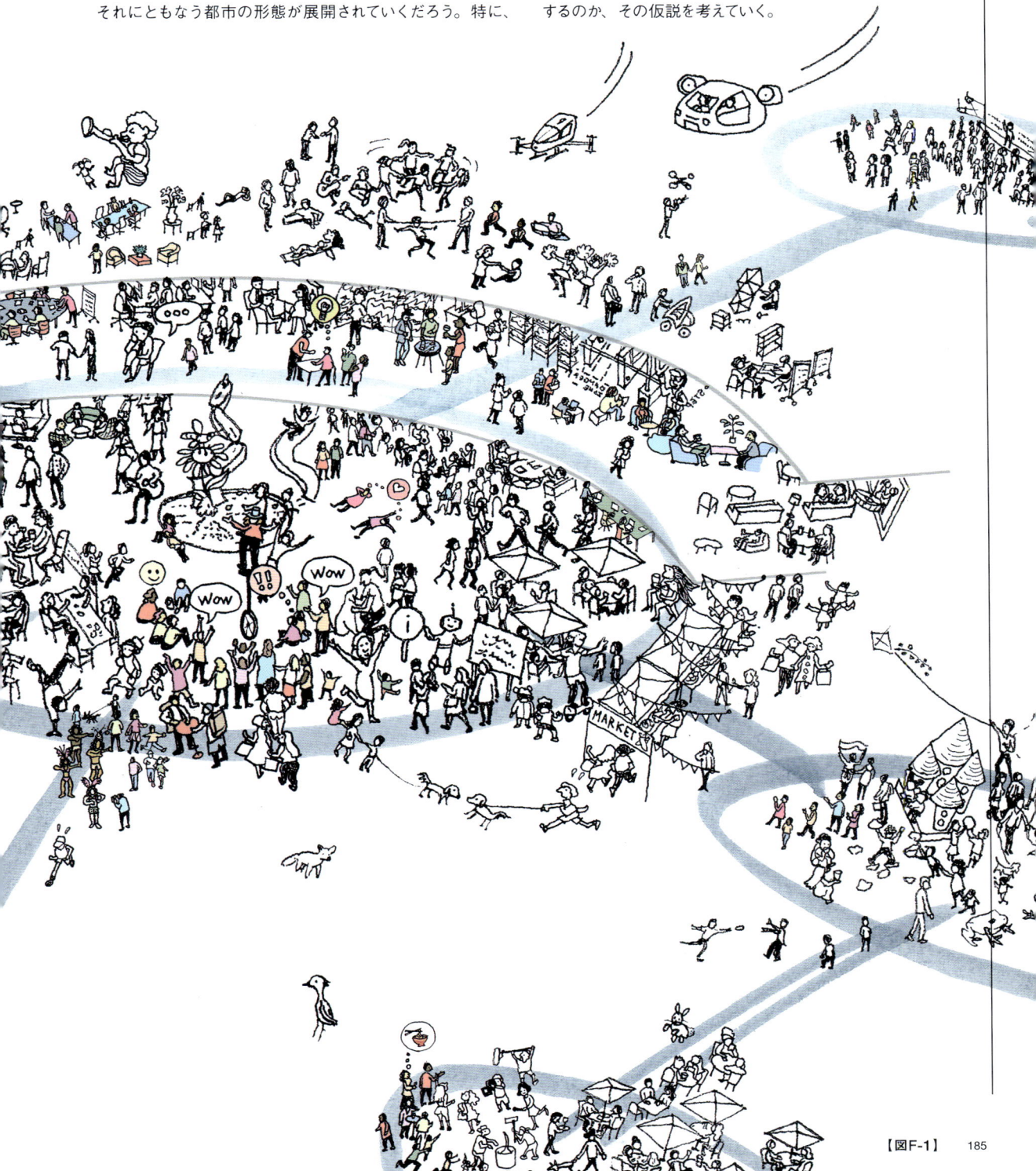

What is Future Society?

昨今の急速な社会環境の変化により、都市における人びととのライフスタイルや価値観は大きく変わりつつある。IoTやICT、AIやロボティクス等による技術革新、人間の長寿命化（人生100年化）や働き方の変化、ブロックチェーン※1による分散型社会の進行など、あらゆる領域で変化はますます加速していく。その中で、ひとりひとりの生き方はより

多様化し、求められる都市機能や環境は、ますます複雑化していくだろう。このような状況において、未来都市は、TODはどうあるべきだろうか？
ここでは、未来のTODを考える上で勘案すべき社会背景を整理する。

TOD4.0時代へ	さまざまな経験を享受できるまちとしての交通拠点

未来のTODを考える上では、効率性と合理性という近代化の潮流の中で追究されてきた価値観からの発想転換が求められる。そこでは「移動」をアクティビティの中心に据えてきたこれまでの交通拠点のあり方から、効率性や合理性を越えた、ユーザーにとっての価値を提供する場として転換を図ることが望ましい。
単に「移動」と、それに付随する副次的なアクティビティ（駅ビル開発による商業活動等）を提供する場づくりではなく、

ユーザーの経験価値からエリアの価値を最大化する場のあり方を追求していくこと。それは「移動」の需要が減少していく、あるいは他の交通機関への需要転換が起こり得る未来においても、「移動」という文脈に縛られない冗長性の高い価値創造が可能となるであろう。
移動だけでない、さまざまな目的で訪れたくなる場づくりが、TODの未来形＝TOD4.0を考えるヒントとなるだろう。

駅の出現	駅ビル一体	駅まち一体	駅まちひと一体
TOD1.0	TOD2.0	TOD3.0	TOD4.0

機能的価値づくり　　　　　現在　　意味的価値づくり

【図F-2】Transition of TOD

社会背景 1　MaaSの到来：「移動」に求められる価値の変容

Uber※2やLime※3等、都市の遊休資産を活用した新しいモビリティサービスが示唆する通り、シェアの世界では、交通や移動の概念も変容していくであろう。シェアの概念の中では、どこからが公共で、どこからがプライベートなのか、その垣根は段々と消失していく。特にUberのように利用者に寄り添うフレキシブルなモビリティは、利便性や効率性という点で、既存の公共交通システムとの比較においても優位となる可能性が高い。シェア社会においてさらに利用者が増え、コストが下がることを想定すると、公共交通はこれまでのように「移動」の効率性や利便性の追求だけでは取り残されてしまう可能性がある。

このような中、公共交通サービスには「移動」だけでない新しい価値創出が求められるであろう。これがMaaS（Mobility as a Service）の世界である。その時、移動に関わる機能的な価値だけでなく、そこで得られる新しい価値を追究していくことが必要とされる。つまりこれからは、既存の交通サービスの枠に留まらず、あらゆる移動手段を繋ぐことで利便性を高め、利用者がより多くの自由な時間を過ごせるような、移動の価値を転換する新しいサービスモデル／ビジネスモデルが求められるだろう。

【図F-3】「移動のシェア」は拡大している。

【図F-4】自動運転は移動時間の価値を変えるだろう。

【図F-5】MaaSの概念図

社会背景 2　場に縛られない分散型社会の到来

WeWorkをはじめとするコワーキングの市場規模の急成長が物語る通り、既に働き方や生き方において、場所やこれまでのルールに縛られない自由な新しいスタイルが模索され各所で広がりを見せ始めている。国が掲げる「働き方改革」も今後これを後押ししていくだろう。

人生100年時代を迎えつつあり、さらに価値観の多様化、ライフスタイルの多様化は進んでいく。

TODを考えること。それは、公共交通ひいては公共交通中心のライフスタイルの価値を考え、問い直すことである。

さらには、日本における未来の都市やそこでの暮らしのあり方を考えていくことでもある。未来に向けたTODのアップデートを行うことで効率性や合理性という20世紀のフレームを越えた、新しい意味的価値の創造を目指すべきではないだろうか。

中央集権型　　自律分散型

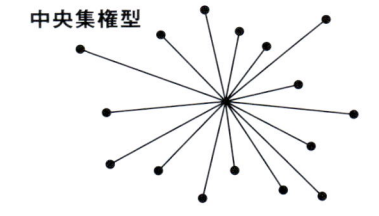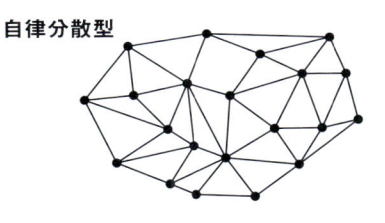
【図F-6】中央集権型と自立分散型のイメージ。

※1：各種のやり取りの履歴を暗号技術によって1本の鎖のように繋げ、正確な履歴を維持しようとする技術。これにより、個々のシステムがそれぞれ台帳情報を保有する世界から、台帳情報の共有を前提としてシステムが分散したままに連携する新しい世界へと変わることが予想されている。仮想通貨のほか、金融商品や不動産等の取引、所有者が異なる産業機器間の情報伝達等幅広い適用が見込まれる。

※2：アメリカのウーバー・テクノロジーズが運営する、自動車配車ウェブサイトおよび配車アプリ。現在は世界70カ国・地域の450都市以上で展開している。

※3：LimeBike社がアメリカ・ロサンゼルスを中心に展開する、電動スクーターシェアサービス。最大時速24kmと、自転車よりもスピードを出すことができる。車に代わる移動手段として、シェアを拡大している。

「移動」のためのターミナルから
ヒト・モノ・コトの集積する「まち」としてのターミナルへ

交通拠点を単なる「移動」の拠点としてではなく、ヒト・モノ・コトの集積する都市の拠点として整備することで、新しい価値を創出することはできないだろうか。「移動」のためだけでなく、そこでの特別な経験やアクティビティを目的に交通拠点を訪れる、そんな未来が描けないだろうか。それはさまざまなヒト・モノ・コトに出会える、経験とアクティビティの集積する「まち」と融け合う未来の交通拠点の姿である。そこでは、さまざまな出会いにあふれ、予期せぬ喜びに出会える。そこは、旧来の整然と機能整理をされたターミナル空間ではなく、予期せぬ出来事や使い方を許容し、さまざまな関わり方を生み出す「遊び」や「余白」を持たせた、柔らかでしなやかな次世代のターミナル空間である。これまで駅前で想像もしなかった過ごし方やアクティビティが展開されていくことだろう。例えば、駅＝オフィスとして、さまざまな出会いを創出するビジネスの拠点となったり、はたまた、駅＝シアターとして、ゲリラ的なファッションショーのように、思いもかけない出来事に出会えるエンターテイメントの拠点となるかもしれない。多種多様な経験・アクティビティを創出する拠点としていくこと。それは、これまでの移動のためのターミナルから、豊かな経験を生み出すアクティビティのターミナルへと変わることである。やがては、アクティビティがまちへ伝播し、影響を受けたまちがアクティビティを創出する場へと変容するように、駅とまちはアクティビティを介して融け合うことだろう。

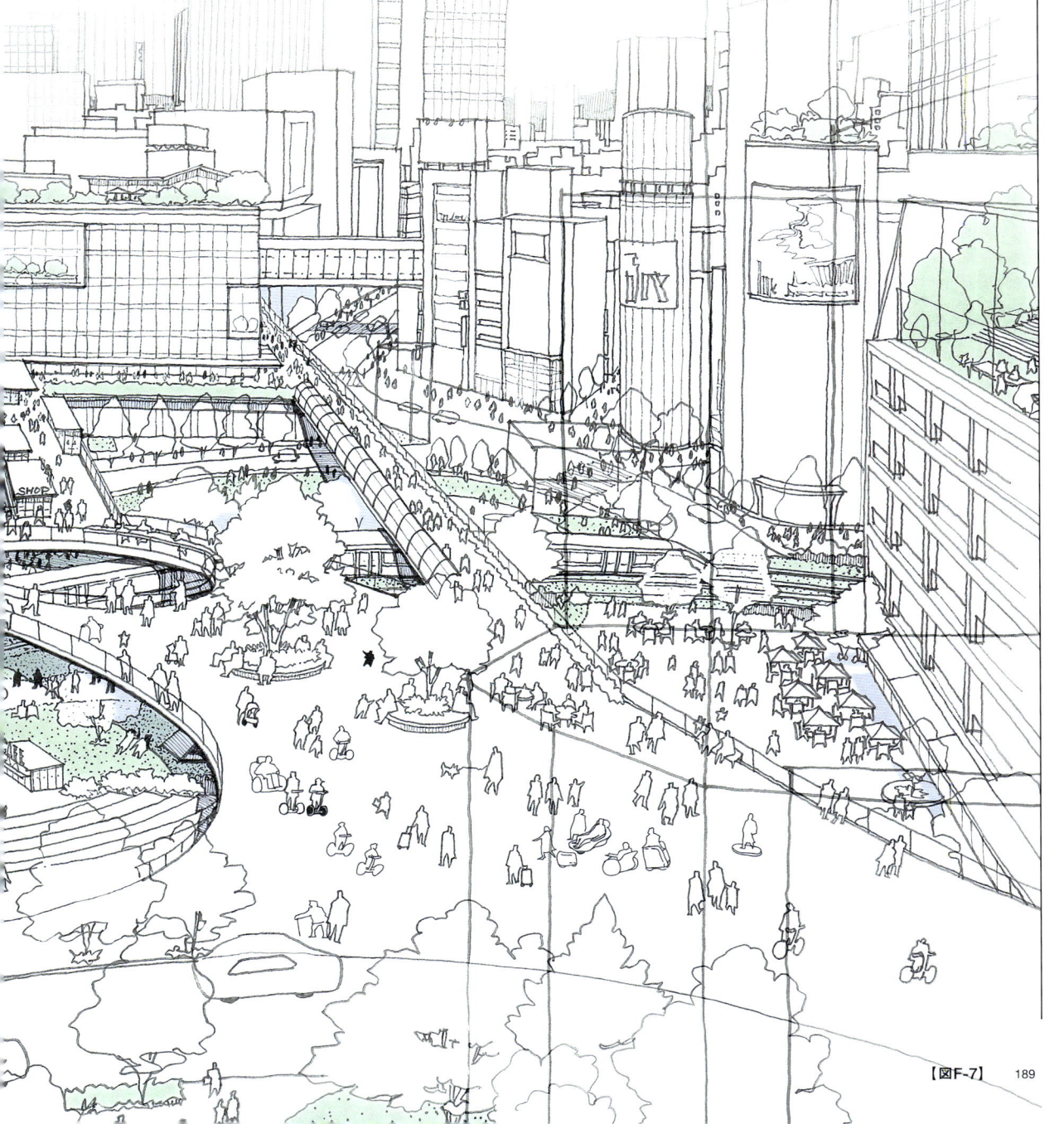

「ユニバーサル」を超えた新しい公共性
地域へのローカライズと、個人へのパーソナライズ

ここにしかないローカルな体験がある。

まちに詳しい人の情報が見える。

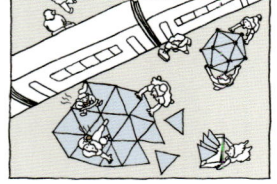

自分だけの場をつくることができる。

荷物を持たない移動がある。

駅が広場のようにくつろぐ場になる。

個性を表現できる場がある。

まちに降り立つ時、初めに接する風景が駅前のターミナル空間であり、そこで見えてくる風景や経験こそ、そのまちのファーストインプレッションとして心に刻まれるものである。果たして、これまでの交通拠点は、まちの「玄関」として、あるいは、そのまちのキャラクターを体現する「メディア空間」として役割を担ってきただろうか?

こと交通拠点とは、さまざまな人びとが往来するきわめて公共性の高い場であり、多様性を包摂する場である。これまでの交通拠点においては、「公共性」を優先するあまり、過度にユニバーサル性を追い求めた無味無臭の場づくりに傾倒してきたことも事実である。その結果として「似たような顔つき」の駅前や都市空間が多数出現した。かつて、日本の都市には、社会的・法的には曖昧でグレーだが、都市に彩や活力を与えていた場所があったはずである。戦後の

闇市や現在も残る横丁文化等はその名残であり、確実に都市の面白さや活力を生み出してきた。近年の一連の再開発の流れの中で、これらは整理され、消し去られ、本来都市の持っていた「澱み」は常に浄化されてきた。

しかし、未来において、ロングテールな場づくりを実現するためには、すべてを同化し均質に扱う、これまでの「公共性」の概念を再考し、ステレオタイプを乗り越えていくことが求められる。それは、誰もが使いやすい、そして訪れることのできる、というこれまでの「ユニバーサル性」を超えた先の、新しい「公共性」をどのようにデザインするか、という問いでもある。TODの未来を考えることは、こういった未来の都市像を考えることと同義であり、都市や地域を牽引していく未来のまちづくりのドライバーとなることが求められる。

では、これからの時代において、都市に必要なものとは何な

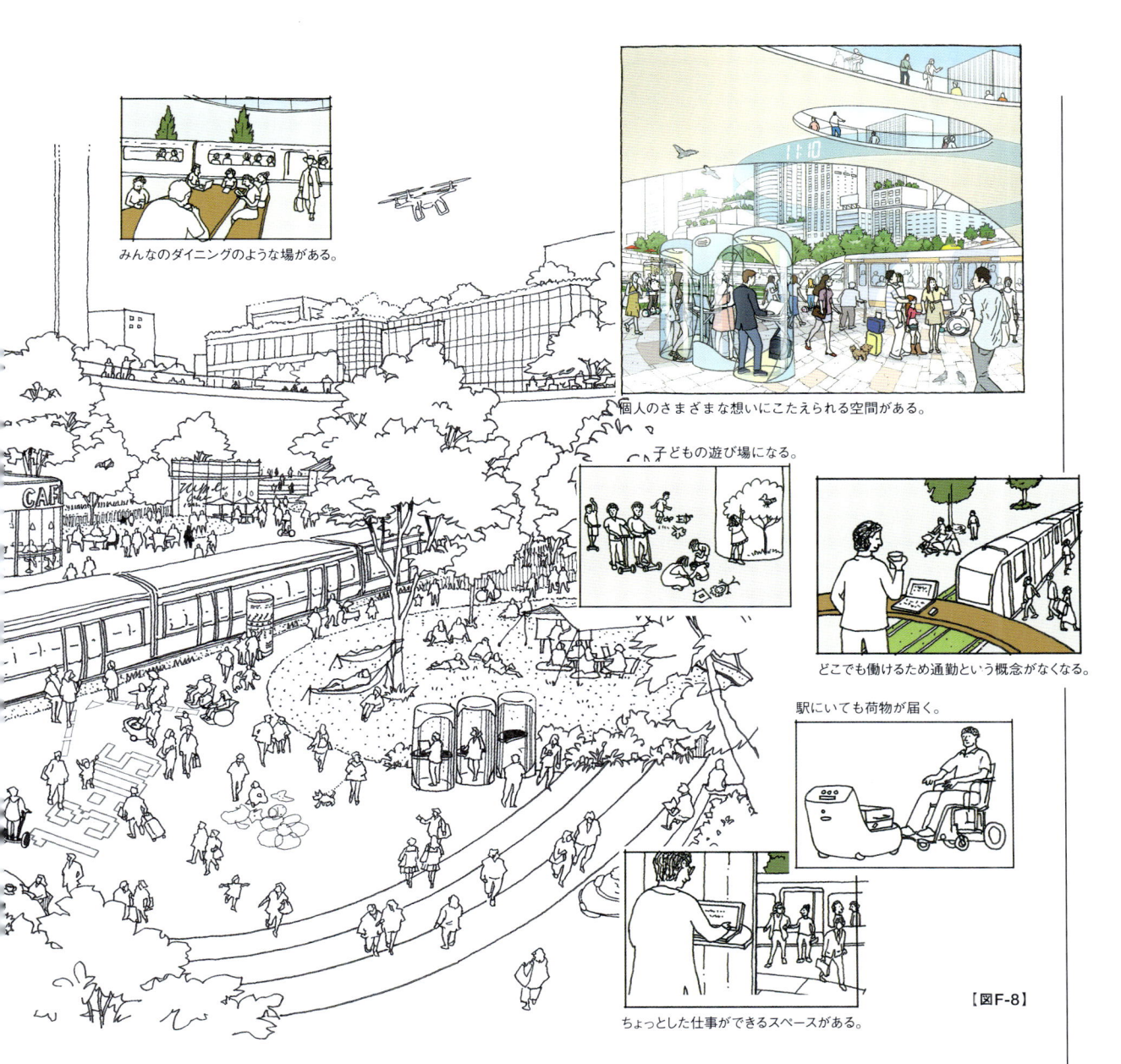

みんなのダイニングのような場がある。

個人のさまざまな想いにこたえられる空間がある。

子どもの遊び場になる。

どこでも働けるため通勤という概念がなくなる。

駅にいても荷物が届く。

ちょっとした仕事ができるスペースがある。

【図F-8】

のだろうか？ ひとつは、都市や地域のローカリティと、そこで営みを行う人びとのパーソナリティであろう。そこにしかないモノやヒト、コトに出会えることが大きな価値であり、都市の価値づくりにはキャラクターや個性がますます必要とされる時代となる。交通拠点は、これらを深く受け留める器として、地域や人びととの個性を体現し、発信していく場となることが求められるだろう。駅に訪れれば、そのまち固有の出来事や風景に出会える、そんな駅のあり方もひとつの答えであろう。

これらを体現していくためには、物理的な建築や空間のデザイン、入居するテナント店舗のキャラクターはもちろん、そこでの人びとの振る舞いや場の雰囲気、世界観までを含めて、ユーザーの目線からトータルでデザインを徹底的に考えていく必要がある。それには、ハードに重心を置いたトップダウンの都市計画だけでなく、ユーザーからの認知や動向を踏まえた、細や

かでしなやかなボトムアップの都市計画が必要になる。ここでは、都市の運営に関わるフレームワーク・手法だけでなく、関連するさまざまなテクノロジー（消費者行動把握のためのICT技術等）の導入が新たな活路を拓くだろう。地域の個性や「らしさ」とはどのようなものか？ そこでは、どのような経験がふさわしいのか？ そのためには、どのような仕掛けが必要となるのか？ ここでは、すべてが「個別解」であり、これまでのような紋切型のやり方や「当たり前」は通用しない。いかにステレオタイプを乗り越えるか、ということが重要である。そのためには、都市ブランディングとユーザーの経験価値の視点から、高低それぞれの目線をもってデザインを考えていく必要があるだろう。これは、「移動」を前提にしてきたTODからのアップデートであり、「交通」から派生する機能の集積だけでない、そのまち固有の「そこにしかない価値」を生み出す新しいTODのかたちである。

ICTエリアマネジメント
～まちをバリューアップするビックデータの利活用

（※）ICT… Information and Communication Technology「情報通信技術」

はじめに

ビックデータ、IoT、AI ……いずれも世界的規模で進展する情報技術の呼称である。都市および建築領域にこれら高度な情報技術の活用が期待されている。

未来のTODを考えるにあたり、今後、必須の技術要件となろう。都市計画の分野では、都市のコンパクト化や最適な都市経営のあり方を対象に、オープンデータやGIS（地理情報システム）に基づく都市分析が活用されてきている。2010年前後からは携帯電話GPS（全地球測位システム）データをはじめとし、Wi-Fiログや消費者購買履歴データ等の利活用の可能性検証も進められてきている。

半導体の性能が約18カ月で2倍になるという経験則「ムーアの法則」をご存知だろうか。いまや実社会での生成情報量、可処分（利用可能な）情報量の増大（ビッグデータ化）は、ムーアの法則さながらの展開を見せている。

ここでは、未来のTODに資する多様な価値創造を支援するICTを活用した都市マネジメントの方向性を示す。具体的には、地域の価値（エリアバリュー）を高度化させるデータ利活用型都市マネジメントのひとつとして、TODを対象とした「ICTエリアマネジメント」を紹介する。

都市のバリューアップ

都市は生き物である。老朽化もすれば、再生の可能性も秘めている。まちが形成され、社会経済的成長に応じて再開発が実施されてきた。近年では都市再生の観点から、都市の主要拠点部の再々開発が進む。一例として、都市開発が都市のバリューにどのような影響を与えているかを地価を元に可視化した。3年次（1983年→2000年→2017年）の地価の変化（上昇or一定or下落×2時点）からは、主要な都市開発エリアの地価は、開発後にすべて上昇に転換・維持しており、都市開発による再生が都市のバリュー（都市力）を維持・向上させていることが確認できる。ただし、上記は従来のハード面を主体とした都市のバリューアップ例である。今後は、既存の都市施設や社会インフラのストックを最大限に活かすICT等のソフト面を活用した都市のバリューアップが期待される。また、その重要性・有効性がより増すものと考えている。

ICTエリアマネジメント例〈平常時〉賑わうまちをつくる

ICT面から多様な取り組みがあるが、「人の幸せを向上させる」観点からは、都市の人流（歩行者量・移動軌跡等）について、より高精度かつ高解像度のデータを的確に収集・分析・評価することが有益であろう。

人流（歩行者量）は小売店舗数や売上高、地価等と高い関係性を示すと言われており、都市の活性化・賑わいの度合いを測る重要な指標として位置付けられる。

最近ではGPSデータ、Wi-Fiデータ、レーザーカウンター、カメラ画像等のICTを活用した新技術の開発・普及によって、人流センシング技術が高度化し、より高精度かつ高解像度のデータ収集が可能になりつつある。

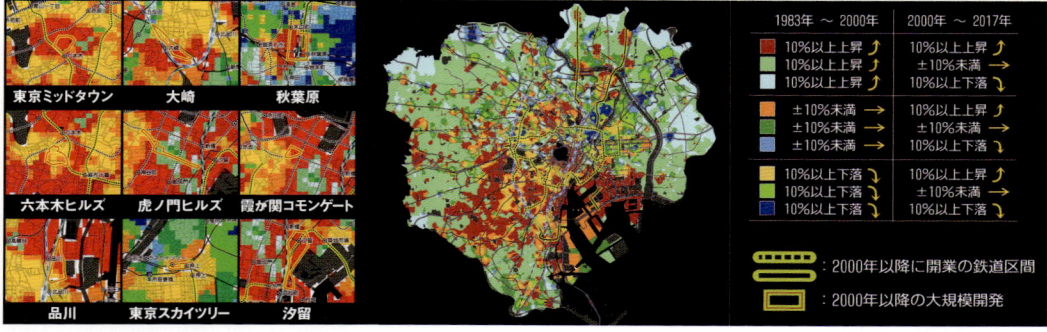

【図C4-1】 大規模都市開発を例とした地価変化

① 携帯GPSデータ

GPSデータは人の位置情報の緯度経度を連続的に取得し、人流（歩行者量・移動軌跡等）を計測するデータである。

一例としてAgoopの携帯GPSデータは、一定時間間隔（加えて、アプリケーション操作時）で取得した緯度経度情報を元に、1日の人の移動軌跡を把握する。ただし、個人属性は除いている。

東京23区における1日の人の動きを図C4-2に可視化した。鉄道沿線上に多くの移動（位置情報の取得）が見られ、鉄道中心の都市構造であると共に、都心拠点駅（JR山手線等）をハブとした人の動きが概観される。

【図C4-2】東京23区における1日の人の動き［データ提供＝Agoop］

東京都心（JR山手線周辺）における人の滞在状況について平日・休日別で比較する。

平日では、出勤等により山手線東側エリアへの集中が見られ9時から15時までの時間変動は大きくない。一方で、休日は平日よりも都心への集中時間帯が遅く、商業地が集積する都心拠点駅に分散していることが分かる。

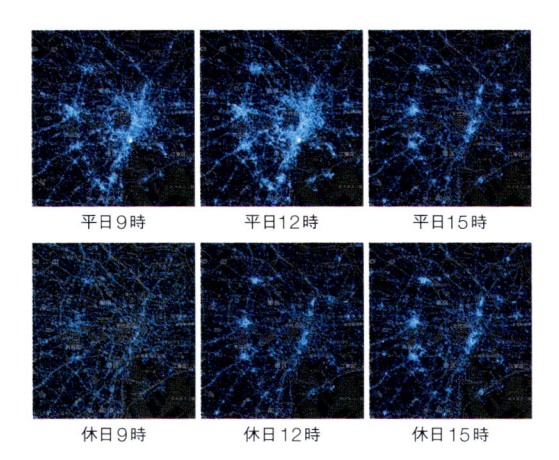

平日9時 平日12時 平日15時

休日9時 休日12時 休日15時

【図C4-3】東京都心における人の滞在状況（平日・休日）
［データ提供＝Agoop］

［渋谷駅周辺における人の動き（主要動線・移動軌跡）］

渋谷駅周辺における平日1日の人の動きを、時系列で移動軌跡を結ぶと図C4-4になる。渋谷駅半径1km圏内の人の主要動線（どの方面から渋谷駅に集まってきて、どのエリアに多くの人が滞在しているか）を確認することができる。

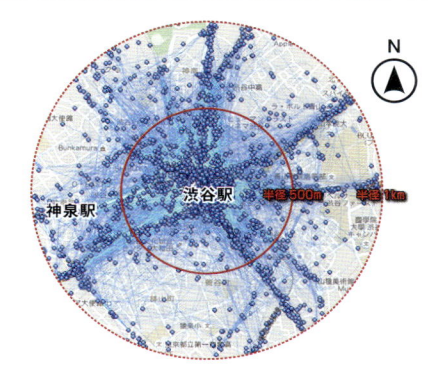

【図C4-4】渋谷駅周辺における1日の人の動き（分析結果）

［渋谷駅周辺のエリア別・時間帯別の滞在状況］

渋谷駅周辺の利用用途の異なるふたつのエリアに着目して時間帯別の滞在状況の特徴を見る。

図C4-5からは、オフィス・商業等の複数用途で構成される明治通り西エリアは、8時以降から深夜まで比較的フラットな滞在分布が見られ、1日を通して 当該エリアに人が滞在（滞在人数割合の変動が小さい）している。

オフィス中心の明治通り東エリアでは、1日の変動が西エリアに比べ大きく、特に20時以降の時間帯では滞在者の減少が顕著（帰宅行動と想定）である。

明治通り西エリア

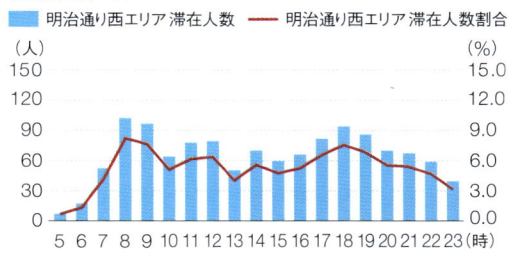

明治通り東エリア

【図C4-5】渋谷駅周辺2エリアの滞在状況の違い（分析結果）

[建物用途とのマッシュアップによる用途別滞在時間の把握]

建物用途の空間情報（GISデータ）をベースとして、携帯GPSデータをマッシュアップすることで、15分以上の同一建物用途の滞在者を対象に、用途別平均滞在時間を算出した。分析結果は、ナンプル数に限りがあるものの、事務所建築物平均7.0時間、商業施設平均2.2時間の滞在という数値が得られている。

今後、建物内の鉛直方向の分析等各種拡張も必要であるが、本分析方法を援用すれば、現状の利活用状況ならびにエリアの滞在時間や回遊行動を誘発するための建物用途構成や配置の検討に資する基礎データに利活用できる。

土地利用	平均滞在時間（h）
事務所建築物	7.0
宿泊施設	8.2
商業施設	2.2
住商併用建物	4.8

【図C4-6】用途別平均滞在時間（分析結果）

② Wi-Fiログ

Wi-Fiデータは、まちなかに設置されたWi-Fiアクセスポイント（AP）から得られるWi-Fi位置情報である。人の位置をAP単位で連続的に取得し、人流（歩行者量）を計測する。携帯GPSでは計測が難しい建物内の鉛直方向のデータ計測（各フロアへのAP設置）が可能である。現状、一般的なAPの交信範囲は100m未満となっている。

一例としてソフトバンクのAPの東京都市圏の分布を可視化した。東京都市圏では、APは鉄道駅周辺に面的に分布している。

【図C4-7】東京都市圏のWi-Fiアクセスポイント分布
［提供データ＝ソフトバンク］

[大阪御堂筋の大規模イベントにおける人流分析]

大規模イベントを例として、Wi-Fiデータの利活用可能性を検証した。イベントエリアの滞在者と来訪者を再現した。滞在者は10〜40歳台が中心であり、朝から急増してイベントの時間帯でピークを示す（図C4-8）。来訪者は大阪府内が約6割で、大阪府外から約4割を占める。（図C4-9）。移動ピークを断面交通量で把握するAPからは、イベントに応じてふたつのピークが確認される（図C4-10）。これまで定性的にしか捉えられなかった事項が定量的に把握可能となっている。本検証を踏まえると、Wi-Fiデータや携帯GPSデータ・基地局データ、交通ICデータを適切に組み合わせることで、大規模イベントの滞在者をより精度高く把握する可能性が示唆される。

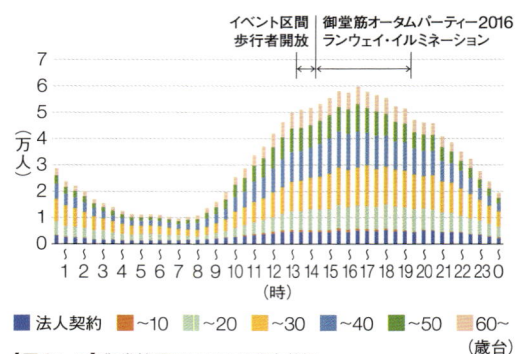

【図C4-8】御堂筋周辺エリアの滞在状況
（年齢別、総アクセス数：個人重複有）

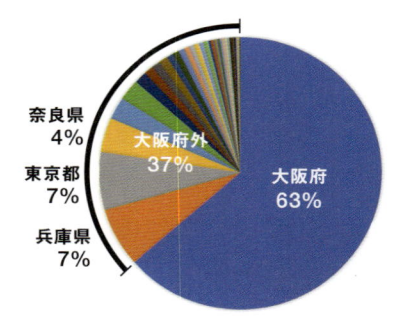

【図C4-9】イベント来訪者の居住地（契約住所にて集計）

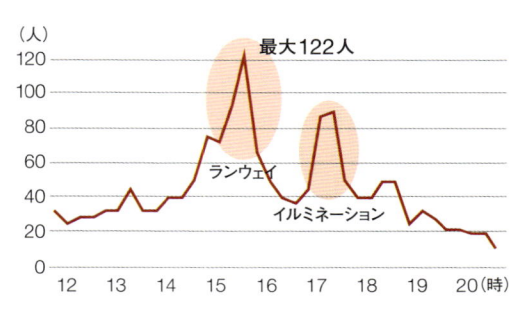

【図C4-10】イベント空間の代表断面における時間帯別通行人数

ICTエリアマネジメント例〈災害時〉
来街者の防災マネジメントを強化する

2011年3月11日の東日本大震災では、首都圏では約515万人（内閣府推計）の帰宅困難者が発生した。来街者は災害時には「寄る辺なき被災者」となり、発災後2～3日程度の間受け入れ可能な施設（一時滞在施設）が必要となる。携帯GPS位置情報を活用し、都市機能集積エリアにおける滞在者の分布状況の時間帯別把握や、被災時の滞在者の行動パターン等を把握し、効率的・効果的な避難スペース計画への活用を試みた。一例として東京駅を紹介する。

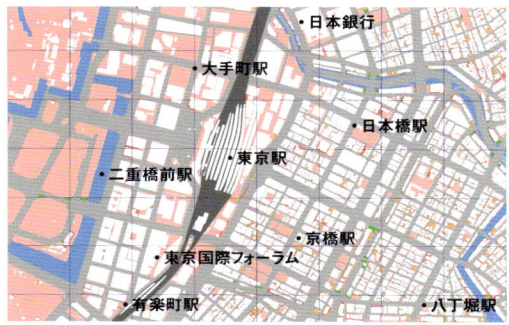

【図C4-11】東京駅周辺の対象エリア（2km×2km）
出典）国土交通省都市局都市安全課「ビッグデータを活用した都市防災対策検討調査（H25、3）」を元に作成

[震災時と平時の滞留状況の比較：東京駅周辺]

東京駅周辺では、日中の最大滞在者数は約60万人。在勤者等が約24万人、来街者は約36万人であった。
震災時の発災直後には、通過者が急減するが、在勤者等のエリア外への移動は少数である。夕刻以降、平時と比べて滞留者（在勤者等、来街者）の減少が緩やかとなっており、帰宅困難者が発生していたことが読み取れる。

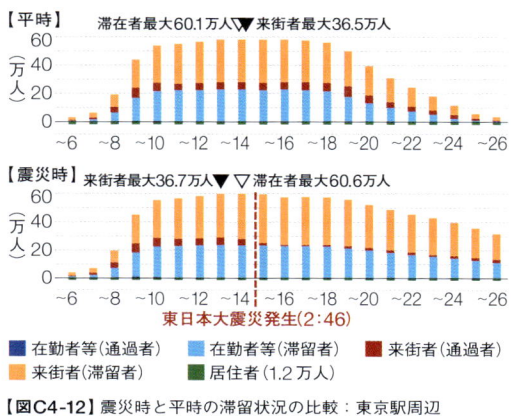

【図C4-12】震災時と平時の滞留状況の比較：東京駅周辺
出典）国土交通省都市局都市安全課「ビッグデータを活用した都市防災対策検討調査（H25、3）」を元に作成

滞留状況の空間分布を再現した図C4-13からは、震災時の深夜において、駅周辺や大規模施設を中心に多くの人が滞留していたことが確認される。

［平時］2011.3.04の滞留状況　　　［発災時］2011.3.11の滞留状況

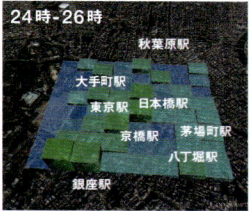

【図C4-13】震災時と平時の滞留状況の比較：東京駅周辺
出典）国土交通省都市局都市安全課「ビッグデータを活用した都市防災対策検討調査（H25、3）」を元に作成

携帯電話等の位置情報ビッグデータは、個々の位置情報や個人属性等、防災マネジメントにおいて非常に有用な情報を有する。特に今後、インバウンドはますますの増加が見込まれ、国内来訪者のみならず、防災に対する外国人対応の視点からもこういった取り組みは重要である。

持続成長可能な都市に向けて

1997年、イギリスの民間事業家：ジョン・エルキントンが、社会・経済・環境を評価するトリプルボトムラインを提唱した。その精神は現在、CSR（企業の社会的責任）として定着している。投資の分野では2006年にコフィー・アナン元国際連合事務総長が提唱したPRI（責任投資原則）を受け、環境・社会・企業統治に配慮したESG投資が普及している。2015年には、国連サミットにおいてSDGs（持続可能な開発目標）が採択され、2030年までの国際目標として、持続可能な世界を実現するための17のゴール・169のターゲットが明示され、今後の進むべき方向性を提示している。
都市をバリューアップし、持続成長可能な都市への取り組みとして、「コンパクトシティ」の推進や「TOD」の高度化が有効な施策であろう。そして、先述のとおり、今後はハード面の対策のみならず、ICTを活用したまちを効率よく徹底的に使いこなすアプローチが重要になるだろう。また、持続成長には、効率性や経済合理性のみならず、多様な価値創造を支援・発展させる環境配慮の視点も忘れてはならない。
今後、国際競争力を有した持続成長可能な都市をつくるにあたっては、国際目標である社会・経済・環境に配慮したまちづくりを進めると共に、エリアバリューを高度化させるICTを活用したデータ利活用型都市マネジメントの実装がスタンダードになるものと考えている。

INDEX

→ 渋谷駅

→ 東京駅

→ 新宿駅

→ 京橋駅

→ 銀座駅

→ 六本木一丁目駅

→ 二子玉川駅

→ たまプラーザ駅

→ 高輪ゲートウェイ駅（品川新駅）

→ 吉祥寺駅

→ 調布駅

→ みなとみらい駅

→ 新横浜駅

→ 大阪駅・阪急梅田駅

→ 上海 龍華中路駅

→ 重慶 沙坪壩駅

→ 広州 新塘駅

→ 釜山駅

各駅の1日あたり平均乗降客数は、特記なき限り
各鉄道会社公表の2017年度データより集計した（※）。
また各プロジェクトの概要については、
『新建築』掲載プロジェクトは当該掲載号のデータシート、
それ以外のプロジェクトについては公表資料等に基づき作成した。
（※）JR東海のみ2016年度、2社線以上は合算

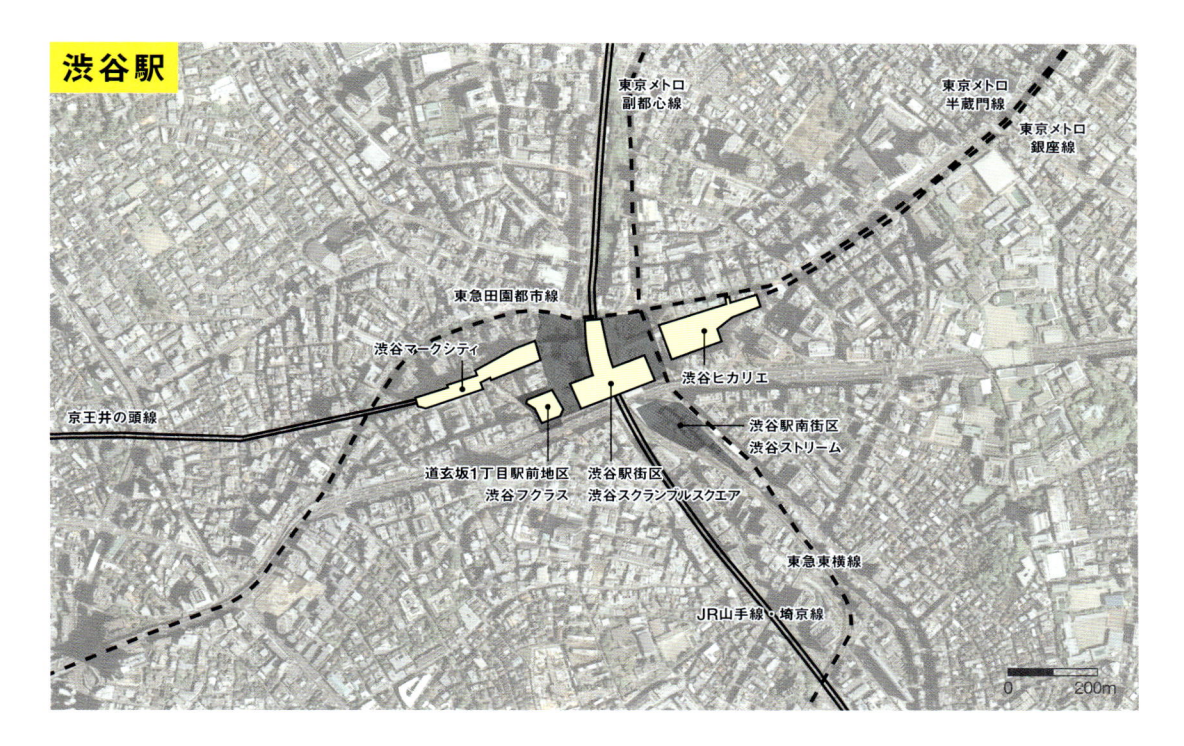

渋谷駅

渋谷駅はJR東日本山手線・埼京線、東急電鉄東横線・田園都市線、東京メトロ半蔵門線・副都心線・銀座線、そして京王井の頭線の4社8路線が乗り入れるターミナル駅である。その地名が示す通り、山手線に沿った南北の細い谷の底を中心として駅が形成されており、その地形を利用し各路線が地上地下でJRと立体交差するように接続しており、複雑な迷路のような駅構造となっている。東京2020オリンピック・パラリンピックを契機として「100年に一度」とも言われる大規模な再開発が行われており、民間開発・鉄道改良と歩調を合わせた駅前広場や歩行者デッキ等の基盤施設整備により、駅の利便性と空間としての魅力が大きく向上し、次世代に向けた新たな「エンタテイメントシティSHIBUYA」としての進化が期待されている。

 JR線／京王井の頭線／
東急（東横線／田園都市線）／
東京メトロ（銀座線／半蔵門線／副都心線）

1日当たり
平均乗降客数
332万人
（2017年度）

| 1 | P.020 | 2 | P.024 |

渋谷スクランブルスクエア

| 19 | P.078 | 24 | P.102 |

所在地	東京都渋谷区渋谷二丁目23番外
建築主	東京急行電鉄 東日本旅客鉄道 東京地下鉄
設計者	渋谷駅周辺整備共同企業体（日建設計・東急設計コンサルタント・ジェイアール東日本建築設計事務所・メトロ開発）
デザインアーキテクト	日建設計・隈研吾建築都市設計事務所・SANAA事務所
施工者	渋谷駅街区東棟新築新工事共同企業体（東急建設・大成建設）
延床面積	約181,000㎡（参考 全体完成時 約276,000㎡）
構造	鉄骨造 鉄骨鉄筋コンクリート造 鉄筋コンクリート造
階数	地下7階 地上7階
最高高さ	約230m
予定工期	2014年度〜2019年度

渋谷ヒカリエ

| 23 | P.100 | 34 | P.140 | 41 | P.166 |

所在地	東京都渋谷区渋谷二丁目 21-1
建築主	渋谷新文化街区プロジェクト推進協議会
設計者	日建設計・東急設計コンサルタント共同企業体
施工者	東急・大成建設共同企業体
敷地面積	9,640.18㎡
建築面積	8,314.09㎡
延床面積	144,545.75㎡
構造	鉄骨造 鉄骨鉄筋コンクリート造 鉄筋コンクリート造
階数	地下4階 地上34階 塔屋2階
最高高さ	182,500m
工期	2009年6月〜2012年4月
新建築掲載	2012年7月号

渋谷マークシティ

| 40 | P.164 |

所在地	東京都渋谷区道玄坂 1-12-1
建築主	渋谷マークシティ
設計者	日本設計・東急設計コンサルタント設計共同企業体
施工者	東急・鹿島・大成・戸田・清水・京王建設共同企業体
敷地面積	14,420.37㎡
建築面積	13,256.08㎡
延床面積	139,520.49㎡
構造	鉄骨鉄筋コンクリート造 鉄骨造
階数	イースト：地下2階 地上25階 塔屋2階
	ウエスト：地下1階 地上23階 塔屋3階
最高高さ	イースト：平均GL+95,670mm ウエスト：平均GL+95,550mm
工期	1994年4月〜2000年2月
新建築掲載	2000年5月号

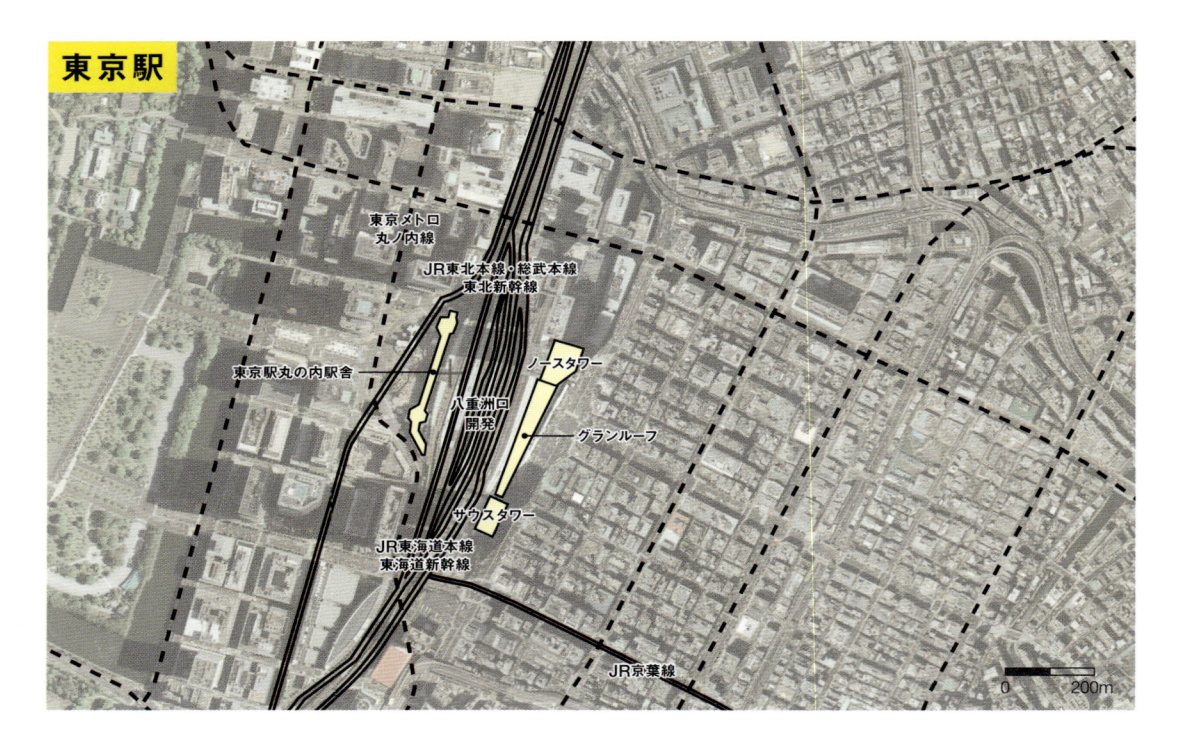

東京駅

東京メトロ
丸ノ内線

JR東北本線・総武本線
東北新幹線

東京駅丸の内駅舎

ノースタワー

八重洲口
開発

グランルーフ

サウスタワー

JR東海道本線
東海道新幹線

JR京葉線

0 ━━━ 200m

東京駅は1914年に開業し、以降100年以上、ビジネスや政治、国際交流、観光等、まさに日本の中心の役割を果たしてきた。2010年代から東京駅丸の内駅舎の保存、復原をはじめ、グランルーフおよび八重洲口駅前広場の完成を経て、2017年には丸の内駅前広場がリニューアルされ6,500㎡に拡張された。「東京駅が街になる」というコンセプトのもと駅基盤のバージョンアップがほぼ完了したことになる。この新しい東京駅を中心に、特に八重洲口エリアの「東京都都市再生プロジェクト(東京圏国家戦略特別区域)」では、多くの再開発事業が2020年以降に完成を控えており、ビジネスや政治、国際交流、観光の拠点としてさらなる飛躍が見込まれている。

🚃 JR線4線／東海道新幹線／東北新幹線／
東京メトロ(丸ノ内線)

| 3 | P.026 |

| 30 | P.122 |

1日当たり
平均乗降客数
147万人
(2017年度)

東京駅 八重洲口開発 グランルーフ

| 13 | P.060 |

| 32 | P.134 |

所在地	東京都千代田区丸の内1-9-1
建築主	東日本旅客鉄道 三井不動産
設計・監理	東京駅八重洲開発設計共同企業体 (日建設計・ジェイアール東日本建築設計事務所)
施工者	東京駅八重洲開発中央部他新築共同企業体 (鹿島建設 鉄建建設)
敷地面積	14,439.18㎡(施設全体)
建築面積	12,792.54㎡(施設全体)
延床面積	212,395.2㎡(施設全体) 14,144.79㎡(グランルーフ)
構造	鉄骨造 鉄骨鉄筋コンクリート造 コンクリート造 膜屋根造
階数	地下3階 地上4階
最高高さ	27,000mm
工期	2009年2月～2014年12月
新建築掲載	2014年12月号

東京駅 丸の内駅舎

| 32 | P.134 |

所在地	東京都千代田区丸の内一丁目
建築主	東日本旅客鉄道
プロジェクト統括・監理	東日本旅客鉄道東京工事事務所・東京電気システム開発工事事務所
設計・監理	東京駅丸の内駅舎保存復原設計共同企業体(建築設計:ジェイアール東日本建築設計事務所／土木設計:ジェイアール東日本コンサルタンツ)
施工	東京駅丸の内駅舎保存復原工事共同企業体(鹿島・清水・鉄建建設共同企業体) 間組(東京ステーションギャラリー内装設備)
敷地面積	20,482.04㎡
建築面積	9,683.04㎡
延床面積	42,971.53㎡
構造	鉄骨煉瓦造 鉄筋コンクリート造(一部鉄骨造 鉄骨鉄筋コンクリート造)
階数	地下2階 地上3階(一部4階)
最高高さ	約45,000mm(フィニアル含む)
工期	2007年5月～2012年10月
新建築掲載	2012年11月号

東京駅 丸の内駅前広場

| 12 | P.056 |

所在地	東京都千代田区丸の内1-9
建築主	東日本旅客鉄道
設計	東京駅丸の内広場整備設計共同企業体(ジェイアール東日本コンサルタンツ・ジェイアール東日本建築設計事務所)
施工者	鹿島建設
敷地面積	約18,700㎡
構造	鉄骨造
階数	地上1階
最高高さ	ガラスシェルター:3,730mm 階段上家:3,940mm
工期	2015年4月～2018年2月
新建築掲載	2018年3月号

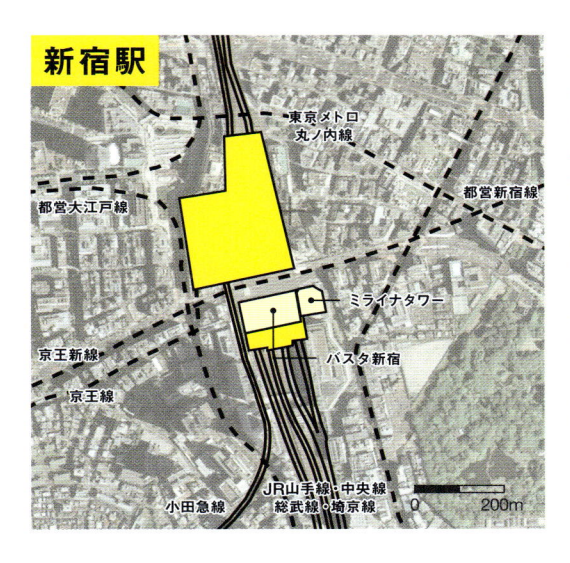

新宿駅

バスタ新宿・JR新宿ミライナタワー

21 | P.084　**45** | P.174

1日当たり
平均乗降客数
338万人
（2017年度）

所在地	東京都新宿区新宿4-1-6 ほか
建築主	国土交通省 関東地方整備局 東京国道事務所 東日本旅客鉄道 ルミネ
設計者	東日本旅客鉄道 ジェイアール東日本建築設計事務所
施工者	新宿交通結節点整備事業・文化交流施設等：大林・鉄建・大成・フジタ建設共同企業体　JR新宿ミライナタワー：大林・大成・鉄建建設共同企業体
敷地面積	17,860.96㎡
建築面積	18,416.18㎡
延床面積	136,875.37㎡
オフィス面積	基準階（オフィス）3,011.21㎡
構造	鉄骨造 一部鉄筋コンクリート造
階数	地下2階 地上33階
最高高さ	168,160mm
工期	2006年4月（交通結節点整備）〜2016年3月
新建築掲載	2016年6月号

🚃 JR線／京王線／小田急線／東京メトロ／都営地下鉄

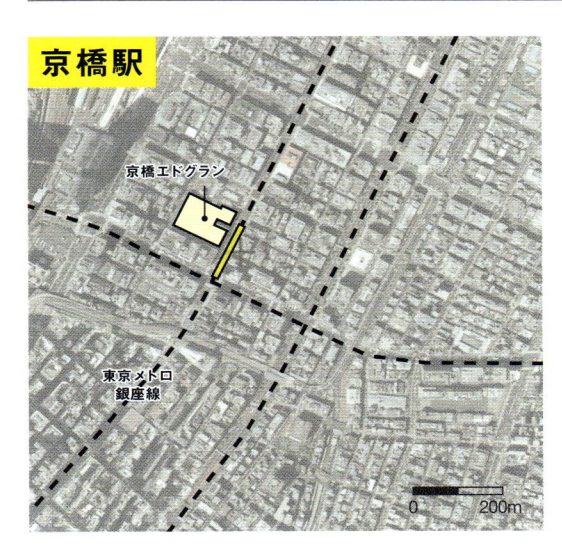

京橋駅

京橋エドグラン

28 | P.116

1日当たり
平均乗降客数
6万人
（2017年度）

所在地	再開発棟：東京都中央区京橋2-2-1 歴史的建築物棟（明治屋京橋ビル）：東京都中央区京橋2-2-8
建築主	京橋二丁目西地区市街地再開発組合
特定業務代行者	日本土地建物 東京建物 日建設計 清水建設
施工	清水建設
敷地面積	7,994.44㎡

【再開発棟／歴史的建築物棟（明治屋京橋ビル）】

設計者	日建設計／U.A建築研究室＋清水建設設計企業共同体
建築面積	5,182.84㎡／553.22㎡
延床面積	113,456.72㎡／5,477.86㎡
店舗面積	3,965.80㎡／1,237.61㎡
構造	鉄骨造 一部鉄骨鉄筋コンクリート造 中間免震構造／鉄骨鉄筋コンクリート造 一部鉄骨造 免震レトロフィット
階数	地下3階 地上32階 塔屋2階／地下2階 地上8階 塔屋2階
最高高さ	170.370m／36.30m
竣工年	2016年10月／2015年7月

🚃 東京メトロ（銀座線）

銀座駅

銀座駅（銀座線／丸ノ内線／日比谷線）

42 | P.168

1日当たり
平均乗降客数
27万人
（2017年度）

所在地	東京都中央区銀座四丁目一番二号、五丁目一番一号／東京都千代田区有楽町二丁目二番地先
建築主	東京地下鉄
設計者	日建設計・交建設計・日建設計シビル
施工者	大成建設
敷地面積	367.03㎡
建築面積	229.23㎡
延床面積	14,316.96㎡
店舗面積	約210㎡
構造	鉄筋コンクリート造 一部鉄骨造
階数	地下3階 地上1階
最高高さ	3.90m
竣工年	本開業：2023年（予定） 暫定開業：2020年初夏頃（予定）

🚃 東京メトロ（銀座線／丸ノ内線／日比谷線）

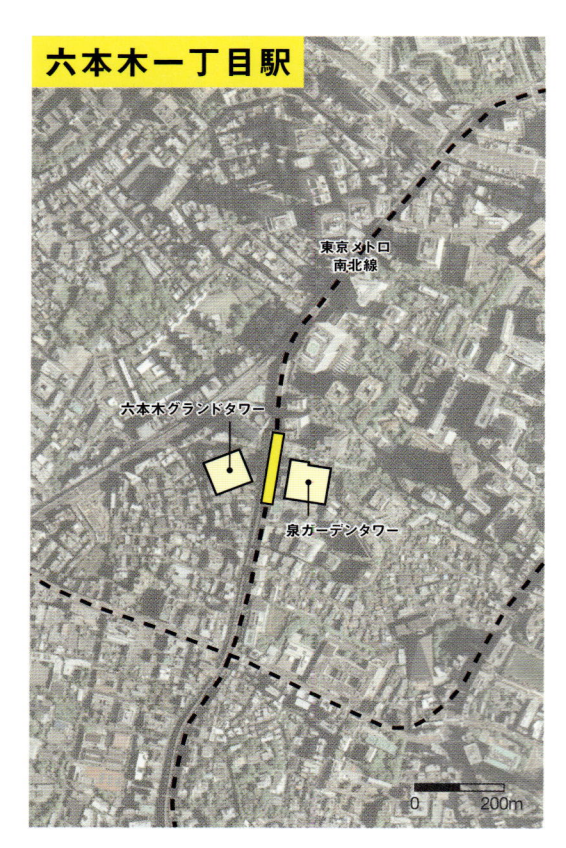

六本木一丁目駅

六本木グランドタワー

所在地	東京都港区六本木3-1,2
建築主	六本木三丁目東地区市街地再開発組合
設計者	総合監修・外観デザイン監修：住友不動産 都市計画・設計：日建設計
施工者	大成・大林建設共同企業体
敷地面積	17,371.73㎡（南街区）
建築面積	9,934.40㎡（南街区）
延床面積	207,744.35㎡（南街区）
構造	鉄骨造　一部鉄骨鉄筋コンクリート造　鉄筋コンクリート造（南街区）
階数	地下5階　地上40階　塔屋2階（南街区）
最高高さ	230,760m（南街区）
竣工年	2016年
新建築掲載	2017年1月号

1日当たり
平均乗降客数
8万人
（2017年度）

泉ガーデン

所在地	東京都港区六本木一丁目
建築主	六本木一丁目西地区市街地再開発組合
設計者	総合監修：住友不動産　設計：日建設計
施工者	泉ガーデンタワー・ホテルヴィラフォンテーヌ六本木：清水建設／鴻池組・淺沼組・鹿島建設・竹中工務店・住友建設JV　泉ガーデンレジデンス：住友建設・淺沼組JV　泉屋博古館分館：住友建設・錢高組・大成建設JV
敷地面積	23,868.51㎡（全体）
建築面積	11,989.73㎡（全体）
延床面積	208,401.02㎡（全体）
構造	鉄骨造　一部鉄骨鉄筋コンクリート造　一部鉄筋コンクリート造
階数	泉ガーデンタワー：地下2階　地上45階
最高高さ	泉ガーデンタワー：HGL+201,000mm
工期	1999年6月～2002年6月
新建築掲載	2003年1月号

🚆 東京メトロ（南北線）　**29** | P.118

二子玉川駅

二子玉川ライズ

8 | P.038　　**16** | P.068

1日当たり
平均乗降客数
16万人
（2017年度）

所在地	東京都世田谷区玉川1-5000、1-14-1 ほか
建築主	【第1期】二子玉川東地区市街地再開発組合 東京急行電鉄（鉄道街区） 【第2期】二子玉川東第二地区市街地再開発組合
設計者	【第1期】設計：アール・アイ・エー／東急設計コンサルタント／日本設計 設計共同体　デザイン監修：コンラン＆パートナーズ 【第2期】日建設計／アール・アイ・エー／東急設計コンサルタント設計共同企業体
施工者	【第1期】東急・清水建設共同企業体（土木）大成建設（I-a街区 III街区）東急建設（I-b街区　II-b街区　鉄道街区他）【第2期】鹿島建設
敷地面積	【第1期】87,400㎡（鉄道街区含む）I-a街区：2,950.05㎡　I-b街区：13,416.66㎡　II-b街区：3,472.03㎡　III街区：25,180.97㎡【第2期】28,082.83㎡（II-a街区）
建築面積	I-a街区：2,468.45㎡　I-b街区：11,070.76㎡　II-a街区：22,466.02㎡　II-b街区：2,471.55㎡　III街区：18,426.13㎡
延床面積	【第1期】272,400㎡（鉄道街区含む）I-a街区：17,201.07㎡　I-b街区：106,750.78㎡　II-b街区：9,428.25㎡　III街区：133,353.11㎡【第2期】157,016.25㎡（II-a街区）
オフィス面積	I-b街区基準階（オフィス）：約2,400㎡　I-a街区基準階（オフィス）：オフィス基準階　6～9階：約3,900㎡　10～27階：約3,130㎡
構造	【第1期】鉄骨造　一部鉄骨鉄筋コンクリート　鉄筋コンクリート造【第2期】鉄筋コンクリート造　鉄骨造　鉄骨鉄筋コンクリート造
階数	【第1期】地下2階　地上42階　塔屋2階　【第2期】地下2階地上30階　塔屋2階
最高高さ	I-a街区：45,700mm　I-b街区：82,160mm　II-a街区：137,000mm　II-b街区：13,810mm　III街区：149,000mm
工期	【第1期】2007年12月～2010年11月【第2期】2012年1月～2015年6月
新建築掲載	【第1期】2011年6月号【第2期】2015年9月号

🚆 東急（田園都市線／大井町線）

たまプラーザ駅

たまプラーザ テラス
イーストプラザ
（東急百貨店）

東急
田園都市線

たまプラーザ テラス
ゲートプラザ

たまプラーザ テラス
サウスプラザ

0   200m

たまプラーザ テラス

| 9 | P.040 | 15 | P.066 | 38 | P.150 |

1日当たり
平均乗降客数
8万人
（2017年度）

所在地	横浜市青葉区美しが丘1-1-2ほか
建築主	東京急行電鉄
設計者	東急設計コンサルタント
施工者	東急建設
敷地面積	ゲートプラザ：30,969.75㎡　サウスプラザ：6,739.98㎡
建築面積	ゲートプラザ：24,428.07㎡　サウスプラザ：5,204.90㎡
延床面積	ゲートプラザ：87,872.49㎡　サウスプラザ：24,656.52㎡
構造	鉄骨造　一部鉄筋コンクリート造
階数	地下3階　地上3階　塔屋1階
最高高さ	ゲートプラザ　鉄道敷地：30,889mm　南敷地：30,313mm　北敷地：20,549mm　サウスプラザ：19,940mm
工期	ゲートプラザ：2006年6月〜2010年9月　サウスプラザ：2005年11月〜2007年1月
新建築掲載	2011年3月号

🚃 東急（田園都市線）

高輪ゲートウェイ駅（品川新駅）

品川開発
エリア

JR山手線
京浜東北線

0   200m

高輪ゲートウェイ駅

| 33 | P.138 |

未開業

所在地	東京都港区港南二丁目
建築主	東日本旅客鉄道
設計者	東日本旅客鉄道（東京工事事務所 東京電気システム開発工事事務所）品川新駅設計共同企業体（JR東日本コンサルタンツ ジェイアール東日本建築設計事務所）
デザインアーキテクト	隈研吾建築都市設計事務所
施工者	品川新駅（仮称）新設工事共同企業体（大林組 鉄建建設）
敷地面積	未公表
建築面積	未公表
延床面積	約7,600㎡
店舗面積	約500㎡
駅施設面積	約2,400㎡
構造	鉄骨造　一部鉄筋コンクリート造
階数	地下1階　地上3階
最高高さ	約30m
竣工年	本開業：2024年（予定）　暫定開業：2020年春頃（予定）

🚃 JR線（山手線／京浜東北線）

吉祥寺駅

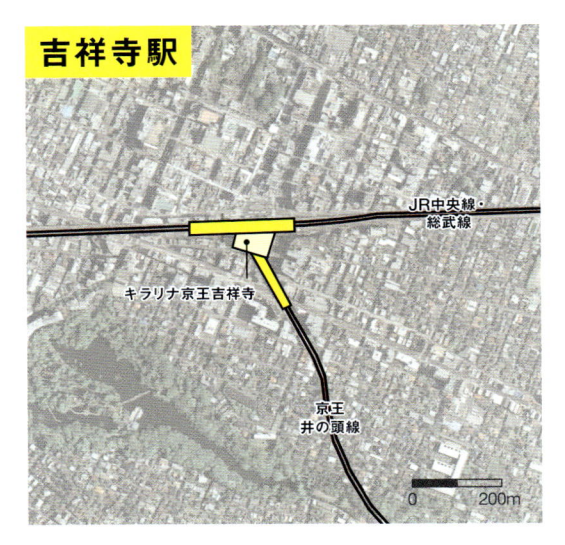

JR中央線・
総武線

キラリナ京王吉祥寺

京王
井の頭線

0   200m

キラリナ京王吉祥寺

| 43 | P.170 | 44 | P.172 |

1日当たり
平均乗降客数
29万人
（2017年度）

所在地	東京都武蔵野市吉祥寺南町2-1-25
建築主	京王電鉄
設計者	日建設計
施工者	大成・京王建設工事共同企業体
敷地面積	3,474.03㎡
建築面積	2,927.03㎡
延床面積	28,441.72㎡
店舗面積	18,621.23㎡
構造	鉄骨造　一部鉄骨鉄筋コンクリート造
階数	地下3階　地上10階　塔屋2階
最高高さ	53.3m
竣工年	2014年

🚃 JR線／京王井の頭線

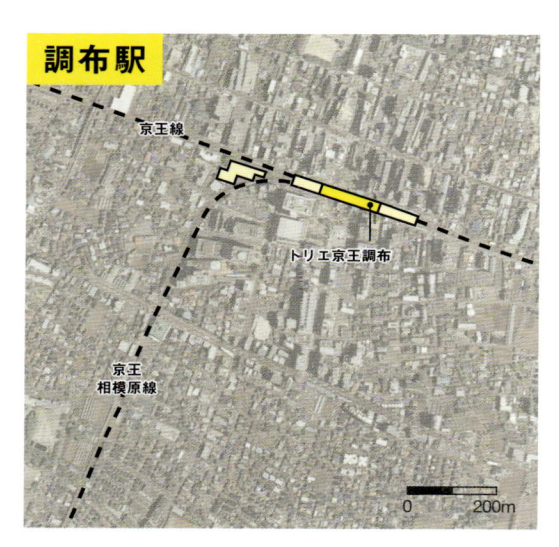

調布駅

トリエ京王調布 A館／B館／C館

| 10 | P.042 | 46 | P.176 |

1日当たり平均乗降客数 **13万人** （2017年度）

所在地	東京都調布市布田4-4-22外／ 東京都調布市布田二丁目48番6外／ 東京都調布市小島町二丁目61番1外
建築主	京王電鉄
設計者	日建設計
施工者	清水建設
敷地面積	7,229.39㎡／1,695.07㎡／6,237.35㎡
建築面積	3,352.30㎡／1,317.86㎡／3,947.34㎡
延床面積	18,041.55㎡／7,321.26㎡／16,237.00㎡
店舗面積	15,657.03㎡／4,839.74㎡／1,245.90㎡（映画館5,771.93㎡）
構造	鉄骨造 一部鉄骨鉄筋コンクリート造／鉄骨造／ 鉄骨造 一部鉄骨鉄筋コンクリート造
階数	地下3階 地上6階 塔屋1階／地下3階 地上4階 塔屋1階／ 地下1階 地上5階 塔屋1階
最高高さ	29.611m／23.690m／28.567m
竣工年	2017年

🚃 京王線／京王相模原線

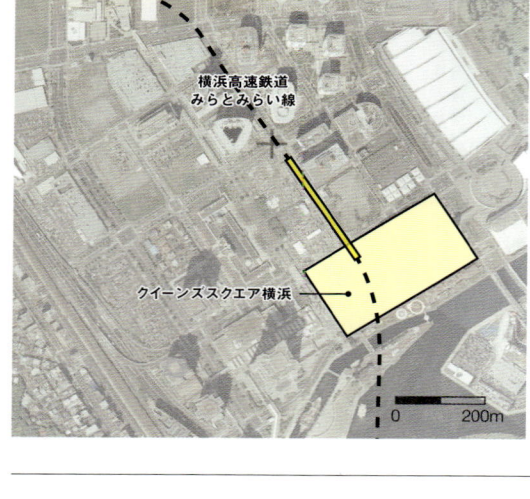

みなとみらい駅

クイーンズスクエア横浜

| 7 | P.036 | 22 | P.098 |

1日当たり平均乗降客数 **8万人** （2017年度）

所在地	神奈川県横浜市西区みなとみらい2丁目3番
設計者	日建設計・三菱地所一級建築士事務所
施工者	T・R・Y90工区：大成建設・鹿島・東急建設・ 住友建設・熊谷組・戸田建設・佐藤工業・五洋建設・鴻池組・錢高組・ 大日本土木・千代田化工三菱地所工区：大成建設・大林組・清水建設・竹中工務店・鹿島・間組・前田建設工業・地崎工業・戸田建設・ 東急建設・三菱建設・飛島建設・松尾工務店・三木組・工藤建設
敷地面積	44,046.48㎡
建築面積	34,490.05㎡
延床面積	496,385.70㎡
オフィス面積	クイーンズタワーA基準階（オフィス）：7〜14階 2,281.63㎡／ 20〜25階 2,325.83㎡／29〜36階 2,369.06㎡ クイーンズタワーB基準階（オフィス）：7〜16階 2,608.40㎡ 19〜28階 2,702.74㎡／クイーンズタワーC基準階（オフィス）：2,962.42㎡
構造	鉄骨造 鉄骨鉄筋コンクリート造 鉄筋コンクリート造
階数	地下5階 地上36階 塔屋2階
最高高さ	171,800mm
工期	1994年2月〜1997年6月
新建築掲載	1997年9月号

🚃 横浜高速鉄道

新横浜駅

キュービックプラザ新横浜

| 20 | P.082 |

1日当たり平均乗降客数 **26万人** （2017年度）

所在地	横浜市港北区新横浜2-100-45
建築主	東海旅客鉄道・新横浜ステーション開発
設計・監理	新横浜駅整備・駅ビル実施設計共同企業体 （日建設計・ジェイアール東海コンサルタンツ）
施工者	新横浜駅整備・駅ビル新設工事共同企業体 （大林組・ジェイアール東海建設・名工建設）
敷地面積	17,380.15㎡
建築面積	15,063.81㎡
延床面積	100,725.86㎡
構造	鉄骨造 一部鉄骨鉄筋コンクリート造 一部柱CFT造 直接地業鉄筋コンクリートベタ基礎、制振ブレース付ラーメン構造
階数	地下4階 地上19階 塔屋2階
最高高さ	74,850mm
工期	2005年6月〜2008年2月

🚃 JR線／東海道新幹線／横浜市営地下鉄ブルーライン

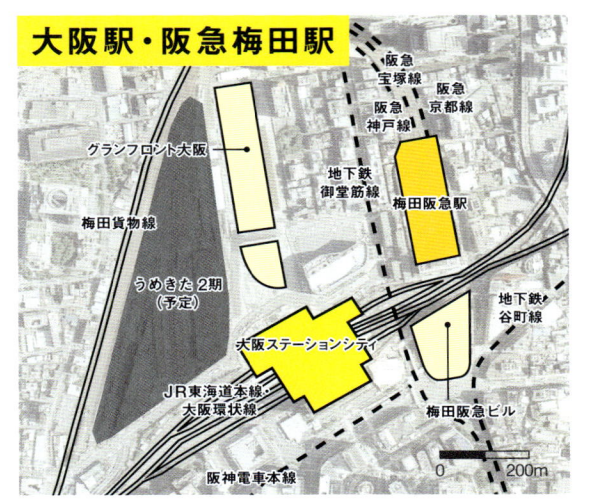

大阪駅・阪急梅田駅

（地図内ラベル）
- 阪急宝塚線
- 阪急神戸線
- 阪急京都線
- グランフロント大阪
- 地下鉄御堂筋線
- 梅田貨物線
- 梅田阪急駅
- うめきた2期（予定）
- 大阪ステーションシティ
- 地下鉄谷町線
- JR東海道本線・大阪環状線
- 梅田阪急ビル
- 阪神電車本線
- 0　200m

大阪駅は1874年開業。また阪急梅田駅は1910年に開業し、1929年の阪急百貨店の開業により駅機能と商業機能を結びつけたTODの原点となり、ふたつの駅は機能を拡張しながらまちと共に成長してきた。大阪駅は2011年に5代目駅舎として更新され、その後グランフロント大阪が開業し北側に商圏を広げ、大阪のキタエリアが一新された。さらに、大阪駅、グランフロント大阪と連動するようにうめきた2期の開発が進んでおり、2026年の事業完了を目指している。「『みどり』と『イノベーション』の融合拠点」をコンセプトに4.5ha規模の都市公園をともなう開発となり、関西国際空港までの所要時間も大幅に短縮される。利便性を向上させながら、ゆとりを創出し、国際的にも先進性の高い都市として成長が期待される。

🚃 JR線6線／阪神本線／
阪急（神戸本線／宝塚線／京都本線）
Osaka Metro（御堂筋線／谷町線／四つ橋線）

1日当たり
平均乗降客数
237万人
（2017年度）

| 4 | P.030 | 5 | P.032 |
| 6 | P.034 | 31 | P.124 |

グランフロント大阪

| 14 | P.064 | 27 | P.114 | 37 | P.148 |

所在地	大阪府大阪市北区大深町
建築主	NTT都市開発　大林組　オリックス不動産　関電不動産　新日鉄興和不動産　積水ハウス　竹中工務店　東京建物　日本土地建物　阪急電鉄　三井住友信託銀行　三菱地所
全体統括設計者	日建設計＋三菱地所設計＋NTTファシリティーズ
	【北口広場】
	基本デザイン＋デザイン監修：安藤忠雄建築研究所
	基本設計：日建設計　実施設計：日建設計＋大林組
	【南館・タワーA】
	基本設計：三菱地所設計（建築）・日建設計（設備）
	実施設計：三菱地所設計＋大林組（建築）・日建設計＋大林組（設備）
	【北館・タワーB】
	基本設計：日建設計
	実施設計：日建設計＋竹中工務店
	【北館・タワーC】
	基本設計：NTTファシリティーズ
	実施設計：NTTファシリティーズ＋竹中工務店
	ホテル内装設計：NTTファシリティーズ＋イリア
	【グランフロント大阪オーナーズタワー】
	大阪駅北地区先行開発区域実施設計業務共同企業体／三菱地所設計＋竹中工務店＋大林組＋日建設計*＋NTTファシリティーズ*（*開発区域内調整）
施工者	梅田北ヤード共同企業体／大林組＋竹中工務店
敷地面積	47,917.94㎡
建築面積	合計：29,823.99㎡　北口広場：2,253.59㎡　南館・タワーA：8,609.94㎡　北館・タワーB・タワーC：15,760.24㎡　グランフロント大阪オーナーズタワー：3,200.22㎡
延床面積	合計：567,927.07㎡　北口広場：10,541.59㎡　南館・タワーA：188,076.78㎡　北館・タワーB・タワーC：295,511.60㎡　グランフロント大阪オーナーズタワー：73,797.10㎡
構造	鉄骨造　一部鉄骨鉄筋コンクリート造　一部鉄筋コンクリート造
階数	大阪駅北口広場：地下2階　地上2階　南館・タワーA：地下3階　地上38階　塔屋2階　北館・タワーB：地下3階　地上38階　塔屋2階　タワーC：地下3階　地上33階　塔屋2階
最高高さ	北口広場 うめきたシップ：13,350mm　南館・タワーA：179,359mm　北館・タワーB：175,211mm　タワーC：154,300mm
工期	北口広場：2011年8月〜2010年3月　南館・タワーA：2010年4月〜2013年3月　北館・タワーB：2010年4月〜2013年2月　タワーC：2010年4月〜2013年3月　グランフロント大阪オーナーズタワー：2010年5月〜2013年4月
新建築掲載	2013年6月号

大阪ステーションシティ

| 27 | P.114 |

所在地	大阪市中央区梅田3-1-1
建築主	西日本旅客鉄道
設計者	【大阪駅改良】西日本旅客鉄道　ジェイアール西日本コンサルタンツ　設計協力：東環境・建築研究所（高架下駅部）大林組（大屋根・橋上駅舎・連結通路部）　監理：西日本旅客鉄道
	【ノースゲートビルディング】西日本旅客鉄道　基本計画：西日本旅客鉄道　日建設計（建築）三菱地所設計（地域冷暖房）　設計協力：大林組　広場監修：ドーンデザイン研究所　監理：西日本旅客鉄道
	【サウスゲートビルディング】安井・ジェイアール西日本コンサルタンツ設計共同体　広場監修：ドーンデザイン研究所　監理：安井建築設計事務所 西日本旅客鉄道
施工者	大阪駅改良：大阪駅改良他工事特定建設工事共同企業体　ノースゲートビルディング：大阪駅新北ビル(仮称)新築工事特定建設工事共同企業体　サウスゲートビルディング：アクティ大阪増築工事特定建設工事共同企業体
敷地面積	58,000㎡
建築面積	駅：29,200㎡　ノースゲートビルディング：18,800㎡　サウスゲートビルディング：8,700㎡
延床面積	駅：42,300㎡　ノースゲートビルディング：218,100㎡　サウスゲートビルディング：170,500㎡
構造	鉄骨造　鉄骨鉄筋コンクリート造
階数	駅：地上5階　ノースゲートビルディング：地下3階　地上28階　サウスゲートビルディング：地下2(4)階　地上16(28)階（カッコ内は既存部）
最高高さ	25,800mm（大阪駅改良）
竣工年	2004年4月〜2011年3月
新建築掲載	2011年7月号

梅田阪急ビル

| 39 | P.152 |

所在地	大阪府大阪市北区角町41
建築主	阪急電鉄
設計者	日建設計
施工者	大林組
敷地面積	17,465.64㎡
建築面積	15,227.24㎡
延床面積	329,635.06㎡
オフィス面積	基準階（オフィス）3,718.59㎡
構造	鉄骨造　一部鉄骨鉄筋コンクリート造　鉄筋コンクリート造
階数	地下3階　地上41階　塔屋2階
最高高さ	186,950mm
竣工年	2007年2月〜2012年9月
新建築掲載	2013年6月号

上海 龍華中路駅 Long Hua Zhong Lu Station

地下鉄12号線

上海緑地中心

地下鉄7号線

0　　200m

上海緑地中心
Shanghai Greenland Center

17 | P.070

流動量
約**7**万人
/日

所在地	中国上海市徐匯区 斜土街道107街坊龍華路1960号		
建築主	緑地集団		
設計者	日建設計 共同設計：現代設計集団華東建築設計研究院有限公司		
施工者	上海市建築施工総公司第四分公司		

敷地面積	44,357㎡	構造	鉄筋コンクリート造 一部鉄骨造
建築面積	22,178㎡		
延床面積	304,910㎡	階数	地下3階 地上18階
店舗面積	48,000㎡（地上のみ）	最高高さ	GL+80m
オフィス面積	79,714㎡	竣工年	2017年

🚃 上海地鉄7号、12号

上海都心の南西部、黄浦江沿岸にあるハイグレードな商業施設および居住をターゲットとする再開発地域（黄浦江南延伸段Bブロック）の中心に位置する。地下鉄7号線と12号線の乗り換え駅で、将来的に1日100万人の駅利用者を想定している。地下鉄の建設中に設計を開始、駅直上部と隣接するふたつの敷地を一体化し、ハイグレード地域の核に相応しいスタイリッシュで特徴のある施設が求められた。黄浦江を挟んだ対岸は万博跡地であり、今後さらなる成長が見込まれている地域である。

重慶 沙坪壩駅 Sha Ping Ba Station

環状線

地下鉄1号線

地下鉄9号線

龍湖光年　沙坪壩高鉄駅　龍湖光年

0　　200m

龍湖光年
Longfor Paradise Walk

11 | P.044　**26 | P.110**　**35 | P.144**

流動量
約**40**万人
/日

所在地	中国重慶市山峡広場南、駅南路北一帯		
建築主	重慶龙湖景楠地産開発有限公司		
設計者	日建設計　共同設計者：西南設計院		
施工者	重慶誠業建築工程有限公司 中鉄十七局集団有限公司		

敷地面積	85,120㎡	構造	鉄筋コンクリート造 鉄骨造
建築面積	51,072㎡	階数	地上43階
延床面積	約480,000㎡	最高高さ	208m
店舗面積	約220,000㎡	竣工年	2020年予定

🚃 高速鉄道／地下鉄1号線／地下鉄9号線／地下鉄環状線　🚌 36系統

出典：沙坪壩駅の交通量（予測）調査／重慶龙湖景楠地産開発有限公司

沙坪壩は重慶の都心から10kmほど西に離れた副都心として、重慶大学、重慶師範大学等の教育機関が集まる若者のまちである。既存の在来鉄道駅を含め周辺を交通拠点として再開発することにより、長距離鉄道である成渝線（成都－重慶）、襄渝線（襄陽－重慶）、遂渝線（遂寧－重慶）および川黔線（貴陽－重慶）が接続し、また、既存地下鉄1号線に加え、新設9号線と環状線が接続する。公共交通以外に商業施設、オフィス、ホテル・サービスアパートメント等が入る延床面積約48万m²もの複合施設が一体的に開発され、新たなまちのランドマークとなる。

広州 新塘駅 Xin Tang Station

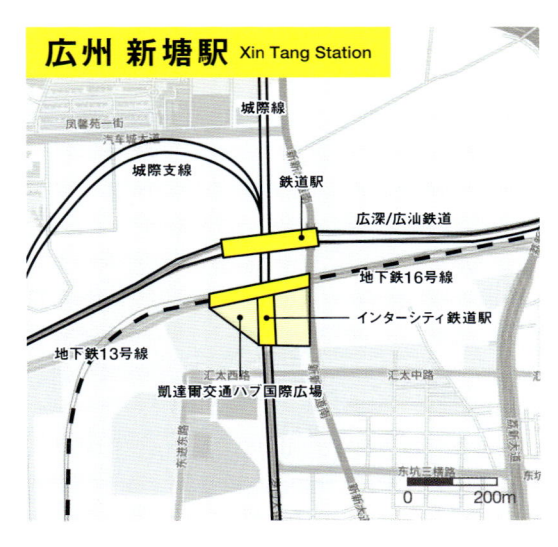

凱達爾交通ハブ国際広場
Cadre International TOD Center

| 25 | P.106 | | 36 | P.146 |

流動量
約 **30** 万人
/日

所在地	中国増城市新塘環城路南、港口大道西一帯
建築主	広州凱達爾投資有限公司 (Guangzhou CADRE Investment CO.,LTD)
設計者	日建設計
	共同設計者：広州設計院
施工者	中国核工業華興建設有限公司

敷地面積	38,697㎡	構造	鉄筋コンクリート造
建築面積	約20,000㎡	階数	地下4階 地上46階
延床面積	約36,000㎡	最高高さ	252m
店舗面積	約11,000㎡	竣工年	2019年予定
オフィス面積	約106,500㎡		
ホテル面積	約35,000㎡		

🚆 地下鉄13号線／地下鉄16号線／地下鉄28号線／東莞R5線／
インターシティー 2本／高鐵3本(広深、広汕、京九)

出典：新塘駅の交通量(予測)調査／広州凱達爾投資有限公司

新塘は近年まで製造業のまちで知られ、広州の東ゲートとして、広州と東莞、深圳を繋ぐ交通ネットワークの中間地点という役割を担っている。新塘駅は広深線、広汕線、京九線と穂莞深インターシティといった路線が接続しており、さらに、2018年開通された地下鉄13号線、16号線(新塘と広州市内を結ぶ)が接続する。

釜山駅 Busan Station

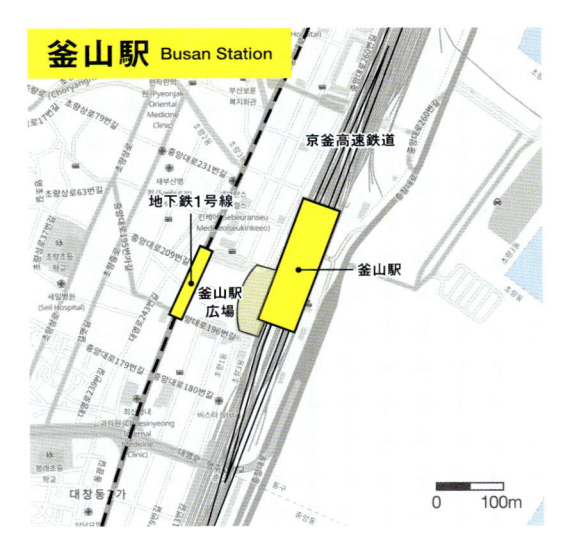

釜山駅広場
Busan Station Plaza

| 18 | P.074 |

流動量
約 **8** 万人
/日

所在地	韓国釜山広域市東区草梁洞釜山駅広場一帯
建築主	釜山市
設計者	日建設計
	共同設計：GANSAM
施工者	C&D総合建設

敷地面積	16,662.90㎡	構造	鉄筋コンクリート造
建築面積	11,130㎡		プレキャストコンクリート造
延床面積	12,340㎡	階数	地下1階 地上2階
クリエイティブセンター、ギャラリー：8,130㎡		最高高さ	9.5m
公共用ピロティー＋デッキ：4,210㎡		竣工年	2019年予定

🚆 京釜高速鉄道／地下鉄1号線

出典：鉄道統計年報_2013年5月

1908年に開業された韓国で2番目に利用客が多い高速鉄道駅。辰野金吾により設計されたルネサンス様式の駅舎が1953年に火災で全焼し、以後は鉄筋コンクリート造の駅ビルに建て替えられ、現在の駅舎は2004年に京釜高速鉄道の開通に合わせて増改築された。韓国鉄道公社の京釜線と京釜高速線が乗り入れており、京釜線を通じて慶北線方面に直通するムグンファ号や慶全線方面に直通する南道海洋観光列車も当駅に乗り入れる。また、駅前広場を挟んで釜山交通公社の釜山都市鉄道1号線の釜山駅と隣接している。(出典：2016鉄道通計年報、韓国鉄道建設100年史)

参考文献／図版・写真 出典／執筆者 リスト

【参考文献】

本書の記載内容は2015年～2018年の日建設計駅まち一体開発研究会の活動成果をまとめたものであり、フィールドワークの分析結果の他、以下を参考文献とした。

・『駅まち一体開発～公共交通指向型まちづくりの次なる展開～』新建築社 2013年
・『都市のアクティビティ 日建設計のプロセスメイキング』新建築社 2017年
・『新建築』1962年6月号、1964年11月号、1972年1月号、1974年5月号、2011年3月号、2011年6月号、2011年7月号、2012年7月号、2013年6月号、2014年12月号、2015年9月号、2016年6月号、2018年3月号 新建築社
・『渋谷駅中心地区基盤整備方針』渋谷区 2012年
・ニュースリリース「渋谷駅周辺地区における都市計画の決定について」渋谷駅街区共同ビル事業者 2013年6月17日
・ニュースリリース「渋谷駅街区開発計画Ⅰ期(東棟)への展望施設設置について」渋谷駅街区共同ビル事業者 2015年7月3日
・ニュースリリース「品川開発プロジェクトにおける品川新駅(仮称)の概要について」東日本旅客鉄道 2016年9月6日
・ニュースリリース「品川開発プロジェクト(第Ⅰ期)に係る都市計画について」東日本旅客鉄道 2018年9月25日
・『鉄道建築ニュース』No802 鉄道建築協会
・東京都HP「都市再生緊急整備地域及び特定都市再生緊急整備地域の指定状況(平成30年10月現在)」
・『東京駅「100年のナゾ」を歩く 図で楽しむ「迷宮」の魅力』田村圭介著 中公新書ラクレ 2014年
・『鉄道における建築・土木複合構造物の構造検討報告書』平成20年3月鉄道における建築・土木複合構造物の構造検討委員会
・『75年のあゆみ(記述編・写真編)』阪急電鉄株式会社 1982年
・『逸翁自叙伝』小林一三 講談社 2016年
・『建築と社会』1932年2月号 日本建築協会
・『大規模開発地区関連交通計画マニュアル改訂版』国土交通省 2014年
・『歩行者の空間-理論とデザイン』ジョン・J・フルーイン著 鹿島出版会 1974年

【図版・写真 出典】

[図H-1、図2-2]「渋谷駅周辺完成イメージ」渋谷駅前エリアマネジメント*
[図H-2、図Ch1-2・4、図1-1、図7-4、図12-5、図21-1・4・6～8、図29-1・3・4、図32-1・8・9、図34-1・2、図38-1]新建築社
[図T-2]スタジオさわだ
[図T-7、図46-1～11]永禮 賢
[図T-8]柄松 稔
[図T-10]東京ミッドタウンマネジメント株式会社
[大扉]羽仁 正樹
[Chapter1扉、図Ch1-1、図8-3、図13-1、図16-1・2、図20-3、図E2-3、図22-1・3、図23-1・2・4、図Ch3-6、図28-1・3・4、図Ch4-1・2・4、図32-2～4、図34-3・5～7、図39-4～6、図41-1・2、図43-2～6、図44-4、図H-3]エスエス東京
[図Ch1-3]IBAMOTO / PIXTA(ピクスタ)
[図1-2・3]「渋谷駅中心地区基盤整備方針」渋谷区・2012年*
[図2-1]ニュースリリース「渋谷駅周辺地区における都市計画の決定について」渋谷駅街区共同ビル事業者・2013年6月17日*
[図3-1、図12-4]『駅まち一体開発～公共交通指向型まちづくりの次なる展開～』新建築社 2013年
[図3-3]『都市のアクティビティ 日建設計のプロセスメイキング』新建築社 2017年
[図3-5]『東京駅「100年のナゾ」を歩く 図で楽しむ「迷宮」の魅力』田村圭介 中公新書ラクレ 2014年を参考に日建設計にて作成
[図4-1、図7-2]『駅まち一体開発～公共交通指向型まちづくりの次なる展開～』

新建築社 2013年*
[図4-2、図4-6・7、図39-1～3]阪急電鉄株式会社
[図4-3]阪急文化財団所蔵資料
[図4-4]尼崎市立地域研究史料館所蔵
[図4-5]箕面市行政史料(個人寄託)
[図5-1]国際日本文化研究センター*
[図5-2・3]阪急電鉄株式会社*
[図5-5]©DAISUKE AOYAMA「大阪梅田鳥観図2013」くとうてん*
[図6-1]『駅まち一体開発～公共交通指向型まちづくりの次なる展開～』新建築社 2013年*
[図6-3]『75年のあゆみ(記述編)』阪急電鉄株式会社 1983年* 『駅まち一体開発～公共交通指向型まちづくりの次なる展開～』新建築社 2013年*
[図7-1、図28-5]『都市のアクティビティ 日建設計のプロセスメイキング』新建築社 2017年*
[図7-3]横浜市市民局広報課写真資料 横浜市史資料室所蔵
[図9-1]『新建築』2011年3月号 新建築社
[図9-2・3]国土地理院 電子国土WEBシステム配信 空中写真*
[図W1-1、図W2-1・6、図W3-1、図W4-1、図W4-6、図In-15～18]Open Street Map *
[図W1-2]https://www.kingscross.co.uk/*
[図W1-9]Photo London UK
[図C1-1]東京都HP「都市再生緊急整備地域及び特定都市再生緊急整備地域の指定状況(平成30年10月現在)」*
[図E1-1]ニュースリリース「渋谷駅街区開発計画Ⅰ期(東棟)の工事着手について」渋谷駅街区共同ビル事業者 2014年7月17日*
[Chapter2扉]ニュースリリース「渋谷駅周辺地区における再開発事業の進捗について」渋谷駅街区共同ビル事業者 2018年11月15日
[図Ch 2-2、図12-1]犬塚石材
[図Ch 2-8、図17-5]楊敏
[図Ch 2-9、図17-1・6]胡文杰
[図Ch 2-11]『新建築』2016年6月号 新建築社*
[図12-2・3]『新建築』2018年3月号 新建築社*
[図13-3]Rainer Viertlböck
[図14-1～4]TMO
[図15-3、図38-2・3]『新建築』2011年3月号 新建築社*
[図16-5]『新建築』2015年9月号 新建築社*
[図19-1]ニュースリリース「渋谷駅街区開発計画Ⅰ期(東棟)への展望施設設置について」渋谷駅街区共同ビル事業者 2015年7月3日
[図19-2]「渋谷駅周辺完成イメージ」渋谷駅前エリアマネジメント*
[図19-3]ニュースリリース「渋谷駅周辺地区における再開発事業の進捗について」渋谷駅街区共同ビル事業者 2018年11月15日
[図19-6]ニュースリリース「渋谷駅街区開発計画Ⅰ期(東棟)への展望施設設置について」渋谷駅街区共同ビル事業者 2015年7月3日
[図21-2・3・5]『新建築』2016年6月号 新建築社*
[図21-10]田中智之(TASS建築研究所／熊本大学)
[Chapter3扉]メディアユニット大野繁
[図Ch3-8]川澄・小林研二写真事務所
[図24-3]ニュースリリース「渋谷駅周辺地区における都市計画の決定について」渋谷駅街区共同ビル事業者 2013年6月17日
[図25-3]広州市増城区人民政府HP
[図25-5]広州市増城区人民政府HP「新塘鎮総体計画(2013－2020)」*
[図29-5]川澄・小林研二写真事務所*
[図E3-1]『大規模開発地区関連交通計画マニュアル改訂版』国土交通省 2014年* 『歩行者の空間-理論とデザイン』ジョン・J・フルーイン著 鹿島出版会 1974年*
[図E3-3・4]ビーディーシステム作成「井の頭線吉祥寺駅改修計画案に対する群衆流動解析報告書」より
[Chapter4扉]メディアユニット大野繁

[図Ch4-3、図33-1・2] 東日本旅客鉄道株式会社
[図33-3・4] ニュースリリース「品川開発プロジェクトにおける品川新駅（仮称）の概要について」東日本旅客鉄道株式会社 2016年9月6日*
[図36-4] Chendongshan
[図37-1] ナレッジキャピタル
[図39-8]「Re-urbanization -再都市化-」（写真左）「梅田経済新聞」（写真右）提供の写真を元に日建設計にて作成*
[図W4-4] Fotolupa
[図E4-1～4]「鉄道における建築・土木複合構造物の構造検討報告書」平成20年3月鉄道における建築・土木複合構造物の構造検討委員会*
[図45-1] BLUE STYLE COM 中谷幸司 撮影
[図C3-1] Sothei / PIXTA（ピクスタ）
[図C3-2] SkyBlue / PIXTA（ピクスタ）
[図C3-5] topntp / PIXTA（ピクスタ）
[図C3-6] a_text / PIXTA（ピクスタ）
[図C3-8] basilico / PIXTA（ピクスタ）
[図C3-9] まるめだか / PIXTA（ピクスタ）
[図C3-10] T-Urasima / PIXTA（ピクスタ）
[図C3-11] 名鉄百貨店
[図C3-12] KITTE名古屋
[図C3-13] シャネル / PIXTA（ピクスタ）
[図C3-14] ちゅんちゅん / PIXTA（ピクスタ）
[図F-3] Bloomberg
[図F-4] metamorworks
[図In-1～14] 国土地理院 電子国土WEBシステム配信 空中写真

※ 特記なきかぎり、日建設計にて、作成・撮影。
※ ＊印の付いたものは出典元のデータに基づいて日建設計にて、図等を作成。

【執筆者】

中分 毅
「都市再生とTOD」執筆／1954年東京都生まれ。
1979年日建設計入社。現在同社フェロー

日建設計駅まち一体開発研究会

陸 鍾驍
研究会代表／1966年中国上海市生まれ。1994年日建設計入社。現在同社執行役員。設計部門代表 兼 日建設計（上海）諮詢有限公司董事長

向井 一郎　編集委員／1964年兵庫県生まれ。1989年日建設計入社。現在同社設計部長
丁 炳均　編集委員／1973年韓国蔚山生まれ。2004年日建設計入社。現在同社設計主管
大場 啓史　編集委員／1968年東京都生まれ。1990年日建設計入社。現在同社設計主管
登内 徹夫　編集委員／1968年長野県生まれ。1994年日建設計入社。現在同社設計主管
清水 有　編集委員／1981年埼玉県生まれ。2006年ジェイアール東日本建築設計事務所入社。2016年～2018年日建設計出向。現在ジェイアール東日本建築設計事務所ターミナル駅開発部門
上野山 健太　編集委員／1982年大阪府生まれ。2014年日建設計入社。現在同社設計部門所属
布江田 望月　編集委員／1990年大阪府生まれ。2015年日建設計入社。現在同社設計部門所属

祖父江 一宏　「未来のTODを考える」担当／1983年愛知県生まれ。2009年日建設計入社。現在同社設計部兼NAD室所属
上田 孝明　「未来のTODを考える」担当／1981年兵庫県生まれ。2017年日建設計入社。現在同社NAD室所属
宮澤 圭吾　「未来のTODを考える」担当／1982年東京都生まれ。2018年日建設計入社。現在同社NAD室所属
川除 隆広　「Column 4」担当／1968年京都市生まれ。1995年日建設計入社。現在日建設計総合研究所理事上席研究員
吉田 雄史　「Column 4」担当／1970年東京都生まれ。1996年日建設計入社。現在日建設計総合研究所主任研究員
大和田 卓　1988年横浜市生まれ。2015年日建設計入社。現在同社設計部門所属
杉浦 舞　1991年愛知県生まれ。2016年日建設計入社。現在同社設計部門所属
手銭 光明　1992年島根県生まれ。2016年日建設計入社。現在同社設計部門所属
馬スーシュアン　1988年中国鄭州生まれ。2014年日建設計入社。現在同社設計部門所属
兪 思維　1990年中国上海生まれ。2016年日建設計入社。現在同社設計部門所属
徐 新堯　元所員／1981年台北生まれ。2016年日建設計入社。
杉山 玄　1987年茨城県生まれ。2012年日建設計入社。現在同社設計部門所属
村松 秀美　1987年茨城県生まれ。2012年日建設計入社。現在同社設計部門所属
張 健　1970年中国吉林省生まれ。2005年日建設計入社。現在同社設計部門主管
郭 ユウチェン　1977年中国山東煙台市生まれ。2004年日建設計入社。現在同社設計部門主任
沈 洋　1980年中国上海生まれ。2007年日建設計入社。現在同社設計部門主任
魯 斌　1981年中国河南省洛陽生まれ。2012年日建設計入社。現在同社設計部門主任
李 穎　1983年中国山西省生まれ。2011年日建設計入社。現在同社設計部門所属
朱 君慧　1971年中国瀋陽生まれ。1999年日建設計入社。現在同社中国部主任
趙 維雍　1989年中国瀋陽生まれ。2016年日建設計入社
周 燕　1970年中国上海生まれ。1993年上海建築設計研究院入社。2018年日建設計入社。現在同社設計部門所属
張 昊　1989年中国山西省生まれ。2014年日建設計入社。現在同社設計部門所属
李 双　1989年中国湖南省生まれ。2013年日建設計入社。現在同社設計部門所属
周 奇　1986年中国江蘇省生まれ。2013年日建設計入社。現在同社設計部門所属
程 昆鵬　1986年中国遼寧省生まれ。2016年日建設計入社。現在同社設計部門所属
段 ゲツセイ　1989年中国北京生まれ。2017年日建設計入社。現在同社設計部門所属
張 奇岱　1982年中国上海生まれ。2017年日建設計入社。現在同社設計部門所属
邱 紹峰　1978年中国台北生まれ。2018年日建設計入社。現在同社設計部門所属
小川 春奈　1977年高知県生まれ。2016年より日建設計勤務。現在同社設計部門所属

駅まち一体開発　TOD46の魅力 ［RECIPE］

2019年1月21日　初版第1刷発行
定価：本体2,000円＋税

編集　　　日建設計駅まち一体開発研究会
　　　　　株式会社新建築社（四方裕、老松穂波）

発行人　　吉田信之

発行所　　株式会社新建築社
　　　　　〒100-6017
　　　　　東京都千代田区霞が関三丁目2番5号
　　　　　霞が関ビルディング17階
　　　　　tel：03-6205-4380
　　　　　fax：03-6205-4386
　　　　　https://shinkenchiku.online

デザイン　氏デザイン

印刷　　　図書印刷株式会社

表紙：「渋谷駅周辺完成イメージ」©渋谷駅前エリアマネジメント
表2：渋谷ヒカリエと銀座線
表3：東京駅八重洲口開発グランルーフ